零基础学西门子
S7-200 SMART PLC

李长军　朱金朝　李长城　主编

机 械 工 业 出 版 社

本书的编写注重实用性、突出应用能力的提高，起点低，内容结构完整，条理清晰，语言通俗、趣味性强，图文结合，易学易懂，结构安排符合认知规律。

本书的主题是西门子 S7-200 SMART PLC 的实用技术，共分七章，主要内容包括：PLC 的基础知识；S7-200 SMART PLC 基本指令；步进顺序控制；PLC 功能指令；PLC 网络通信技术应用；常用扩展模块；常用机床电气的 PLC 改造实例。

本书适合作为从事自动化应用的电气技术人员的自学或培训教材，也可作为大中专院校、技校及职业院校电气专业的教材和参考书。

图书在版编目（CIP）数据

零基础学西门子 S7-200 SMART PLC/李长军，朱金朝，李长城主编.
—北京：机械工业出版社，2021.8（2023.8 重印）
ISBN 978-7-111-68596-8

Ⅰ.①零…　Ⅱ.①李…　②朱…　③李…　Ⅲ.①PLC 技术-程序设计-教材
Ⅳ.①TM571.61

中国版本图书馆 CIP 数据核字（2021）第 129068 号

机械工业出版社（北京市百万庄大街 22 号　邮政编码 100037）
策划编辑：吕　潇　责任编辑：吕　潇　翟天睿
责任校对：张　征　封面设计：马精明
责任印制：邸　敏
中煤（北京）印务有限公司印刷
2023 年 8 月第 1 版第 3 次印刷
184mm×260mm·16.75 印张·490 千字
标准书号：ISBN 978-7-111-68596-8
定价：79.00 元

电话服务　　　　　　　　　网络服务
客服电话：010-88361066　　机　工　官　网：www.cmpbook.com
　　　　　010-88379833　　机　工　官　博：weibo.com/cmp1952
　　　　　010-68326294　　金　书　网：www.golden-book.com
封底无防伪标均为盗版　机工教育服务网：www.cmpedu.com

随着科技的迅速发展，生产生活中的电气自动化程度越来越高，越来越多的人正在或者将要从事自动控制工作，而PLC实现的工业控制应用尤为普遍。为了让大家能跟上新技术的发展，迅速掌握PLC技术，我们特编写了本书。

在本书的编写过程中，我们主要贯彻了以下编写原则：

1）根据职业岗位需求入手，精选教材内容。本书以西门子S7-200 SMART PLC为例，主要介绍PLC的基础知识、基本指令、步进顺序控制、功能指令、网络通信技术应用和常用扩展模块等，并在此基础上，深入浅出地介绍了相关的经典控制程序。

2）本书突出以"图表"来说明问题。书中通过用不同形式的图片和表格，并配合短视频解说，让读者轻松、快速、直观地学习PLC的相关知识，尽快适应电气工作岗位的需求。

3）本书突出以技能为主、以能力为本位、淡化理论、强化实用性。书中较好地处理了理论与实践技能的关系，在"理论够用"的基础上，突出应用性和职业性的特点，注重培养分析和解决实际问题的能力。

4）在实际操作中，指令集、特殊存储器标志位及PLC的错误代码都是经常用到的资料，本书将这些内容汇编成了《随身备查册》，以便读者随时查阅，提高效率。

本书突出职业技术教育特色，可作为初、中、高等电气技术人员指导用书和中等职业学校、高职院校电气类专业参考用书。

本书由李长军、朱金朝、李长城主编，鞠丕展、吴文高、张雷、关开芹、周华、王海群、闫昊、陈祥遥、张昊杰、张艳参编。

在编写中，由于作者水平有限，书中错误在所难免，恳切希望广大读者对本书提出宝贵的意见和建议，可发送到邮箱54805261@qq.com，以便今后加以修改完善。

目 录

前言

第一章　PLC 的基础知识 …………………… 1

　第一节　PLC 的组成与工作原理 …………… 1

　　一、PLC 的外形 ………………………… 1

　　二、PLC 的基本结构 …………………… 7

　　三、PLC 的基本工作原理 ……………… 10

　　四、PLC 的特点 ………………………… 12

　第二节　S7-200 SMART PLC 的编程元件及

　　　　　语言 …………………………… 12

　　一、基本数据类型与寻址方式 ………… 12

　　二、PLC 的编程元件 …………………… 15

　　三、PLC 的编程语言 …………………… 17

　第三节　S7-200 SMART PLC 编程软件的安装与

　　　　　操作 …………………………… 19

　　一、系统安装要求 ……………………… 19

　　二、软件安装步骤 ……………………… 19

　　三、认识 STEP 7-Micro/WIN SMART V2.5

　　　　编程软件主界面 ………………… 20

　　四、计算机与 PLC 的通信连接 ………… 21

　　五、一个简单程序的编辑与调试运行 … 23

　第四节　S7-200 SMART PLC 仿真软件使用 … 31

　　一、仿真软件简介 ……………………… 31

　　二、认识仿真软件界面 ………………… 31

　　三、仿真软件操作 ……………………… 32

　第五节　PLC 常用外部设备与接线 ………… 37

　　一、PLC 的输入设备与接线 …………… 37

　　二、PLC 的输出设备与接线 …………… 41

第二章　S7-200 SMART PLC 基本

**　　　　指令** ……………………………… 45

　第一节　位逻辑指令 ………………………… 45

　　一、触点类指令 ………………………… 45

　　二、线圈类指令 ………………………… 46

　　三、指令应用 …………………………… 46

　　四、梯形图的编程规则 ………………… 47

　第二节　定时器与计数器 …………………… 50

　　一、定时器 ……………………………… 50

　　二、计数器 ……………………………… 50

　　三、指令应用 …………………………… 51

　第三节　PLC 基本指令应用实例 …………… 55

　　实例 1　PLC 控制三相异步电动机连续

　　　　　　运行 ………………………… 55

　　实例 2　PLC 控制三相异步电动机正反转

　　　　　　运行 ………………………… 57

　　实例 3　PLC 控制三相异步电动机丫-△

　　　　　　减压起动 …………………… 59

　　实例 4　PLC 控制三台电动机顺序起停 … 61

　　实例 5　PLC 控制电动机位置自动往返 … 62

　　实例 6　长定时的 PLC 控制 …………… 64

　　实例 7　闪光灯的 PLC 控制 …………… 66

　　实例 8　单按钮 PLC 控制电动机起停 … 67

第三章　步进顺序控制 …………………… 69

　第一节　顺序控制及顺序功能图 …………… 69

　　一、顺序控制概述 ……………………… 69

　　二、顺序功能图 ………………………… 69

　　三、步进顺控指令 ……………………… 73

　第二节　单流程结构步进顺序控制 ………… 74

　　一、单流程结构顺序功能图 …………… 74

　　二、单流程结构的编程 ………………… 74

　第三节　选择结构步进顺序控制 …………… 75

　　一、选择结构顺序功能图 ……………… 75

　　二、选择结构的编程 …………………… 75

　第四节　并行结构步进顺序控制 …………… 76

　　一、并行结构顺序功能图 ……………… 76

　　二、并行结构的编程 …………………… 76

　第五节　步进顺序控制的综合应用实例 …… 78

　　实例 1　简易红绿灯控制系统 ………… 78

　　实例 2　多种液体混合装置控制系统 … 80

　　实例 3　简易洗车控制系统 …………… 84

　　实例 4　机械臂大小球分选系统 ……… 86

　　实例 5　十字路口交通灯控制系统 …… 87

　　实例 6　三层电梯的 PLC 控制 ………… 95

第四章　PLC 功能指令 ………………… 104

　第一节　数据传送类指令 ………………… 104

　　一、单一传送指令 …………………… 104

　　二、字节立即传送指令 ……………… 105

　　三、块传送指令 ……………………… 105

　　四、指令应用 ………………………… 106

　第二节　比较操作类指令 ………………… 107

　　一、比较操作指令 …………………… 107

　　二、指令应用 ………………………… 110

　第三节　循环类指令 ……………………… 112

Ⅳ

一、循环指令 …………………… 112
二、指令应用 …………………… 112
第四节　移位类指令 …………… 112
一、左/右移位指令 …………… 113
二、循环左/右移位指令 ……… 113
三、寄存器移位指令 ………… 114
四、指令应用 …………………… 114
第五节　四则运算指令 ………… 117
一、增减指令 …………………… 117
二、加法/减法指令 …………… 118
三、乘法/除法指令 …………… 119
四、指令应用 …………………… 119
第六节　跳转类指令 …………… 121
一、跳转指令 …………………… 121
二、指令应用 …………………… 121
第七节　转换类指令 …………… 122
一、数据类型转换指令 ……… 122
二、BCD 码转换指令 ………… 123
三、七段码指令 ………………… 123
四、译码和编码指令 ………… 123
五、指令应用 …………………… 124
第八节　子程序与中断指令 …… 126
一、子程序指令 ………………… 126
二、中断指令 …………………… 128
三、指令应用 …………………… 131
第九节　逻辑运算指令 ………… 134
一、取反指令 INV ……………… 134
二、逻辑与、或和异或指令 … 135
三、指令应用 …………………… 136
第十节　高速计数器及其指令 … 136
一、高速计数器介绍 ………… 136
二、高速计数器指令 ………… 142
三、指令应用 …………………… 143
第十一节　高速脉冲输出及其指令 145
一、高速脉冲输出形式 ……… 145
二、高速脉冲输出端子的确定 … 146
三、脉冲输出 PLS 指令 ……… 146
四、PTO 的应用 ……………… 148
五、PWM 的应用 ……………… 151
六、指令应用 …………………… 152
第十二节　功能指令综合应用实例 157
实例 1　彩灯的闪烁控制 …… 157
实例 2　四路抢答器控制 …… 158

实例 3　花样喷泉控制 ………… 160
实例 4　PLC 与步进电动机的运动控制 …… 165
第五章　PLC 网络通信技术应用 ………… 170
第一节　S7-200 SMART PLC PPI 通信及应用 ……… 170
实例 1　两台 S7-200 SMART PLC 的 PPI 通信 …… 172
实例 2　S7-200 SMART PLC 指令向导编程的 PPI 通信 …… 175
第二节　S7-200 SMART PLC 与变频器的 USS 协议通信 ……… 180
实例 3　S7-200 SMART PLC 与变频器的 USS 协议通信 …… 182
第三节　S7-200 SMART PLC 的以太网通信及应用 ……… 185
实例 4　S7-200 SMART PLC 之间的 GET/PUT 通信 …… 188
第四节　基于以太网的开放式用户通信 … 192
实例 5　S7-200 SMART PLC 之间的 TCP 通信 …… 201
实例 6　S7-200 SMART PLC 之间的 UDP 通信 …… 204
第六章　常用扩展模块 ……… 208
第一节　扩展模块介绍 ………… 208
一、S7-200 系列 CPU 的数字量 I/O 扩展模块 …… 208
二、S7-200 系列 CPU 的模拟量扩展模块 …… 208
三、特殊功能模块 ……………… 211
四、S7-200 SMART CPU 的信号板扩展模块 …… 212
第二节　扩展模块的应用 ……… 212
一、I/O 点数扩展和编址 ……… 212
二、模拟量扩展模块的应用 … 213
第七章　常用机床电气的 PLC 改造实例 ……… 219
实例 1　CA6140 普通车床的 PLC 控制 … 219
实例 2　X62W 万能铣床的 PLC 控制 …… 222
实例 3　Z3040 摇臂钻床的 PLC 控制 …… 232
实例 4　M7120 平面磨床的 PLC 控制 … 238
零基础学西门子 S7-200 SMART PLC 随身备查册

V

第一章 PLC的基础知识

可编程序控制器（PLC）是一种数字运算操作的电子系统，专为在工业环境下应用而设计。它采用可编程序的存储器，用来在其内部存储执行逻辑运算、顺序控制、定时、计数和算术运算等操作的指令，并通过数字的、模拟的输入和输出，控制各种类型的机械或生产过程。图1-1所示为西门子PLC在工业生产设备中的应用。

图1-1 西门子PLC在工业生产设备中的应用

西门子PLC

第一节 PLC的组成与工作原理

一、PLC的外形

1 常用西门子PLC

德国西门子公司是世界上生产PLC的主要厂商之一，其产品涵盖了微型、小型、中型和大型等各种类型的PLC。目前主流产品是SIMATIC S7-200/200 SMART、SIMATIC S7-300/400、SIMATIC S7-1200和SIMATIC S7-1500等系列PLC，如图1-2所示。

图1-2 西门子公司的PLC

a) S7-200 系列

b) S7-200 SMART 系列

c) S7-300 系列

图 1-2　西门子公司的 PLC（续）

d) S7-1200 系列　　　　　　　e) S7-1500 系列

2　认识 S7-200 PLC

图 1-3 所示为 S7-200 CPU226 模块实物图，下面介绍西门子 S7-200 CPU226 模块。

图 1-3　S7-200 CPU226 模块的外形特征

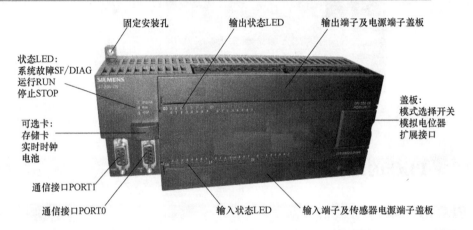

（1）CPU 模块的型号　如图 1-4 所示。

图 1-4　CPU 模块的型号

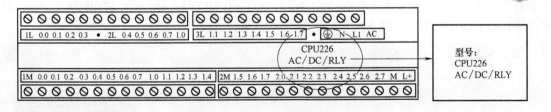

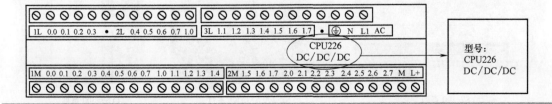

【型号解读】

CPU226 有 CPU226 DC/DC/DC 和 CPU226 AC/DC/RLY 两种。图中 AC/DC/RLY 的含义：AC 表示供电电源电压为交流 220V；DC 表示输入端的电源电压为直流 24V；RLY 表示继电器输出。DC/DC/DC 表示 24V 直流电源供电、直流数字量输入、晶体管直流数字量输出。

（2）输入与输出（I/O）接线端子 在 CPU 模块的面板底部、顶部都有一排接线端子。底部一排接线端子是输入信号的输入端子及传感器电源端子。顶部一排接线端子是输出信号的输出端子及 PLC 的供电电源端子。图 1-5 所示为 CPU226 模块的 I/O 及电源接线端子。

图 1-5 CPU226 模块端子示意图

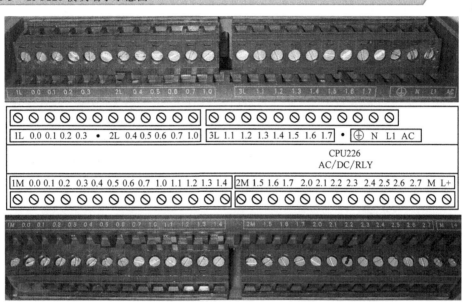

CPU226 模块 I/O 端子共 40 点，分别为 24 个输入点（I0.0~I0.7、I1.0~I1.7 及 I2.0~I2.7）和 16 个输出点（Q0.0~Q0.7 和 Q1.1~Q1.7）。在编写端子代码时采用八进制，没有 0.8、0.9、1.8、1.9 等。

解读

1. 输入端子

1) I0.0~I1.4：第一组输入继电器端子。

2) I1.5~I2.7：第二组输入继电器端子。

3) 1M、2M：第一、二组输入继电器的公共端子。

2. 传感器电源接线

1) M：内部 DC24V 电源负极，接外部传感器负极或输入继电器公共端子。

2) L+：内部 DC24V 电源正极，为外部传感器或输入继电器供电。

3. 输出端子

1) Q0.0~Q0.3：第一组输出继电器端子。

2) Q0.4~Q1.0：第二组输出继电器端子。

3) Q1.1~Q1.7：第三组输出继电器端子。

4) 1L、2L、3L：第一、二、三组输出继电器的公共端子。输出各组之间是互相独立的，这样负载可以使用多个电压系列（如 AC220V、DC24V 等）。

5) ●：带黑点的端子上不要外接导线，以免损坏 PLC。

4. PLC 电源接线

⏚：接地线；N：中性线；L1：电源相线，交流电压为 85~265V。

3

（3）I/O 状态指示灯与运行状态指示灯

1）在 CPU 模块的面板下方、上方分别有一排 I/O 状态指示灯（LED），分别指示输入和输出的逻辑状态。当输入或输出为高电平时，LED 亮，否则不亮。

2）在 CPU 模块的左侧有三个运行状态指示灯（LED），分别指示系统故障/诊断（SF/DIAG）状态、运行（RUN）状态和停止（STOP）状态。

（4）S7-200 CPU 的工作模式 S7-200 CPU 的工作模式有停止（STOP）模式和运行（RUN）模式两种，要改变工作模式有以下两种方法：

1）使用 CPU 模块上的模式开关。揭开 CPU 模块的前盖，模式开关有三个转换位置：RUN、TERM（终端）和 STOP。开关拨到 RUN 时，CPU 模块运行程序，即 PLC 按照扫描周期循环执行用户程序，但此时不能向 PLC 写入程序；开关拨到 STOP 时，CPU 模块停止运行程序，即 PLC 停止执行用户程序，但此时可以利用编程设备向 PLC 写入程序，也可以利用编程设备检查用户存储器内容、改变存储器内容、改变 PLC 的各种设置；开关拨到 TERM 时，不改变当前操作模式，此模式多数用于联网的 PLC 网络或现场调试。如果需要 CPU 模块上电时自动运行程序，则模式开关必须在 RUN 位置。

2）将模式开关拨到 RUN 或 TERM 时，可以由 STEP 7-Micro/WIN V4.0 编程软件控制 CPU 模块的运行和停止。在程序中插入 STOP 指令，可以在条件满足时将 CPU 模块设置为停止模式。

（5）通信端口和扩展 I/O 端口 在 CPU 模块左侧的通信端口是连接编程器或其他外部设备的接口，S7-200 PLC 的通信端口为 RS485 端口。扩展 I/O 端口位于 CPU 模块右侧的前盖下面，如图 1-6 所示，它是连接各种扩展模块的接口。

图 1-6 CPU226 模块的前盖下的布局

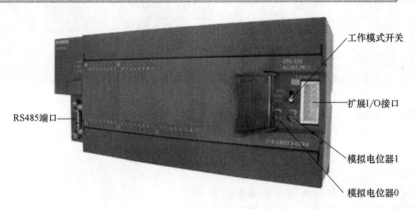

（6）模拟电位器 揭开 CPU 模块右侧的前盖就会看到一个或两个模拟电位器，如图 1-6 所示。调节这些电位器就会改变特殊存储器 SMB28 和 SMB29 这两个字节中的值，以改变程序运行时的参数，如定时器、计数器的预置值、过程量的控制参数。

（7）可选卡插槽与可选卡 在 CPU 模块的左侧有一个可选卡插槽。根据需要，可选卡插槽可以插入下述三种卡中的一种：存储卡、电池卡、日期/时钟电池卡。

存储卡 MC291 提供 EEPROM 存储单元。在 CPU 模块上插入存储卡后，就可使用编程软件 STEP 7-Micro/WIN V4.0 将 CPU 模块中的存储内容（系统块、程序块和数据块等）复制到卡上；或将存储卡插到其他 CPU 模块上，通电时存储卡中的内容会自动复制到 CPU 模块中。用存储卡传递程序时，被写入的 CPU 模块必须与提供程序来源的 CPU 模块相同或更高型号。

电池卡 BC291-5 为所有型号的 CPU 模块提供数据保持的后备电池，该电池在内置的超级电容放电完毕后起作用。

日期/时钟电池卡 CC292 用于 CPU221 和 CPU222 两种不具备内置时钟功能的 CPU 模块使用，

以提供日期/时钟功能，同时提供后备电池。电池卡能够保持数据和内置时钟长达 200 天。

3 认识 S7-200 SMART PLC

下面介绍如图 1-7 所示的西门子 S7-200 SMART PLC 模块实物外形。

图 1-7 西门子 S7-200 SMART 模块实物外形

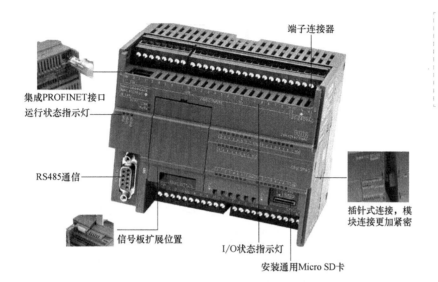

扫一扫看视频

认识 S7-200
SMART PLC

（1）CPU 模块的型号 如图 1-8 所示。

图 1-8 CPU 模块的型号

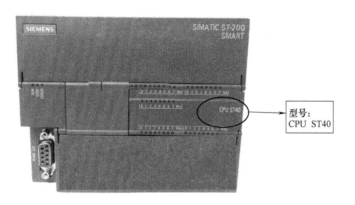

【型号解读】

S7-200 SMART 的 CPU 模块有紧凑型 CR 继电器输出系列和标准型 SR 继电器输出系列及 ST 晶体管输出系列。例如，CR40 是继电器输出，I/O 点数共 40 点。ST40 是晶体管输出，I/O 点数共 40 点。

（2）输入与输出（I/O）接线端子 在 CPU 模块的面板底部、顶部都有一排接线端子。顶部一排接线端子是输入信号的输入端子及 PLC 的供电电源端子。底部一排接线端子是输出信号的输出端子。图 1-9 所示为 CPU ST40 模块的 I/O 及电源接线端子。

图 1-9 CPU ST40 模块的端子示意图

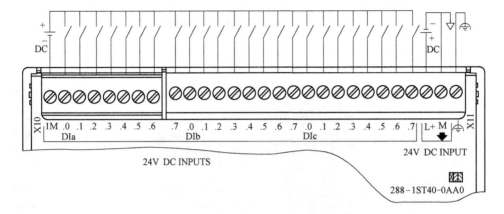

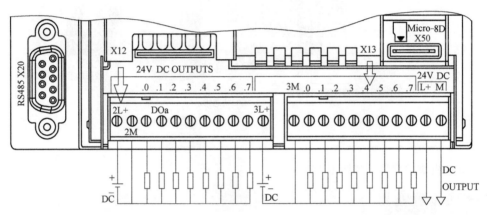

　　CPU ST40 模块 I/O 端子共 40 点分别为 24 个输入点（I0.0~I0.7、I1.0~I1.7 及 I2.0~I2.7）和 16 个输出点（Q0.0~Q0.7 和 Q1.1~Q1.7）。在编写端子代码时采用八进制，没有 0.8、0.9、1.8、1.9 等。

解读

1. 输入端子

1) I0.0~I0.7：第一组输入端子。

2) I1.0~I1.7：第二组输入端子。

3) I2.0~I2.7：第三组输入端子。

4) 1M：输入端子的负极公共端子。

2. CPU 模块电源接线

1) M：DC24V 电源负极，接外部直流 24V 的负极接入。

2) L+：DC24V 电源正极，接外部直流 24V 的正极接入。

3. 输出端子

1) Q0.0~Q0.7：第一组输出端子。

2) Q1.0~Q1.7：第二组输出端子。

3) 2L、2M：第一组输出的直流电源端子。

4) 3L、3M：第二组输出的直流电源端子。

（3）I/O 状态指示灯与运行状态指示灯

1）在 CPU 模块的面板下方、上方分别有一排 I/O 状态指示灯（LED），分别指示输入和输出的逻辑状态。当输入或输出为高电平时，LED 亮，否则不亮。

2）在 CPU 模块的左侧有三个运行状态指示灯（LED），分别指示系统故障/诊断（SF/DIAG）状态、运行（RUN）状态和停止（STOP）状态。

（4）S7-200 SMART CPU 的工作模式　S7-200 SMART CPU 的工作模式有停止（STOP）模式和运行（RUN）模式两种，要改变工作模式有以下两种方法：

1）将 CPU 置于 RUN 模式。在 PLC 菜单功能区或程序编辑器工具栏中单击"运行"（RUN）按钮，根据提示，单击"确定"（OK）按钮更改 CPU 的工作模式。

2）将 CPU 置于 STOP 模式。要停止程序，单击"停止"（STOP）按钮，并确认将 CPU 置于 STOP 模式的提示。也可在程序逻辑中包括 STOP 指令，以将 CPU 置于 STOP 模式。在程序中插入 STOP 指令，可以在条件满足时将 CPU 模块设置为停止模式。

（5）通信端口　S7-200 SMART PLC 的通信端口有两个，一个 RS485 端口，另一个是以太网端口，如图 1-10 所示。

图 1-10　CPU ST40 模块通信端口

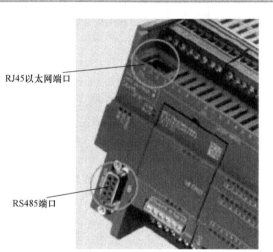

RJ45以太网端口

RS485端口

（6）可选卡插槽与可选卡　在 CPU 模块的左侧有一个可选卡插槽。根据需要，在卡槽插入西门子专用 SD 卡。在 CPU 模块上插入存储卡后，就可使用编程软件 STEP 7-Micro/WIN SMART V2.5 将 CPU 模块中的存储内容（系统块、程序块和数据块等）复制到卡上；或将存储卡插到其他 CPU 模块上，通电时存储卡中的内容会自动复制到 CPU 模块中。用存储卡传递程序时，被写入的 CPU 模块必须与提供程序来源的 CPU 模块型号相同或更高。例如，西门子专用存储卡 MC291 提供 EEP-ROM 存储单元。

二、PLC 的基本结构

PLC 实质上是一种工业控制计算机，有着与通用计算机相类似的结构，PLC 也是由硬件和软件两大部分组成的。

1 PLC 硬件结构

PLC 硬件结构主要由中央处理器（CPU）、存储器、输入/输出单元（I/O 接口）、I/O 扩展接口、通信及编程接口、电源变换器等组成，见图 1-11 所示的点画线框内。

图 1-11　PLC 基本结构组成

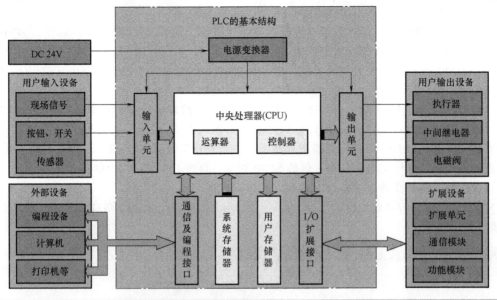

（1）中央处理器（CPU）　CPU 是 PLC 的核心部件，由运算器和控制器组成。CPU 由通用微处理器、单片机或位片式微处理器组成。它通过控制总线、地址总线和数据总线与存储器、输入/输出单元和通信接口等建立联系。CPU 主要用于接收并存储从编程器输入的用户程序，检查编程过程是否出错，进行系统诊断，解释并执行用户程序，完成通信及外设的某些功能。

（2）存储器　PLC 中的存储器主要有保持性存储器、永久存储器以及存储卡存储三种。CPU 提供了多种功能来确保用户程序和数据能够被正确保留。

1）保持性存储器：在一次上电循环中保持不变的可选择存储区。可在系统数据块中组态保持性存储器。在所有存储区中，只有 V、M 和定时器与计数器的当前值存储区能组态为保持性存储区。

2）永久存储器：用于存储程序块、数据块、系统块、强制值、M 存储器以及组态为保持性的值的存储器。

3）存储卡：可拆卸 Micro SD 卡。用于作为程序传送卡存储项目块，作为恢复为出厂默认设置的卡完全擦除 PLC，或作为固件更新卡更新 PLC 和扩展模块固件。

（3）输入/输出单元（I/O 接口）　输入/输出单元通常也称为输入/输出接口（I/O 接口），是 PLC 与工业生产现场设备之间的连接部件。

1）输入接口：用来接收和采集用户输入设备产生的信号。输入信号主要有两种类型：一类是由按钮、选择开关、行程开关、继电器触点、接近开关、光电开关、数字拨码开关等来的开关量输入信号；另一类是由电位器、测速发电机和各种变送器等来的模拟量输入信号。这些信号经过光电隔离、滤波和电平转换等处理，变成 CPU 能够接收和处理的信号，并送给输入映像寄存器。

PLC 输入接口电路有直流输入和交流输入。输入接口的电源可以由外部提供，也可以由 PLC 内部提供。

图 1-12 所示为西门子 S7-200 SMART PLC 的直流输入接口电路，图中只画出对应于一个点的输入电路，各个输入点所对应的输入电路均相同。其中直流电源由外接提供，极性可以为任意极性。

2）输出接口。输出接口是将经过 CPU 处理的信号通过光电隔离和功率放大等处理，转换成外部设备所需要的驱动信号（数字量输出或模拟量输出），以驱动外部各种执行设备，如接触器、指示灯、报警器、电磁阀、电磁铁、调节阀、调速装置等设备。

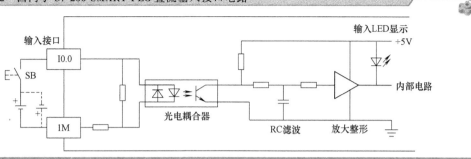

图 1-12　西门子 S7-200 SMART PLC 直流输入接口电路

输出接口电路就是 PLC 的负载驱动回路。为适应实际设备控制的需要，输出接口的形式有继电器输出型和晶体管输出型，如图 1-13 所示。为提高 PLC 抗干扰能力，每种输出电路都采用了光电隔离技术。

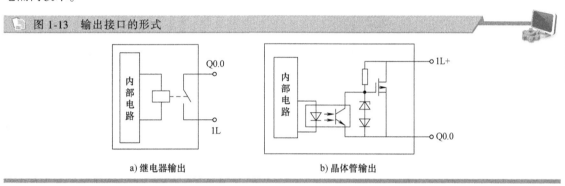

图 1-13　输出接口的形式

a) 继电器输出　　　　　b) 晶体管输出

图 1-13a 所示继电器输出型为有触点的输出方式，既可驱动直流负载，又可驱动交流负载，驱动负载的能力在 2A 左右。其优点是适用电压范围比较宽、导通压降小、承受瞬时过电压和过电流的能力强。缺点是动作速度较慢、响应时间长、动作频率低。建议在输出量变化不频繁时优先选用，不能用于高速脉冲的输出。其电路工作原理是：当内部电路的状态为"1"时，使继电器线圈通电，产生电磁吸力，触点闭合，则负载得电，同时点亮输出指示灯 LED（图 1-13a 中负载、输出指示灯 LED 未画出），表示该路输出点有输出；当内部电路的状态为"0"时，使继电器的线圈无电流，触点断开，则负载断电，同时 LED 熄灭，表示该路输出点无输出。

图 1-13b 所示晶体管输出形式只可驱动直流负载。驱动负载的能力是每一个输出点为 750mA。其优点是可靠性强、执行速度快、寿命长。缺点是过载能力差。适用高速（可达 20kHz）、小功率直流负载。其电路工作原理是：当内部电路的状态为"1"时，光电耦合器导通，使晶体管饱和导通，场效应晶体管也饱和导通，则负载得电，同时点亮 LED（图 1-13b 中负载、LED 未画出），表示该路输出点有输出；当内部电路的状态为"0"时，光电耦合器断开，晶体管截止，场效应晶体管也截止，则负载失电，LED 熄灭，表示该路输出点无输出。图 1-13b 中的稳压二极管用来抑制关断过电压和外部的浪涌电压，以保护场效应晶体管。

（4）扩展模块　扩展模块用来扩展 PLC 的 I/O 端子数，当用户所需要的 I/O 端子数超过 PLC 基本单元（即主机，带 CPU）的 I/O 端子数时，可通过 I/O 扩展模块（不带有 CPU）与 PLC 基本单元相连接，以增加 PLC 的 I/O 端子数，从而适应控制系统的要求。其他很多的智能单元也通过该模块与 PLC 基本单元相连。

（5）通信接口　通信接口是专用于数据通信的，主要实现人-机对话。PLC 通过通信接口可与打印机、监视器以及其他的 PLC 或计算机等设备实现通信。

（6）电源　PLC 的电源是指将外部输入的电源处理后转换成满足 PLC 的 CPU、存储器、输入/

输出接口等内部电路工作需要的直流 5V 电源电路或电源模块。另一方面可为外部输入元件提供 DC 24V 标准电源，而驱动 PLC 负载的电源由用户提供。图 1-14 所示为将 CPU 连接至电源的两种供电方式，分别是直流型和交流型。

图 1-14　PLC 供电方式

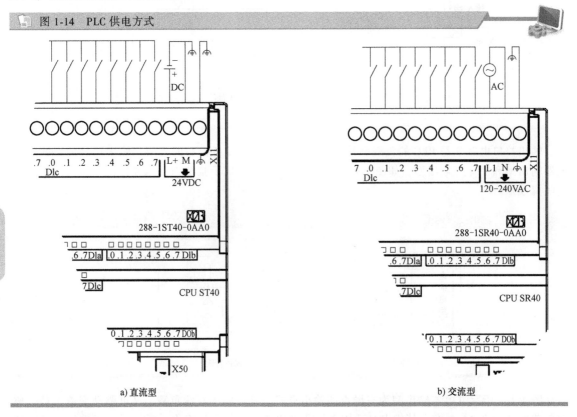

a) 直流型　　　　　　　　　　　　　　　　　b) 交流型

2　PLC 软件

PLC 软件由系统程序和用户程序组成。

（1）系统程序　系统程序是由 PLC 制造厂商采用汇编语言设计编写的，固化于 ROM 型系统程序存储器中，用于控制 PLC 本身的运行，用户不能直接读写与更改。系统程序分为系统管理程序、用户指令解释程序、标准程序模块和系统调用程序。

（2）用户程序　用户程序是用户为完成某一控制任务而利用 PLC 的编程语言编制的程序。由于 PLC 是专门为工业控制而开发的装置，其主要使用者是广大电气技术人员，因此为了满足他们的传统习惯和掌握能力，PLC 的编程语言采用比计算机语言相对更简单、易懂、形象的专用语言。PLC 的主要编程语言有梯形图和语句表等。

三、PLC 的基本工作原理

1　PLC 的工作过程

PLC 在本质上虽然是一台微型计算机，其工作原理与普通计算机类似，但是 PLC 的工作方式却与计算机有很大的不同。计算机一般采用等待输入-响应（运算和处理）-输出的工作方式，如果没有输入，则一直处于等待状态；而 PLC 采用的是周期性循环扫描的工作方式，每一个周期都要按部就班完成相同的工作，与是否有输入或输入是否变化无关。

PLC 的工作过程一般包括内部处理、通信操作、输入处理、程序执行、输出处理五个阶段，如图 1-15 所示。

图 1-15 PLC 的工作过程

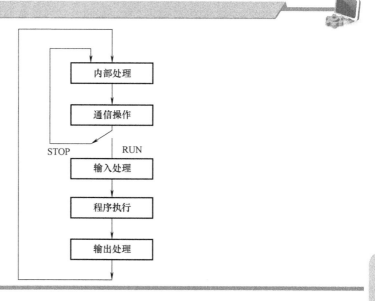

（1）内部处理 PLC 检查 CPU 模块内部的硬件是否正常，进行监控、定时器复位等工作。在运行模式下，还要检查用户程序存储器，如果发现异常，则停止并显示错误。若自诊断正常，则继续向下扫描。

（2）通信操作 在通信操作阶段，CPU 自检并处理各通信端口接收到的任何信息，完成数据通信服务，即检查是否有计算机、编程器的通信请求，若有则进行相应处理。

（3）输入处理 输入处理阶段又称输入采样阶段。在此阶段，按顺序扫描输入端子，把所有外部输入电路的接通/断开状态读入到输入映像寄存器，输入映像寄存器被刷新。

（4）程序执行 用户程序在 PLC 中是顺序存放的。在程序执行阶段，在无中断或跳转指令的情况下，CPU 根据用户程序从第一条指令开始按自上而下、从左至右的顺序逐条扫描执行。

（5）输出处理 当所有指令执行完毕后，进入输出处理阶段，又称输出刷新阶段。CPU 将输出映像寄存器中的内容集中转存到输出锁存器，然后传送到各相应的输出端子，最后再驱动外部负载。

2 PLC 用户程序的执行过程

在运行模式下，PLC 对用户程序重复地执行输入处理、程序执行、输出处理三个阶段，如图 1-16 所示，图中的序号表示图中梯形图程序的执行顺序。

图 1-16 PLC 用户程序的执行过程

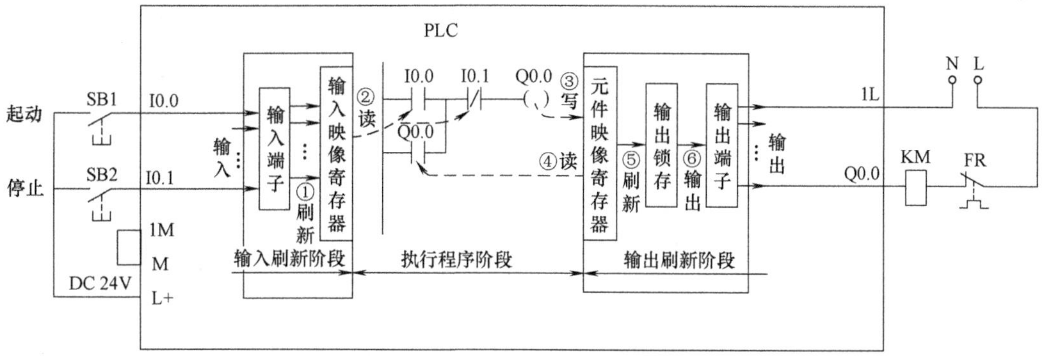

在用户程序执行过程中，输入映像寄存器的内容由上一个输入采样期间输入端子的状态决定。输出映像寄存器的状态由程序执行期间的执行结果决定，随程序执行过程而变化。输出锁存器的状态由程序执行期间输出映像寄存器的最后状态来确定。各输出端子的状态由输出锁存器确定。程序如何执行取决于输入、输出映像寄存器的状态。

在每次扫描中，PLC 只对输入采样一次，输出刷新一次，这可以确保在程序执行阶段，在同一个扫描周期的输入映像寄存器和输出锁存器中的内容保持不变。每重复一次的时间就是一个扫描周期，其典型值为 1~100ms。扫描周期与用户程序的长短、指令的种类和 CPU 执行指令的速度有很大的关系。

四、PLC 的特点

S7-200 SMART 通过可连接的扩展模块即可处理模拟量，具有更多的输入/输出点及更大的存储器，可完全满足一些中小型复杂控制系统的要求。S7-200 SMART CPU 普遍具有以下特点：

（1）集成的 24V 电源　可直接连接到传感器、变送器和执行器，CPU 的输出电流按照型号功率的大小可达到 180~400mA，可用作负载电源。

（2）高速脉冲输出　具有两路高速脉冲输出端，输出脉冲频率可达 20kHz，用于控制步进电动机或伺服电动机，实现定位任务。

（3）通信口　S7-200 SMART 具有一个 RS485 通信口和一个 RJ45 的以太网端口，支持 PPI 通信协议，有自由口通信能力。

（4）中断输入　允许以极快的速度对过程信号的上升沿做出响应。

（5）EEPROM 存储器模块（选件）　可作为修改与复制程序的快速工具，无需编程器并可进行辅助软件归档工作。

（6）数字量输入/输出点　CPU SR20 具有 12 个输入点和 8 个输出点；CPU ST40 具有 24 个输入点和 16 个输出点；CPU SR60 具有 36 个输入点和 24 个输出点。

（7）高速计数器　高速计数器独立于 CPU 的扫描周期对高速事件进行计数。高速计数器有一个有符号 32 位整数计数值（或当前值），要访问高速计数器的计数值，需要利用存储器类型（HC）和计数器编号指定高速计数器的地址。高速计数器的当前值是只读值，仅可作为双字（32 位）来寻址。

第二节　S7-200 SMART PLC 的编程元件及语言

一、基本数据类型与寻址方式

1　S7-200 SMART PLC 的存储器区域

S7-200 SMART PLC 的存储器分为用户程序空间、CPU 组态空间和数据区空间。

用户程序空间用于存放用户程序，存储器为 EEPROM；CPU 组态空间用于存放有关 PLC 配置结构参数，如 PLC 主机及扩展模块的 I/O 配置和编址、配置的 PLC 站地址、设置的保护口令、停电记忆保持区、软件滤波功能等，存储器为 EEPROM；数据区空间是用户程序执行过程中的内部工作区域，该区域存放输入信号、运算输出结果、计时值、计数值、高速计数值和模拟量数值等，存储器为 EEPROM 和 ROM。

数据区空间是 S7-200 SMART CPU 提供的存储器的特定区域，数据区空间使 CPU 的运行更快、更可靠。S7-200 SMART PLC 的数据存储区按存储器存储数据的长短可划分为字节存储器、字存储器和双字存储器等三类。字节存储器有七个，如输入映像寄存器（I）、输出映像寄存器（Q）、变量存储器（V）、位存储器（M）、特殊存储器（SM）、顺序控制继电器（S）、局部变量存储器（L）；字存储器有四个，如定时器（T）、计数器（C）、模拟量输入映像寄存器（AI）和模拟量输出映像寄存器（AQ）；双字存储器有两个，如累加器（AC）和高速计数器（HC）。

　　用户对用户程序空间、CPU 组态空间和部分数据区空间进行编辑，编辑后写入 PLC 的 EEP-ROM。RAM 为 EEPROM 存储器提供备份存储区，用于 PLC 运行时动态使用。RAM 由大容量电容做停电保持。

2 数据区空间存储器的编址方式

　　在计算机中使用的数据均为二进制数，二进制数的基本单位是一个二进制位，八个二进制位组成一个字节，两个字节组成一个字，两个字组成一个双字。

　　存储器由许多存储单元组成，每个存储单元都有唯一的地址，可以依据存储器地址来存取数据。数据区空间存储器的单位可以是位、字节、字、双字，编址方式也可以是位编址、字节编址、字编址和双字编址。

　　（1）位编址　存储器标识符+字节地址+位地址，如 I0.1、M0.0、Q0.3 等。如图 1-17 所示，I1.4 表示图中黑色标记的位地址，I 是输入映像寄存器的区域标识符，1 是字节地址，4 是位号，在字节地址 1 和位号之间用点号 "." 隔开。

图 1-17　位地址 I1.4 的表达方式

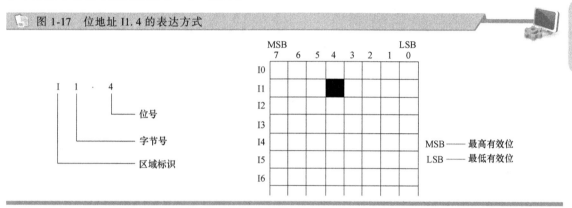

　　按照这种位编址方式编址的存储区有输入映像寄存器（I）、输出映像寄存器（Q）、位存储器（M）、特殊存储器（SM）、局部变量存储器（L）、变量存储器（V）和顺序控制继电器（S）。

　　（2）字节编址、字编址和双字编址　如图 1-18 所示。

图 1-18　字节、字、双字的编址方式

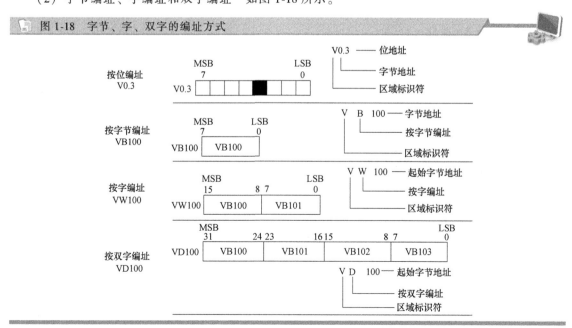

1）字节编址：存储器标识符+字节长度（B）+字节号，如 IB0、QB0、VB100 等。

2）字编址：存储器标识符+字长度（W）+起始字节号，如 VW100 表示 VB100、VB101 这两个字节组成的字，其中 VB100 是高有效字节，VB101 是低有效字节。

3）双字编址：存储器标识符+双字长度（D）+起始字节号，如 VD100 表示由 VW100、VW102 这两个字组成的双字或由 VB100、VB101、VB102、VB103 这 4 个字节组成的双字，其中 VB100 是最高有效字节，VB103 是最低有效字节。

按照这种字节、字和双字编址方式编址的存储区有输入映像寄存器（I）、输出映像寄存器（Q）、位存储器（M）、特殊存储器（SM）、局部变量存储器（L）、变量存储器（V）、顺序控制继电器（S）、模拟量输入映像寄存器（AI）和模拟量输出映像寄存器（AQ）。

（3）其他编址方式　数据区空间存储器区域中还包括定时器存储器、计数器存储器、累加器、高速计数器等，它们是模拟相关的电器元件，编址方式为区域标识符+元件号，例如，T24 表示某定时器的地址，T 是定时器的区域标识符，24 是定时器号。

3　S7-200 SMART 的基本数据类型及基本数制

（1）基本数据类型　在 S7-200 SMART PLC 的编程语言中，大多数指令要与数据对象一起进行操作。不同的数据对象具有不同的数据类型，不同的数据类型又具有不同的数制和格式选择。因此，程序中所使用的数据需要指定一种数据类型，而在指定数据类型时，首先要确定数据大小及数据位的结构。S7-200 SMART PLC 的基本数据类型及其范围见表 1-1。

表 1-1　S7-200 SMART PLC 的基本数据类型及其范围

基本数据类型		位数	说　明
布尔型 BOOL		1	位范围:0,1
无符号数	字节型 BYTE	8	字节范围:0~255
	字型 WORD	16	字范围:0~65535
	双字型 DWORD	32	双字范围:0~$(2^{32}-1)$
有符号数	字节型 BYTE	8	字节范围:-128~+127
	整型 INT	16	整数范围:-32768~+32767
	双整型 DINT	32	双字整数范围:-2^{31}~$(2^{31}-1)$
实数型 REAL		32	IEEE 浮点数

编程中经常会使用常数，常数数据长度可分为字节、字和双字。在机器内部的数据都以二进制存储，但常数的书写可以用二进制、十进制、十六进制、ASCII 码或浮点数（实数）等多种形式。几种常数形式说明如下：

1）二进制的书写格式为"2#二进制数值"，如 2#0101 1100 0010 1010；

2）十进制的书写格式为"十进制数值"，如 1052；

3）十六进制的书写格式为"16#十六进制数值"，如 16#8AC6；

4）ASCII 码的书写格式为"'ASCII 码文本'"，如 'good bye'；

5）浮点数的书写格式按 IEEE 浮点数格式，如 I0.5。

（2）PLC 中常用数制

1）十进制。十进制是人们日常生活中最熟悉的进位计数制，十进制是一种以 10 为基数的计数法。在十进制中，数用 0、1、2、3、4、5、6、7、8、9 这十个符号来描述。计数规则是：逢十进一。

2）二进制。二进制是在计算机系统中采用的进位计数制，二进制是一种以 2 为基数的计数法，采用 0、1 两个数值。计数规则是：逢二进一。在二进制中，用 0 和 1 两个符号来描述，可以表示开关量的两种不同状态,如触点的闭合与断开,线圈的通电与断电,指示灯的亮与灭等。在 PLC 梯形图中如果某位为 1,则表示该位触点闭合和线圈通电;如果某位为 0,则表示该位触点断开和线圈断电;西门子 PLC 中二进制用前缀 2#加数值来表示,如 2#0001110 就是 8 位的二进制。

3)八进制。八进制是一种以 8 为基数的计数法,采用 0、1、2、3、4、5、6、7 八个数字。计数规则是:逢八进一。在 PLC 中输入与输出的地址编号用八进制数表示,例如 I0.0、I0.1…I0.7。

4)十六进制。十六进制是人们在计算机指令代码和数据的书写中经常使用的数制,十六进制是一种以 16 为基数的计数法,采用 0、1…9、A、B…F 等 16 个符号来描述。计数规则是:逢十六进一。西门子 PLC 中十六进制用前缀 16#加数值来表示,例如 16#0A。

5)BCD 码。BCD 码是用四位二进制数来表示一位十进制数中的 0~9 这十个数码,是一种二进制的数字编码形式,BCD 码和四位自然二进制码不同的是,它只选用了四位二进制码中的前十组代码,即用 0000~1001 分别代表它所对应的十进制数,余下的六组代码不用,例如十进制数中 "6" 的 BCD 码是 0110。

4 S7-200 SMART CPU 模块操作数的数值范围

S7-200 SMART CPU 模块操作数的数值范围见表 1-2。

表 1-2 S7-200 SMART CPU 模块操作数的数值范围

表示方式	字节(B)	字(W)	双字(D)
无符号整数	0~255 16#00~16#FF	0~65535 16#0000~16#FFFF	0~4294967295 16#00000000~16#FFFFFFFF
有符号整数	-128~+127 16#80~16#7F	-32768~+32767 16#8000~16#7FFF	-2147483648~+2147483647 18#80000000~16#7FFFFFFF
实数(IEEE32 位浮点数)	不适用	不适用	+1.175495E-38~+3.402823E+38(正数) -1.175495E-38~-3.402823E+38(负数)

二、PLC 的编程元件

PLC 在其系统软件的管理下,将用户程序存储器(即装载存储区)划分出若干个区,并赋予这些区不同的功能,分别称为输入继电器、输出继电器、辅助继电器、变量继电器、定时器、计数器、数据寄存器等。

说明:在 PLC 内部,并不真正存在这些实际的物理器件,与其对应的只是存储器中的某些存储单元。

1 输入继电器 I

输入继电器 I 就是 PLC 存储系统中的输入映像寄存器。它通过输入继电器,将 PLC 的存储系统与外部输入端子建立明确的关系,一般按 "字节.位" 的编址方式来读取一个继电器的状态。

2 输出继电器 Q

输出继电器 Q 就是 PLC 存储系统中的输出映像寄存器。它通过输出继电器,将 PLC 的存储系统与外部输出端子建立明确的关系,一般按 "字节.位" 的编址方式来读取一个继电器的状态。

3 变量寄存器 V

S7-200 SMART PLC 中有大量的变量寄存器,用于模拟量控制、数据运算、参数设置及存放程序执行过程中控制逻辑操作的中间结果。其数量与 CPU 型号有关。

4 辅助继电器 M

辅助继电器 M 的功能与传统的继电器控制电路中的中间继电器相同，它借助于辅助继电器的编程，可使输入/输出之间建立复杂的逻辑关系和联锁关系，以满足不同的控制要求。

5 特殊继电器 SM

特殊继电器 SM 用来存储系统的状态变量及有关的控制参数和信息。用户可以通过特殊继电器向 PLC 反映对操作的特殊要求以及沟通 PLC 与被控对象之间的信息，PLC 通过特殊继电器为用户提供一些特殊的控制功能和系统信息。

例如：

SM0.0：运行监控，PLC 在运行状态时，SM0.0 总为 ON。

SM0.1：初始脉冲，PLC 由 STOP 转为 RUN 时，一个扫描周期为 ON。

SM0.3：PLC 上电进入运行状态时，一个扫描周期为 ON。

SM0.4：分时钟脉冲，占空比为 50%，周期为 1min 的脉冲串。

SM0.5：秒时钟脉冲，占空比为 50%，周期为 1s 的脉冲串。

SM0.6：扫描时钟，一个周期为 ON，下个周期为 OFF，交替循环。

SMB28 和 SMB29：分别对应模拟电位器 0 和 1 的当前值，数值范围为 0~255。

6 定时器 T

定时器 T 是 PLC 的重要的编程元件，它的作用与继电器控制电路中的时间继电器基本相似，用来实现按照时间原则进行控制的目的。定时器的设定值通过程序预先输入，当满足定时器的工作条件时，定时器开始定时，当前值从 0 开始增加；当达到设定值时定时器动作，其动合触点和动断触点动作。表 1-3 为定时器的精度及编号。

表 1-3　定时器的精度及编号

定时器类型	分辨率	最大值	定时器号
TON、TOF	1ms	32.767s	T32、T96
	10ms	327.67s	T33~T36、T97~T100
	100ms	3276.7s	T37~T63、T101~T255
TONR	1ms	32.767s	T0、T64
	10ms	327.67s	T1~T4、T65~T68
	100ms	3276.7s	T5~T31、T69~T95

7 计数器 C

计数器 C 的作用是对编程元件状态脉冲的上升进行积累计数，从而实现计数操作。当条件满足时，计数器开始计数，当前值达到设定值后，计数器的动合触点和动断触点动作，实现计数操作。S7-200 SMART PLC 中计数器的数量为 256 个，范围为 C0~C255。它分为三种类型，即递增计数、递减计数和增/减计数。

8 状态（顺序控制）继电器 S

状态继电器 S 又称状态元件，是使用步进控制指令编程时的重要编程元件，用来组织机器操作或进入等效程序段工步，以实现顺序控制和步进控制。顺序控制继电器用于顺序功能图法编程。每一个状态继电器可以用来代表控制状态中的一个步序（能为编程提供方便），可以按位、字节、字或双字来存取 S 位。S7-200 SMART PLC 提供了 256 个状态继电器，编址范围为 S0.0～S15.7。

三、PLC 的编程语言

PLC 为用户提供了完整的编程语言，以适应编制用户程序的需要。PLC 提供的编程语言通常有梯形图（LAD）、指令表（ST）、顺序功能流程图（SFC）和功能块图（FBD）等几种，下面以 S7-200 SMART PLC 为例加以介绍。

1 梯形图

梯形图（LAD）是国内使用得最多的图形编程语言，被称为 PLC 的第一编程语言。它沿用了电气工程师熟悉的传统继电器控制电路图的形式和概念，其基本控制思想与继电器控制电路图很相似，只是在使用符号和表达方式上有一定区别。图 1-19 所示为一个典型的梯形图。

图 1-19 PLC 梯形图

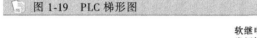
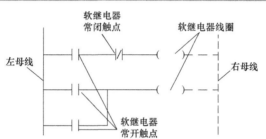

梯形图是由两条母线（左右两条垂直的线）和两母线之间的逻辑触点和线圈按一定结构形式连接起来的类似于梯子的图形（梯形图常被称为电路或程序，梯形图的设计称为编程）。梯形图直观易懂，很容易掌握，为了更好地理解梯形图，这里把 PLC 与继电器控制电路相对比做介绍，重点理解几个与梯形图相关的概念。

表 1-4 给出了 PLC 与继电器控制电路的电气符号对照关系。

表 1-4　PLC 与继电器控制电路中的电气符号对照关系

触点、线圈	继电器符号	PLC 符号
常开触点	─── ╱ ───	─┤ ├─
常闭触点	─── ╱ ───	─┤／├─
线圈	───□───	─（ ）─

（1）软继电器（即映像寄存器）　PLC 梯形图中的某些编程元件沿用了继电器这一名称，如输入继电器、输出继电器、内部辅助继电器等，但是它们不是真实的物理继电器，而是一些存储单元（软继电器），每一个软继电器与 PLC 存储器中映像寄存器的一个存储单元相对应。该存储单元如果为"1"状态，则表示梯形图中对应软继电器的线圈"通电"，其常开触点接通，常闭触点断开，称这种状态是该软继电器的"1"或"ON"状态。如果该存储单元为"0"状态，则对应软继电器的线圈和触点的状态与上述相反，称该软继电器为"0"或"OFF"状态。使用中也常将这些"软继电器"称为编程元件。

（2）能流　当触点接通时，有一个假想的"概念电流"或"能流"从左向右流动，这一方向与执行用户程序时的逻辑运算的顺序是一致的。能流只能从左向右流动。利用能流这一概念，可以帮助人们更好地理解和分析梯形图。

（3）母线　梯形图两侧的垂直公共线称为母线。在分析梯形图的逻辑关系时，为了借用继电器电路图的分析方法，可以想象左右两侧母线（左母线和右母线）之间有一个左正右负的直流电源电压，母线之间有"能流"从左向右流动。右母线可以不画出。

（4）梯形图的逻辑运算　根据梯形图中各触点的状态和逻辑关系，求出与图中各线圈对应的编程元件的状态，称为梯形图的逻辑运算。梯形图中逻辑运算是按从左至右、从上到下的顺序进行的。运算的结果马上可以被后面的逻辑运算所利用。逻辑运算是根据输入映像寄存器中的值，而不是根据运算瞬时外部输入触点的状态来进行的。

2　指令表

指令表（ST）编程语言类似于计算机中的助记符语言，它是 PLC 最基础的编程语言。所谓指令表编程，是用一个或几个容易记忆的字符来代表 PLC 的某种操作功能。图 1-20 所示为一个简单的 PLC 程序，图 1-20a 是梯形图程序，图 1-20b 是相应的指令表。一般来说，指令表编程适合于熟悉 PLC 和有经验的程序员使用。

图 1-20　一个简单的 PLC 程序

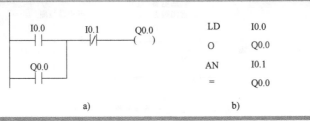

a)　　　　　　　　b)

3　顺序功能流程图

顺序功能流程图（SFC）编程是一种图形化的编程方法，亦称功能图，如图 1-21 所示。使用它可以对具有并行、选择等复杂结构的系统进行编程，许多 PLC 都提供了用于 SFC 编程的指令。目前，国际电工委员会（IEC）也正在实施并发展这种语言的编程标准。

图 1-21　顺序功能流程图

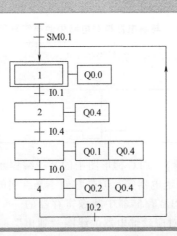

4　功能块图

S7-200 SMART PLC 专门提供了功能块图（FBD）编程语言，利用 FBD 可以查看到像普通逻辑门图形的逻辑盒指令。它没有梯形图编程器中的触点和线圈，但有与之等价的指令，这些指令是作为盒指令出现的，程序逻辑由这些盒指令之间的连接决定。也就是说，一个指令（如 AND 盒）的输出可以用来允许另一条指令（如定时器），这样可以建立所需要的控制逻辑。这样的连接思想可以解决范围广泛的逻辑问题。FBD 编程语言有利于程序流的跟踪，但在目前使用较少。图 1-22 所示为 FBD 的一个简单实例。

 图 1-22 功能块图

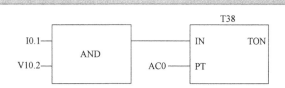

第三节 S7-200 SMART PLC 编程软件的安装与操作

目前推出的 STEP 7-Micro/WIN SMART 版编程软件适用于 S7-200 SMART PLC。该软件功能强大，界面友好，有联机帮助功能，既可用于开发用户程序，又可实时监控用户程序的执行状态。

一、系统安装要求

运行 STEP 7-Micro/WIN SMART 编程软件的计算机系统要求如下：
计算机配置：IBM 486 以上兼容机，内存 8MB 以上，VGA 显示器，至少 50MB 以上硬盘空间。
操作系统：Windows XP 以上的操作系统。

二、软件安装步骤

STEP 7-Micro/WIN SMART V2.5 编程软件可以从西门子公司网站（www. ad. siemens. com. cn）免费下载，也可以用光盘安装。

STEP 7-Micro/WIN SMART 系列编程软件是 S7-200 SMART PLC 的专用编程、调试、监控软件。可以双击安装程序 setup. exe，完成安装后在桌面会出现 STEP 7-Micro/WIN SMART 的图标，如图 1-23 所示。

扫一扫看视频

编程软件的
安装过程

安装的主要步骤如下：
1）选择安装语言。STEP 7-Micro/WIN SMART 软件具有简体中文、繁体中文和英语三种安装引导语言。这里选择安装语言是"中文（简体）"，如图 1-24 所示。

图 1-23 STEP 7 的图标

图 1-24 选择安装语言

2）接受安装许可协议，如图 1-25 所示，并单击"下一步"按钮。

3）选择安装的目标路径。用户可以单击"浏览"按钮修改安装目标位置，如图 1-26 所示。然后按照提示单击"下一步"按钮，直到安装完成。如果用户没有更改安装目标位置，则 STEP 7-Micro/WIN SMART 软件在 Windows 7 操作系统中的默认安装路径为 C：\Program Files（x86）\Siemens\STEP 7-MicroWIN SMART。

图 1-25　接受安装许可协议

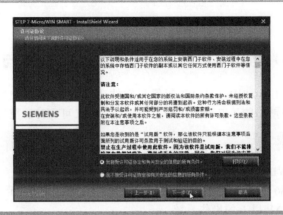

图 1-26　选择安装的目标路径

三、认识 STEP 7-Micro/WIN SMART V2.5 编程软件主界面

扫一扫看视频

认识编程软件主界面

单击桌面上 STEP 7-Micro/WIN SMART V2.5 的图标 ，打开一个新的项目，显示如图 1-27 所示的 STEP 7-Micro/WIN SMART 编程软件的主界面。

STEP 7-Micro/WIN SMART 编程软件的主界面一般可以分成以下几个区：标题栏、菜单栏（包含八个主菜单项）、工具栏（快捷按钮）、浏览条（快捷操作窗口）、指令树（快捷操作窗口）、输出窗口、状态栏和用户窗口（可同时或分别打开五个用户窗口）。除菜单栏外，用户可以根据需要决定其他窗口的取舍和样式。

1　菜单栏

在图 1-27 所示菜单栏中，可用鼠标单击或采用对应热键操作，打开各项菜单，其功能如下：

1）"文件"菜单项可以完成如新建、打开、关闭、保存、上传和下载等操作。

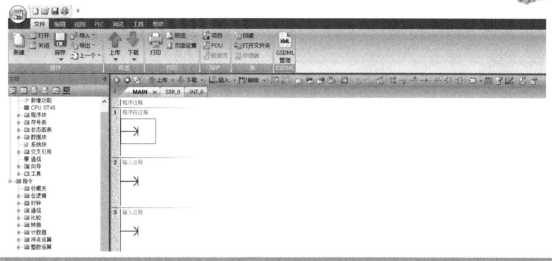

图 1-27 STEP 7-Micro/WIN SMART 编程软件的主界面

2）"编辑"菜单项可完成选择、复制、剪切、粘贴程序块或数据块，同时提供查找、替换、插入、删除、快速光标定位等功能。

3）"视图"菜单项可以设置软件开发的风格，决定其他辅助窗口的打开和关闭，执行引导条窗口的命令，选择不同编程语言（包括 SIL、梯形图、FBD）等。

4）"PLC"菜单项可以建立与 PLC 联机时的相关操作，如改变 PLC 的工作方式、在线编译、查看 PLC 的信息、清除程序和数据、时钟、程序比较、PLC 的类型选择及通信设置等。

5）"调试"菜单项主要用于联机调试。在离线方式下，该菜单呈现灰色，表示此菜单不具备执行条件。

6）"工具"菜单项可以调用指令向导，安装文本显示器、改变界面风格等。

7）"帮助"菜单项通过帮助上的目录和索引可以查阅所有相关帮助信息，并且操作中的步骤都可以通过 [F1] 键来显示在线帮助，大大方便了用户的使用。

2 工具栏

工具栏提供简便的鼠标操作，将软件的常用操作以按钮形式设定到工具栏中，如图 1-28 所示。

图 1-28 常用工具栏

3 项目及其组件（引导条）

在图 1-29 所示的项目及其组件中，可以通过鼠标单击查看组件图标，或者双击指令树分支来快速到达相应的项目组件。

四、计算机与 PLC 的通信连接

开发 S7-200 SMART PLC 需要用户有一台装有 STEP 7-Micro/WIN SMART 编程软件的计算机、

一台 S7-200 SMART PLC 和一根 RJ45 以太网电缆，如图 1-30 所示，PLC 与编程计算机的以太网连接如图 1-31 所示。

图 1-29　项目树及指令树分支

单击"程序块"进入编辑窗口，完成程序编辑及注释。程序包括主程序、子程序、中断程序

单击"状态图表"进入编辑窗口，进行编程操作，在程序执行时可观察数据

单击"数据块"进入编辑窗口，在窗口内可编辑存储器输入地址和数据

单击"系统块"进入编辑窗口，可进行通信端口、密码、输出表、EM配置等操作

指令树中包含所有使用的指令，单击"+"显示分类中的指令

单击"符号表"进入编辑区，它是允许程序员使用的符号地址的一种工具

单击"交叉引用"进入编辑窗口，可进行用户表格检查

单击"通信"进入设置窗口

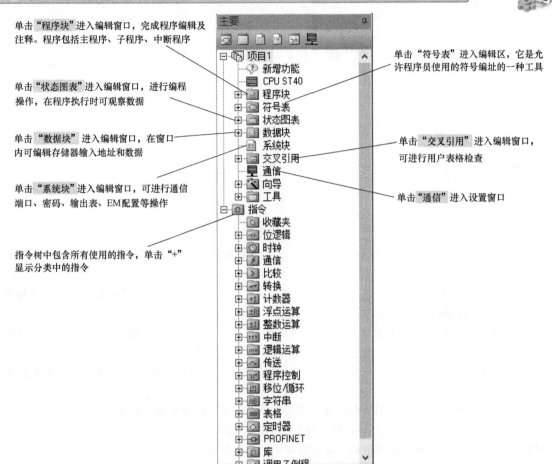

图 1-30　RJ45 以太网电缆

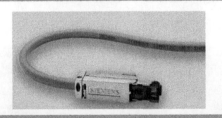

图 1-31　PLC 与计算机以太网连接

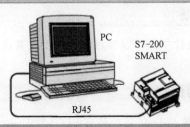

五、一个简单程序的编辑与调试运行

1 创建新项目

在桌面上直接双击 STEP 7-Micro/WIN SMART V2.5 编程软件的快捷图标，自动创建一个新的工程项目——项目 1。

2 选择编辑器

选择主菜单命令"视图"，在视图的左侧选择编辑器中需要使用的编程语言为"LAD"，如图 1-32 所示。

图 1-32 选择编程语言

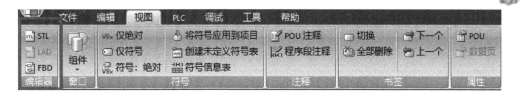

3 选择 PLC 类型

双击项目树中的 CPU 图标，弹出"系统块"对话框，选择需要使用的 CPU 模块类型，如图 1-33 所示，选择为"CPU ST40"。

4 建立 CPU 硬件通信连接

以太网接口可在编程设备和 CPU 模块之间建立物理连接。将以太网电缆一端插入 CPU 模块顶部的以太网端口 RJ45 中，另一端连接到编程计算机。由于 CPU 内置

扫一扫看视频

简单程序的
项目创建

23

图 1-33 PLC 类型选择

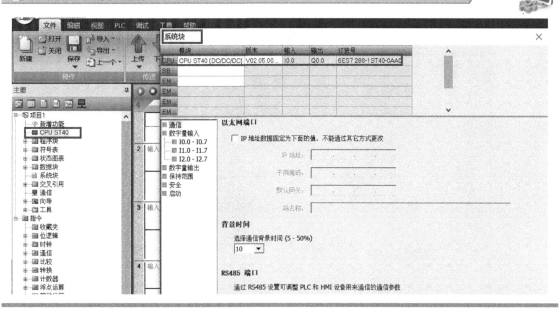

了自动跨接功能，所以对该接口既可以使用标准以太网电缆，又可以使用跨接以太网电缆，将编程设备直接连接到 CPU 模块时不需要以太网交换机。

5　与 CPU 模块建立通信

在编程软件项目树中，双击"通信"，弹出"通信"窗口，如图 1-34 所示，在"通信接口"中选择计算机以太网卡的型号，单击"查找 CPU"按钮，编程软件在本地网络中搜索 CPU 模块，在网络上找到的 CPU 模块的 IP 地址将在"找到 CPU"下列出，如图 1-35 所示。

图 1-34　弹出"通信"窗口

图 1-35　找到 CPU 地址

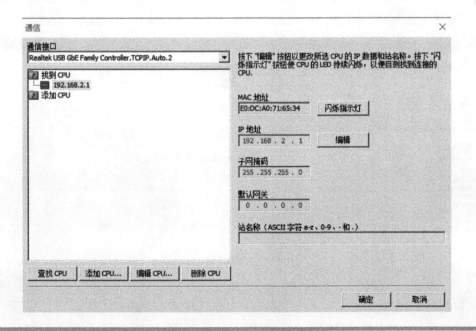

6 保存项目

选择菜单命令"文件"→"保存",弹出的"另存为"窗口如图 1-36 所示,设置保存路径为默认路径,文件名输入为"三个单开关控制两只灯",保存类型选择默认,单击"保存"按钮。

图 1-36 三个单开关控制两只灯项目

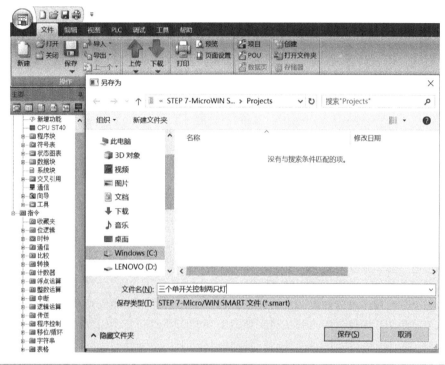

7 编辑符号表

单击项目树中的符号表,打开符号表编辑器,在符号表中输入符号及相应地址,也可以输入注释,如图 1-37 所示。

图 1-37 编辑符号表

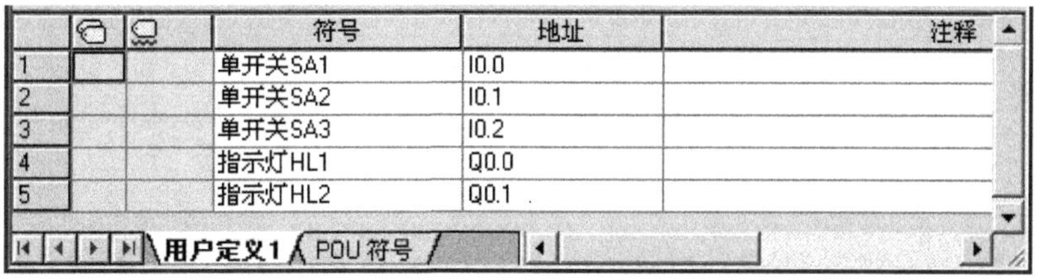

			符号	地址	注释
1			单开关SA1	I0.0	
2			单开关SA2	I0.1	
3			单开关SA3	I0.2	
4			指示灯HL1	Q0.0	
5			指示灯HL2	Q0.1	

用户定义1 / POU 符号

8 输入梯形图程序

单击项目树中的程序块,打开程序编辑器,按以下步骤输入如图 1-38 所示的三个单开关控制两只灯的梯形图程序。

图 1-38　三个单开关控制两只灯梯形图

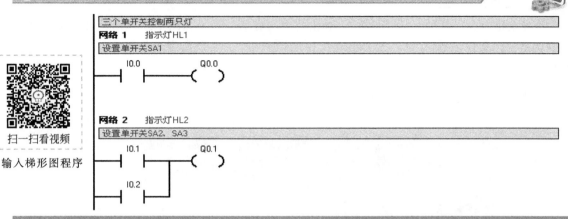

扫一扫看视频

输入梯形图程序

（1）输入常开触点 I0.0

1）利用指令树按钮，输入步骤如图 1-39 所示。

① 在指令树的"指令"选项下，单击打开指令类别，如单击"位逻辑"左面的 ⊞，或双击 📖 位逻辑，如图 1-39 中①所示；

② 从打开的"位逻辑"指令树中选择需要的常开触点元件 ⊣⊢，如图 1-39 中②所示；

③ 按住鼠标左键拖动所选择的常开触点元件 ⊣⊢ 到程序编辑器窗口中所需要的位置，如图 1-39 中③所示；

④ 释放鼠标左键，常开触点元件 ⊣⊢ 就放置在所需要的位置了，如图 1-39 中④所示；

⑤ 单击"??.?"处，如图 1-39 中⑤所示；

⑥ 在"??.?"处输入常开触点元件的地址，如 I0.0，如图 1-39 中⑥所示；

⑦ 按回车键确认，光标自动右移一格，如图 1-39 中⑦所示，一个指令就输入完毕了。

图 1-39　利用指令树按钮输入指令

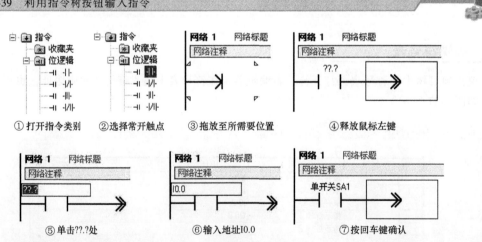

除了利用指令树按钮输入指令外，还可以利用工具栏按钮输入指令。例如，单击工具栏上的指令触点、线圈或指令盒按钮，会分别出现一个下拉列表，如图 1-40 所示。

2）利用工具栏按钮，输入步骤如图 1-41 所示。

① 在程序编辑窗口中将光标定位到所要编辑的位置，如图 1-41 中①所示；

② 单击工具栏上的触点指令，出现一个下拉列表，如图 1-41 中②所示；

图 1-40　触点、线圈或指令盒指令列表

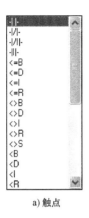

a) 触点　　　　　　　　b) 线圈　　　　　　　　c) 指令盒

③ 利用滚动条或键盘的↑、↓键浏览至所需的指令，如⊦⊦，单击⊦⊦指令或使用回车键即可将该指令输入到所要编辑的位置，如图 1-41 中③所示；

④ 单击 "??.?" 处，如图 1-41 中④所示；

⑤ 在 "??.?" 处输入常开触点元件的地址，如 I0.0，如图 1-41 中⑤所示；

⑥ 按回车键确认，光标自动右移一格，如图 1-41 中⑥所示，一个指令就输入完毕了。

图 1-41　利用工具栏按钮输入指令

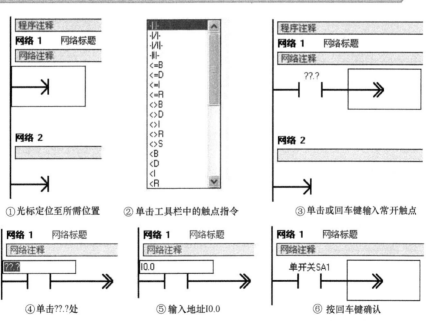

（2）输入线圈 Q0.0　把光标放在常开触点 I0.0（即单开关 SA1）的后面一格位置，即如图 1-41 中⑥的光标所放位置，采用与输入常开触点 I0.0 一样的方法输入线圈 Q0.0，只是编程元件选择的是线圈-[ ]，物理地址是 Q0.0，符号地址是信号灯 HL1。输入完线圈 Q0.0，网络 1 输入完毕。

（3）输入常开触点 I0.1　把光标放在网络 2 的程序段起始编辑位置，采用与输入常开触点 I0.0 一样的方法输入常开触点 I0.1，只是常开触点的物理地址是 I0.1，符号地址是单开关 SA2。

（4）输入常开触点 I0.2　步骤如图 1-42 所示。

图 1-42　输入常开触点 I0.2 的步骤

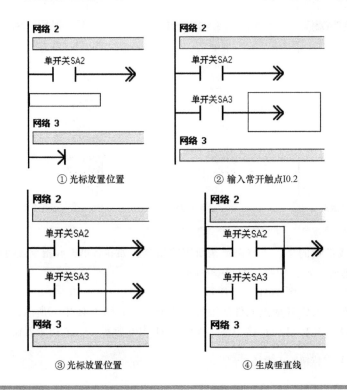

1）把光标放在如图 1-42 中①所示的位置；

2）输入常开触点 I0.2，如图 1-42 中②所示；

3）把光标放在常开触点 I0.2（即单开关 SA3）上，如图 1-42 中③所示；

4）鼠标单击工具栏的向上连线按钮 ➚ ，如图 1-42 中④所示，常开触点 I0.2（即单开关 SA3）与常开触点 I0.1（即单开关 SA2）并联上了。

（5）输入线圈 Q0.1　把光标放在常开触点 I0.1（即单开关 SA2）的后面一格位置，采用与输入线圈 Q0.0 一样的方法输入线圈 Q0.1，只是线圈的物理地址是 Q0.1，符号地址是指示灯 HL2。

最后填写上程序注释、网络标题及网络注释，梯形图输入完毕。在 SIMATIC LAD 窗口中，如果只显示元件的绝对地址，只要选择菜单"查看"→"符号寻址"，则"符号寻址"前面的"√"去掉，即可得到梯形图程序。

当梯形图输入完毕后，要进行程序的保存。单击菜单栏中的"保存"按钮，程序便保存下来了。

9　编译程序

在 STEP 7-Micro/WIN SMART 中，打开所保存的"三个单开关控制两只灯"梯形图，单击工具栏中的"编译"按钮 ▤。

10　下载程序

选择菜单栏"PLC"→"下载"按钮 ⬇，弹出如图 1-43 所示的"下载"窗口。

图 1-43 中，通常在"选项"中选择"程序块""数据块"和"系统块"三个选项，再单击"下载"窗口中的"下载"按钮即可。

28

图 1-43 "下载"窗口

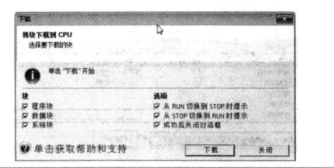

扫一扫看视频

下载程序

11 运行

单击工具栏中的"运行"按钮 ，自动弹出是否运行的对话框，如图 1-44 所示。确认运行后单击"是"按钮，CPU 开始运行用户程序，CPU 上的 RUN 指示灯绿灯亮，STOP 指示灯黄灯灭。

图 1-44 是否运行对话框

12 监控

（1）程序状态监控

1）单击工具栏上的  按钮，程序状态监控初始画面如图 1-45 所示。

图 1-45 程序状态监控初始画面

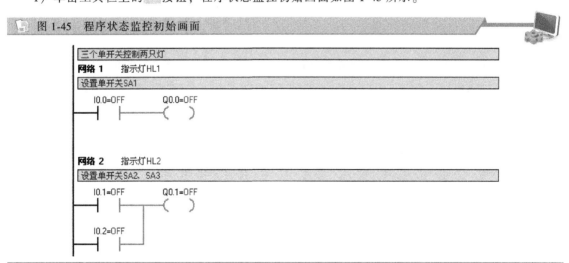

2）分别依次操作单开关 SA1、SA2、SA3，观察并记录实际运行情况及程序状态监控画面相应

变化情况。如果运行正确，则实际运行情况和监控画面变化情况是应该一致的。

3）选择菜单栏"调试"→"停止程序状态监控"或单击工具栏上的 🔃 按钮，则停止程序状态监控。

（2）状态表监控元件状态

1）单击浏览条中的"状态表"按钮或选择"查看"→"组件"→"状态表"菜单命令，打开状态表画面，并在状态表画面的地址列输入所需要监控的元件和选择格式，如图1-46所示。

图 1-46 状态表

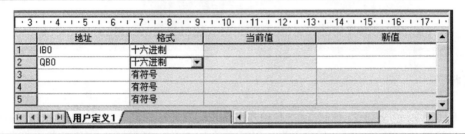

2）单击工具栏上的"状态表监控"按钮 🔁 ，则状态表监控的初始画面如图1-47所示。

图 1-47 状态表监控初始画面

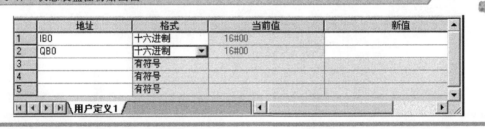

3）分别依次操作单开关 SA1、SA2、SA3，观察实际运行情况及状态表监控的元件状态相应变化情况。如果运行正确，则实际运行情况和状态表中监控的元件状态变化情况是应该一致的。

4）选择菜单栏"调试"→"停止状态表监控"选项或单击工具栏上的"状态表监控"按钮 🔁 ，则停止状态表监控。

13 停止运行

如果停止运行用户程序，则选择菜单栏"PLC"→"STOP（停止）"，或单击工具栏中的"停止"按钮 ■ ，自动弹出是否停止运行的对话框，如图1-48所示，确认停止运行后单击"是"按钮，CPU 停止运行用户程序，CPU 上的 STOP 指示灯黄灯亮，RUN 指示灯绿灯灭。

图 1-48 停止运行对话框

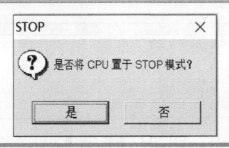

第四节 S7-200 SMART PLC 仿真软件使用

一、仿真软件简介

仿真软件是解决没有 PLC 实物就无法检验编写的程序是否正确这一问题的理想软件工具。可以在网上搜索"S7-200 仿真软件",找到 S7-200 的仿真软件下载并解压缩后,双击执行"S7-200 汉化版.exe"文件,就可以打开它。S7-200 仿真软件同样适用于 S7-200 SMART PLC。

仿真软件可以仿真大量的 S7-200 指令(支持常用的位触点指令、定时器指令、计数器指令、比较指令、逻辑运算指令和大部分的数学运算指令等,但部分指令,如顺序控制指令、循环指令、高速计数器指令和通信指令等尚无法支持,仿真软件支持的仿真指令可在网上查找)。仿真程序提供了数字信号输入开关、两个模拟电位器和 LED 输出显示,仿真程序同时还支持对 TD-200 文本显示器的仿真,在实验条件尚不具备的情况下,完全可以作为学习 S7-200 的一个辅助工具。

二、认识仿真软件界面

仿真软件的界面如图 1-49 所示,和所有基于 Windows 的软件一样,仿真软件最上方是菜单,仿真软件的所有功能都有对应的菜单命令;在工具栏中列出了部分常用的命令(如 PLC 程序加载、启动程序、停止程序、AWL、KOP、DB1 和状态观察窗口等)。

31

 图 1-49 仿真软件界面

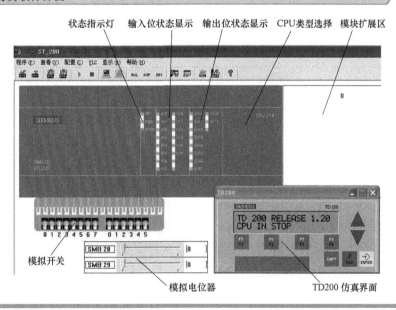

工具栏和最底端的状态栏(图 1-49 中未画出)之间包括了以下几个部分:

1)输入位状态显示:对应的输入端子为 1 时,相应的 LED 变为绿色。

2)输出位状态显示:对应的输出端子为 1 时,相应的 LED 变为绿色。

3)CPU 类型选择:双击该区域可以选择仿真所用的 CPU 类型。

4)模块扩展区:在空白区域单击,可以加载数字和模拟 I/O 模块。

5)信号输入模拟开关:用于提供仿真需要的外部数字量输入信号。

6)模拟电位器:用于提供 0~255 连续变化的数字信号。

7)TD200 仿真界面:仿真 TD200 文本显示器(该版本 TD200 只具有文本显示功能,不支持数据编辑功能)。

三、仿真软件操作

1 准备工作

仿真软件不提供源程序的编辑功能，因此必须和 STEP 7-Micro/WIN SMART V2.5 编程软件配合使用，即在 STEP 7-Micro/WIN SMART V2.5 中编辑好源程序后，再加载到仿真程序中执行。

1）在 STEP 7-Micro/WIN SMART V2.5 中编辑好梯形图，并编译程序。选择菜单"PLC"→"编译"或单击工具栏中的编译按钮 ☑ ，程序便被编译成 PLC 能够识别的机器码。

2）利用"文件"→"导出"命令将梯形图程序导出为扩展名为 .awl 的文件。

3）如果程序中需要数据块，则需要将数据块导出为 .txt 文件。

2 仿真程序

下面以"三个单开关控制两只灯"的梯形图（见图 1-50）为例，完成程序的仿真运行。

（1）导出 AWL 文件　打开编程软件，录入图 1-50 所示的梯形图程序正确后，选择"文件"→"导出"，弹出一个"导出程序块"的小窗口，如图 1-51 所示。可以自己选择保存路径及文件名，这里选择默认路径，输入文件名为"三个单开关控制两只灯 .awl"，然后单击"保存"按钮。

📄 图 1-50　梯形图

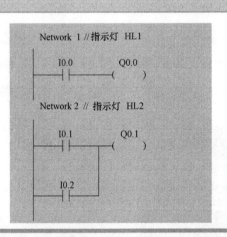

📄 图 1-51　导出程序块

（2）打开仿真软件　双击 S7_ 200 汉化版 .exe 文件，然后单击屏幕中间出现的画面，在弹出的"密码：6596"对话框里输入密码 6596，单击"确定"按钮，就可进入仿真软件的界面了。

（3）配置 CPU 型号　在打开的仿真软件界面中，双击"CPU 类型选择"区域或单击菜单栏的"配置"→"CPU 型号（T）"，弹出"CPU Type"对话框，选择所需的 CPU 型号为 CPU 226，如

图 1-52 所示，再单击"Accept"按钮。

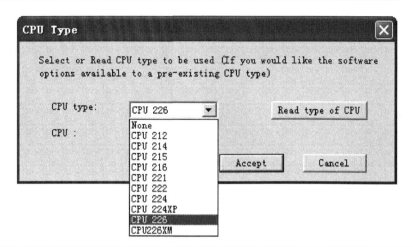

（4）装载程序　单击菜单栏中的"程序"→"装载程序"，弹出"装载程序"对话框，设置如图 1-53a 所示，再单击"确定"按钮，弹出"打开"对话框，如图 1-53b 所示，选中要装载的程序"三个单开关控制两只灯.awl"，最后单击"打开"按钮，出现如图 1-53c 所示画面，PLC 停止指示灯亮（呈红色）。此时，程序已经装载完成。

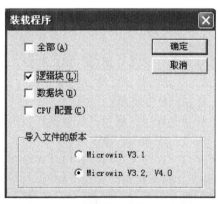

a) 装载程序对话框

b) 打开对话框

图 1-53 装载程序（续）

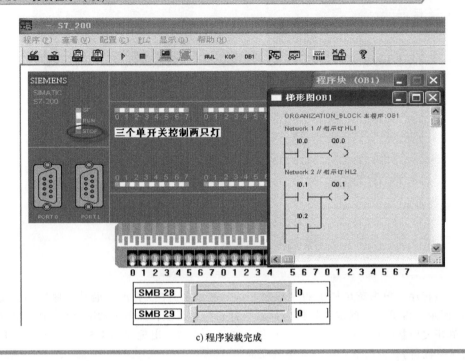

c) 程序装载完成

下面开始仿真。

（1）状态程序监控运行

1）单击工具栏中"运行"按钮 ▶ 和"State Program（状态程序）"按钮 🔃，停止指示灯灭（呈灰色），运行指示灯亮（呈绿色）。

2）单击一次模拟开关 0，手柄向上，开关 0 闭合，PLC 的输入点 I0.0 有输入，输入指示灯亮（呈绿色）；同时输出点 Q0.0 有输出，输出指示灯亮（呈绿色）。"梯形图 OB1"小窗口中的梯形图也出现相应的变化（蓝色实心方块表示触点接通），如图 1-54a 所示。

3）再单击一次模拟开关 0，则手柄向下，模拟开关 0 断开，PLC 的输入点 I0.0 无输入，输入指示灯灭（呈灰色）；而输出点 Q0.0 也无输出，输出指示灯灭（呈灰色）。

4）单击一次模拟开关 1，手柄向上，开关 1 闭合，PLC 的输入点 I0.1 有输入，输入指示灯亮（呈绿色）；同时输出点 Q0.1 有输出，输出指示灯亮（呈绿色）。

5）单击一次模拟开关 2，手柄向上，开关 2 闭合，PLC 的输入点 I0.2 有输入，输入指示灯亮（呈绿色）。"梯形图 OB1"小窗口中的软元件 I0.2 接通（出现蓝色实心方块），梯形图也出现相应的变化，如图 1-54b 所示。

6）再单击一次模拟开关 2，则手柄向下，模拟开关 2 断开，PLC 的输入点 I0.2 无输入，输入指示灯灭（呈灰色）；而输出点 Q0.1 保持有输出，输出指示灯保持亮（呈绿色）。

7）再单击一次模拟开关 1，则手柄向下，模拟开关 1 断开，PLC 的输入点 I0.1 无输入，输入指示灯灭（呈灰色）；而输出点 Q0.1 也无输出，输出指示灯灭（呈灰色）。

8）单击工具栏中的"State Program（状态程序）"按钮 🔃 和"STOP（停止）"按钮 ■，则停止仿真，这时运行指示灯灭（呈灰色），停止指示灯亮（呈黄色）。

（2）状态表监控运行

1）单击工具栏中"运行"按钮 ▶ 和"State Table（状态表）"按钮 🔃，停止指示灯灭（呈灰色），运行指示灯亮（呈绿色），出现如图 1-55 所示的"内存表"小窗口。

图 1-54 仿真监控运行效果画面

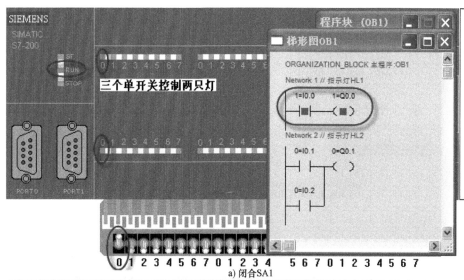

a) 闭合SA1

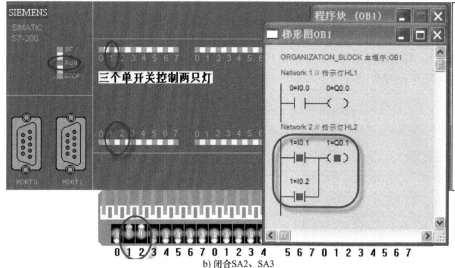

b) 闭合SA2、SA3

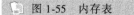

图 1-55 内存表

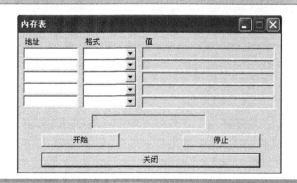

2）在内存表的地址中分别输入 IB0、QB0，格式中都选择 Hexadecimal，单击"开始"按钮，出现如图 1-56 所示的状态表监控运行初始画面。

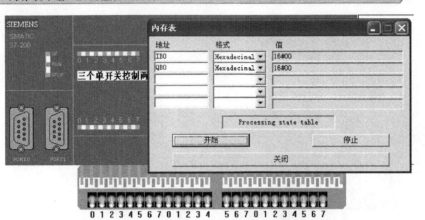

图 1-56 内存表中输入所需监控的元件画面

【字节解读】

IB0 表示输入继电器 I 的第 0 字节的八个存储器位，即 I0.7、I0.6、I0.5、I0.4、I0.3、I0.2、I0.1、I0.0 共八个软元件，一个字节（Byte，B）含有八个二进制位。同样，QB0 表示 Q0.7~Q0.0。

3）然后单击一次模拟开关 0，手柄向上，开关 0 闭合，PLC 的输入点 I0.0 有输入，输入指示灯亮（呈绿色）；同时输出点 Q0.0 有输出，输出指示灯亮（呈绿色）。内存表中地址 IB0、QB0 的值都由 16#00 变为 16#01，如图 1-57 所示。

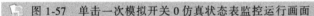

图 1-57 单击一次模拟开关 0 仿真状态表监控运行画面

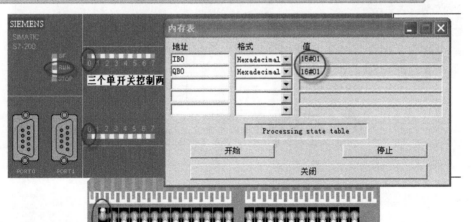

4）再单击一次模拟开关 0，则手柄向下，开关 0 断开，PLC 的输入点 I0.0 无输入，输入指示灯灭（呈灰色）；而输出点 Q0.0 也无输出，输出指示灯灭（呈灰色）。内存表中地址 IB0、QB0 的值都由 16#01 变为 16#00。

5）单击一次模拟开关 1，则手柄向上，开关 1 闭合，PLC 的输入点 I0.1 有输入，输入指示灯亮（呈绿色）；同时输出点 Q0.1 有输出，输出指示灯亮（呈绿色）。内存表中地址 IB0 的值由 16#00 变为 16#02，而 QB0 的值也由 16#00 变为 16#02。

6）单击一次模拟开关 2，则手柄向上，开关 2 闭合，PLC 的输入点 I0.2 有输入，输入指示灯亮（呈绿色）。内存表中地址 IB0 的值由 16#02 变为 16#06，而 QB0 的值不变，仍然为 16#02，如图 1-58 所示。

图 1-58　单击一次模拟开关 1、2 时的仿真状态表监控运行画面

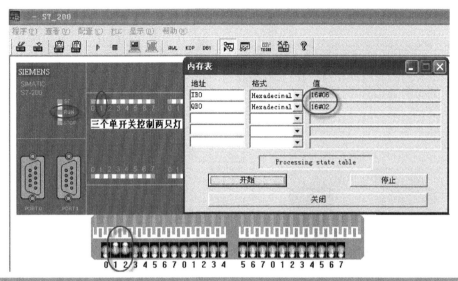

7）再单击一次模拟开关 2 和模拟开关 1，则又回到如图 1-57 所示的画面。

8）单击工具栏中的"State Program（状态程序）"按钮 和"STOP（停止）"按钮 ■，则停止仿真，这时运行指示灯灭（呈灰色），停止指示灯亮（呈红色）。

第五节　PLC 常用外部设备与接线

一、PLC 的输入设备与接线

PLC 输入端用来接收和采集用户输入设备产生的信号，这些输入设备主要有两种类型：一类是按钮、转换开关、行程开关、接近开关、光电开关、数字拨码开关与继电器触点等开关量输入设备；另一类是电位器、编码器和各种变送器等模拟量输入设备。正确地理解和连接输入和输出电路，是保证 PLC 安全可靠工作的前提。

1　按钮、转换开关输入设备与 PLC 接线（见图 1-59）

图 1-59　按钮、转换开关实物图

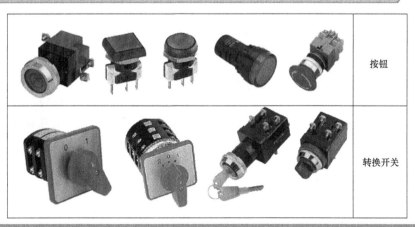

利用按钮推动传动机构，使动触点与静触点接通或断开，并实现电路换接的开关是一种结构简单、应用十分广泛的主令电器。在电气自动控制电路中，用于手动发出控制信号，给 PLC 输入端子输送输入信号。按钮、转换开关与 PLC 输入端子的接线如图 1-60 所示。

图 1-60　按钮、转换开关与 PLC 输入端子的接线示意图

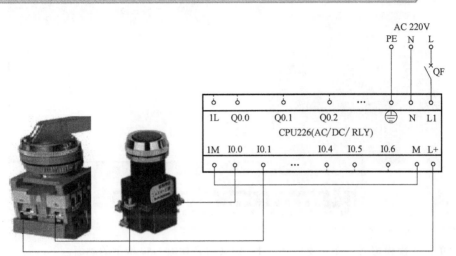

2　行程开关、接近开关、光电开关（见图 1-61）

图 1-61　行程开关、接近开关与光电开关实物图

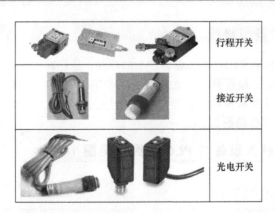

	行程开关
	接近开关
	光电开关

（1）行程开关　行程开关是利用生产机械运动部件的碰压，使其触点动作，从而将机械信号转变为电信号，使运动机械按一定的位置或行程实现自动停止、反向运动、变速运动或自动往返运动。行程开关与 PLC 输入端子的接线如图 1-62 所示。

（2）接近开关　接近开关可以在不与目标物实际接触的情况下检测靠近开关的金属目标物。根据操作原理，接近开关大致可以分为电磁感应的高频振荡型、磁力型和电容变化的电容型等三大类。接近开关有两线制和三线制的区别，其接线也就有两线制和三线制接线两种。

1）三线制接线。三线制信号输出有 PNP 型（输出高电平约 24V）和 NPN 型（输出低电平 0V）两种形式，其接线也分 PNP 型和 PNP 型。

① PNP 常开型接线。PNP 型接通时为高电平输出，即接通时黑线输出高电平（通常为 24V）。图 1-63a 所示为 PNP 型三线开关原理图，接近开关引出的三根线，棕线接电源正极，蓝线接电源负

图 1-62　行程开关与 PLC 接线示意图

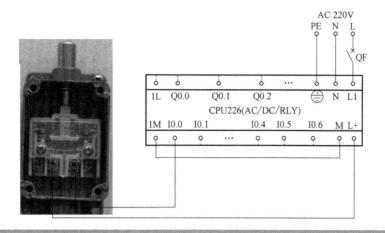

极，黑色为控制信号线。此为常开开关，当开关动作时黑线和棕线接通，此时负载两端加上直流电压而获电动作。

② NPN 常开型接线。NPN 型接通时为低电平输出，即接通时黑色线输出低电平（通常为 0V）。图 1-63b 所示为 NPN 型接近开关原理图，此为常开开关，当开关动作时黑色和蓝色两线接通，此时负载两端加上直流电压而获电动作。

图 1-63　接近开关接线示意图

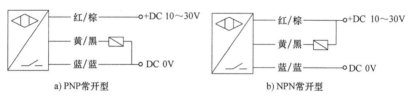

2）两线制接线。两线制接近开关的接线比较简单，接近开关与负载串联后接到电源，如图 1-64 所示。

图 1-64　两线制接线示意图

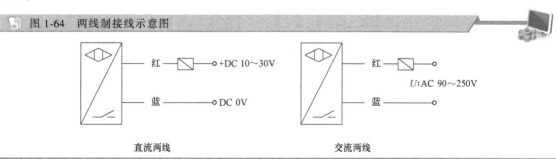

（3）光电开关　光电开关是利用被检测物体对红外光束的遮光或反射，由同步回路选通而检测物体的有无，其物体不限于金属，对所有能反射光线的物体均可检测。光电开关与 PLC 接线和接近开关与 PLC 接线相同。图 1-65 所示为三线制的 PNP 型光电开关与 PLC 的接线示意图，PNP 型三线开关引出的三根线，棕线接 PLC 传感器输出电源 24V 正极端子 L+，蓝线接 PLC 传感器输出电源负极端子 M，黑线为控制信号线，接 PLC 输入端子 I0.0。

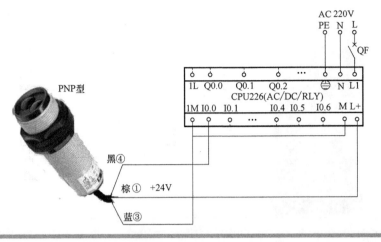

3 数字拨码开关

拨码开关在 PLC 控制系统中常常用到，图 1-66 所示为一位拨码开关的示意图。拨码开关有两种：一种是 BCD 码开关，即拨码数值为 0～9，输出为 8421 BCD 码；另一种是十六进制码，即从 0～F，输出为二进制码。拨码开关可以方便地进行数据变更，如控制系统中需要经常修改数据，可使用拨码开关组成一组拨码器与 PLC 相接。图 1-67 所示为四位拨码开关与 PLC 输入接口电路连接。四位拨码器的 COM 端连在一起与 PLC 的 COM（公共）端相接。每位拨码开关的四条数据线按一定顺序接到 PLC 的四个输入点上。

图 1-66 拨码开关示意图

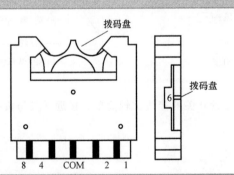

图 1-67 四位拨码开关与 PLC 的接线

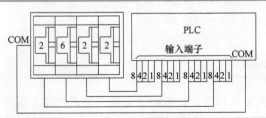

4 编码器

图 1-68 所示为常用的增量型编码器，可将旋转编码器的输出脉冲信号直接输入给 PLC，利用

PLC 的高速计数器对其脉冲信号进行计数，以获得测量结果。不同型号的旋转编码器，其输出脉冲的相数也不同，有的旋转编码器输出 A、B、Z 三相脉冲，有的只有 A、B 两相，最简单的则只有 A相。图 1-68 中的编码器有四条引线，其中两条是脉冲输出线，一条是 COM 或 0V 端线，一条是电源线。编码器的电源可以是外接 DC 24V 电源，也可直接使用 PLC 的 DC 24V 电源。电源"–"端要与编码器的 COM 端连接，"+"端与编码器的电源端连接。编码器的 COM 端与 PLC 输入 1M 和 M端连接，A、B 两相脉冲输出线直接与 PLC 的输入端连接，A、B 为相差 90°的脉冲。旋转编码器还有一条屏蔽线，使用时要将屏蔽线接地，提高抗干扰性。图 1-69 所示为编码器与 PLC 的连接示意图。A、B 两相分别接入 PLC 的输入点（按高速计数器 HSC 的规定）进行连接。

图 1-68 编码器实物

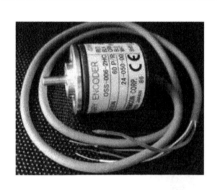

图 1-69 编码器与 PLC 的连接示意图

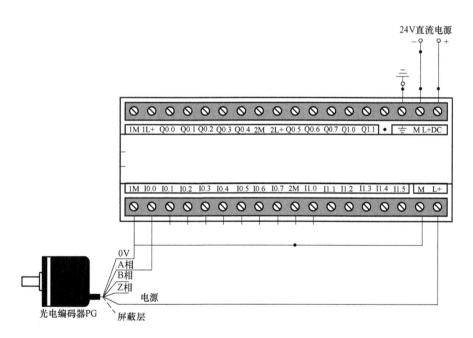

二、PLC 的输出设备与接线

　　PLC 输出设备一般为接触器、指示灯、数码管、报警器、电磁阀、电磁铁、调节阀、调速装置等各种执行机构。正确地连接输出电路，是保证 PLC 安全可靠工作的前提，下面逐一介绍。

1 接触器、微型继电器与 PLC 的输出接线

接触器、微型继电器是一种自动的电磁式开关，如图 1-70a 所示。当电磁线圈通入额定电压后，线圈电流产生磁场，使静铁心产生足够的吸力克服弹簧反作用力将动铁心向下吸合，常开触点闭合，常闭触点断开，通常应用于传统继电器控制电路和自动化的控制电路中，在电路中起着自动调节、安全保护、转换电路等作用。图 1-70b 所示为继电器与 PLC 输出接线，图 1-70b 中的电器元件线圈额定电压是交流 220V，如果是直流 24V，则需要外加直流 24V 的开关电源。接线时注意不同电压等级和性质的电源要独立接线，输出端子的公共端不能共用，如图 1-70c 所示中的 1L 和 3L 的公共端的接线。

图 1-70 继电器与 PLC 输出接线

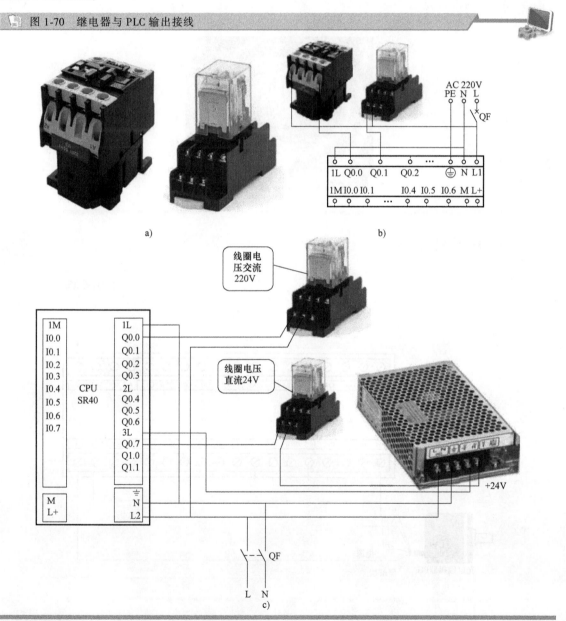

2 信号指示灯、声光报警器与 PLC 输出接线

在工业自动化控制系统中，为了安全和运行状况的指示，常常需要接入信号指示灯与声光报警

器，如图 1-71 所示。与 PLC 的输出接线如图 1-72 所示，图中的电器元件额定电压为交流 220V。

图 1-71　信号指示灯与声光报警器

a) 信号指示灯　　　　　　　　　　　　　　b) 声光报警器

图 1-72　信号指示灯、声光报警器与 PLC 接线图

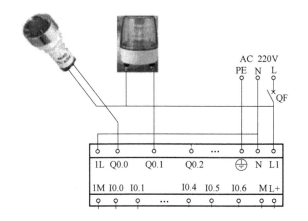

3　数码管与 PLC 输出接线

数码管可分为七段数码管和八段数码管，是一种半导体发光器件，其基本单元是发光二极管，八段数码管由八个发光二极管组成，七段数码管由七个发光二极管组成。通过对其不同的管脚输入相对的电流，使其发光，可以显示十进制 0~9 的数字，也可以显示英文字母，包括十六进制中的英文 A~F。下面重点介绍七段共阴极数码管，如图 1-73 所示。七段数码管分为共阳极和共阴极，如图 1-74 所示。在共阴极结构中，各段发光二极管的阴极连在一起，将此公共点接地，某一段发光二极管的阳极为高电平时，该段二极管发光。共阳极的七段数码管的阳极为七个发光二极管的阳极连接在一起，某段发光二极管的阴极为低电平时，该段二极管发光。共阴极七段数码管与 PLC 输出接线如图 1-75 所示。

图 1-73　数码管外形图

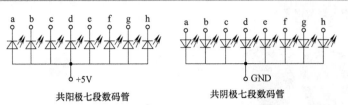

图 1-74 七段数码管结构形式

共阳极七段数码管   共阴极七段数码管

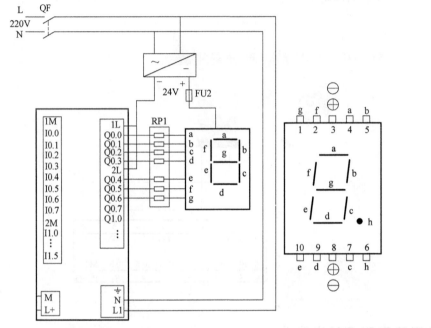

图 1-75 共阴极七段数码管与 PLC 输出接线图

S7-200 PLC 与 S7-200 SMART PLC 的基本指令相同，本章将以 S7-200 SMART PLC 为例介绍，基本指令中位逻辑指令是最重要的，是所有指令应用的基础。位逻辑指令在梯形图中是指对触点的简单连接和对标准线圈的输出，在语句表语言中是指对位存储单元的简单逻辑运算。位逻辑指令包括标准触点指令（LD、LDN、A、AN、O、ON）、输出指令（=）、置位和复位指令（S、R）、立即触点指令（LDI、LDNI、AI、ANI、OI、ONI）、立即输出指令（=I）、立即置位和立即复位指令（SI、RI）、逻辑堆栈指令（ALD、OLD、LPS、LRD、LPP、LDS）、上升沿检测指令和下降沿检测指令（EU、ED）、非指令（NOT）、置位优先双稳态触发器指令和复位优先双稳态触发器指令（SR、RS）以及空操作指令（NOP）。

扫一扫看视频

位逻辑指令

一条指令由操作码和操作数组成。操作码表示要执行的功能，它告诉 CPU "做什么"；操作数则指定操作的对象，它以地址的方式表达，告诉 CPU 操作对象的存储位置。应该注意的是，有的指令是没有操作数的。

45

第一节 位逻辑指令

一、触点类指令

在梯形图中常用的触点类指令见表 2-1，主要进行触点的简单逻辑连接。

表 2-1　触点类指令表

触 点	梯形图符号	数据类型	操作数	含 义
常开触点	bit ─┤├─	位	I、Q、V、M、SM、S、T、C、L	当常开触点对应存储器位（bit）为 1 时，表示该触点接通
常闭触点	bit ─┤/├─			当常开触点对应存储器位（bit）为 0 时，表示该触点接通
常开立即触点	bit ─┤I├─		I	当常开立即触点对应物理输入位（bit）为 1 时，表示该触点接通
常闭立即触点	bit ─┤/I├─			当常闭立即触点对应物理输入位（bit）为 0 时，表示该触点接通
上升沿检测触点	─┤P├─		I、Q、V、M、SM、S、T、C、L	上升沿触点检测到触点的每一次正跳变（从断开到接通瞬间）之后，触点就接通一次
下降沿检测触点	─┤N├─			下降沿触点检测到触点的每一次负跳变（从接通到断开瞬间）之后，触点就接通一次

二、线圈类指令

在梯形图中常用的线圈类指令见表 2-2，主要是对输出寄存器位的控制。

表 2-2　线圈类指令表

线　圈	梯形图符号	数据类型	操 作 数	含　义
线圈输出	—(bit)	位	I、Q、V、M、SM、S、T、C、L	当执行输出指令时，映像存储器指定的位(bit)被接通
线圈立即输出	—(bit I)		Q	当执行立即输出指令时，对应物理输出位(bit)被接通
线圈置位	—(bit S) N		I、Q、V、M、SM、S、T、C、L	当执行置位(置1)指令时，从位(bit)指定的地址参数开始的N个点被置1
线圈复位	—(bit R) N			当执行复位(置0)指令时，从位(bit)指定的地址参数开始的N个点被置0
线圈立即置位	—(bit ST) N		bit:I、Q、V、M、SM、S、T、C、L N：VB、IB、QB、MB、SMB、SB、LB、AC、＊VD、＊AC、＊LD、常数	当执行立即置位(置1)指令时，从位(bit)指定的地址参数开始的N个物理输出点被置1
线圈立即复位	—(bit RI) N			当执行立即复位(置0)指令时，从位(bit)指定的地址参数开始的N个物理输出点被置0

三、指令应用

1　触点指令应用

图 2-1 所示为触点简单应用的梯形图程序，图 2-2 所示为梯形图对应的时序图。由图可知，当 I0.0 和 I0.1 都接通时，Q0.0 接通，Q0.2 保持原状态不变；当 I0.1 断开时，Q0.0 断开，在 I0.1 断开的下降沿，触发 Q0.2 接通一个扫描周期。

图 2-1　梯形图

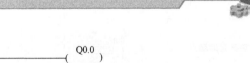

```
网络 1
   I0.0        I0.1                    Q0.0
  ──┤├────────┤├──────────────────────( )

网络 2
   I0.1                                Q0.2
  ──┤├────────┤N├──────────────────────( )
```

2　线圈指令应用

图 2-3 所示为触点与线圈指令应用的梯形图程序，图 2-4 所示为触点与线圈指令应用的梯形图程序对应的时序图。由图可知，当 I0.0 接通时，Q0.0 接通、Q0.1 置 1 接通、Q0.2 与 Q0.3 这两位复位置 0。

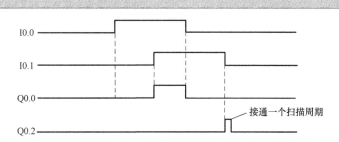

图 2-2　时序图

图中标注：接通一个扫描周期

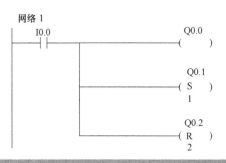

图 2-3　触点与线圈指令应用的梯形图程序

网络 1

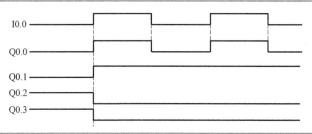

图 2-4　触点与线圈指令应用的梯形图程序对应的时序图

47

四、梯形图的编程规则

　　尽管梯形图与继电器电路图在结构形式、元件符号及逻辑控制功能等方面相类似，但它们又有许多不同之处，梯形图具有自己的编程规则。

　　1）输入映像寄存器、输出映像寄存器、内部辅助继电器、定时器等元件的触点可多次重复使用，无须用复杂的程序结构来减少触点的使用次数。

　　2）梯形图的每一行都是从左母线开始，线圈接在最右边或右母线上（右母线可以不画出）。触点不能放在线圈的右边，即线圈与右母线之间不能有任何触点，如图 2-5 所示。

扫一扫看视频

梯形图编程规则

图 2-5　线圈与触点的位置

a) 不正确梯形图　　　　　　　　　　b) 正确梯形图

3）线圈不能直接与左母线相连，即左母线与线圈之间一定要有触点。如果需要，则可以通过专用内部辅助继电器 SM0.0 的常开触点连接，如图 2-6 所示。SM0.0 为 S7- 200 SMART PLC 中的常接通辅助继电器。

图 2-6 SM0.0 的应用

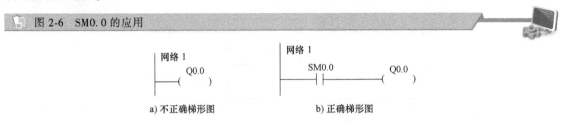

a) 不正确梯形图　　　　　　　　　b) 正确梯形图

4）一般情况下，在梯形图中同一线圈只能出现一次。同一线圈在程序中使用了两次或多次，称为双线圈输出，双线圈输出容易引起误操作，应避免线圈重复使用，如图 2-7 所示。

图 2-7 相同编号的线圈程序

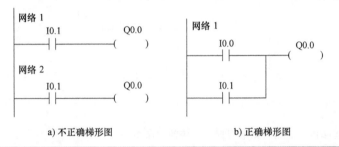

a) 不正确梯形图　　　　　　　　b) 正确梯形图

5）梯形图必须符合顺序执行原则，即从左到右、从上到下地执行。不符合顺序执行的电路不能直接编程，如图 2-8 所示。

图 2-8 不符合顺序执行编程规则的程序处理

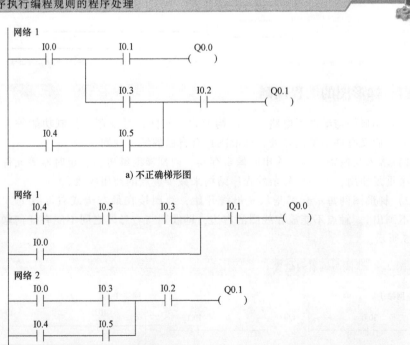

6）在梯形图中，有几个串联电路相并联时，应将串联触点多的回路放在上方；有几个并联电路相串联时，应将并联触点多的回路放在左方，这样所编制的程序简洁明了，指令条数减少，扫描周期缩短。图 2-9 所示为梯形图程序的合理优化。

图 2-9 合理优化的梯形图程序

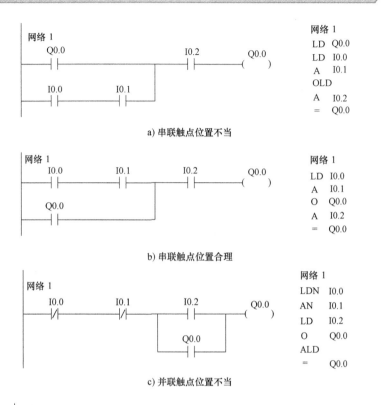

a) 串联触点位置不当

b) 串联触点位置合理

c) 并联触点位置不当

d) 并联触点位置合理

7）梯形图中的触点可以串联或并联，但继电器线圈只能并联而不能串联，如图 2-10 所示。

图 2-10 多线圈并联输出程序

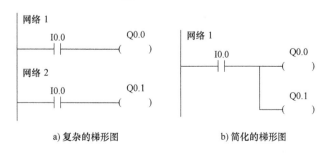

a) 复杂的梯形图   b) 简化的梯形图

第二节 定时器与计数器

一、定时器

扫一扫看视频

定时器

定时器是 PLC 中最常用的元件之一，用来实现时间的控制。在 S7-200 SMART PLC 中的定时器按工作方式可分为接通延时定时器 TON、断开延时定时器 TOF 和保持型延时定时器 TONR 三种类型；按时基脉冲又可分为 1ms、10ms、100ms 三种，具体指令类别和定时器准确度与编号见表 2-3 和表 2-4。

50

表 2-3　定时器的类别表

定时器类型	梯形图	指令	指令功能	数据类型及操作数
接通延时定时器	????　IN　TON　????-PT	TON T***,PT	使能端(IN)输入有效时,定时器开始计时,当前值从 0 开始递增,大于或等于预置值(PT)时,定时器位置 1(输出触点有效),当前值的最大值为 32767。使能端无效(断开)时,定时器复位(当前值清零,输出状态位置 0)	T***:字型,常数 T0～T255,指定定时器编号 IN:位型,I、Q、V、M、SM、S、T、C、L、能流,指启动定时器 PT:整数型,IW、QW、VW、MW、SMW、T、C、LW、AC、AIW、*VD、*LD、*AC、常数,指设定值输入端
断开延时定时器	????　IN　TOF　????-PT	TOF T***,PT	使能端(IN)输入有效时,定时器输出状态位置 1,当前值复位为 0。使能端(IN)断开时,开始计时,当前值从 0 递增,当前值达到预置值时,定时器状态位复位置 0,并停止计时,当前值保持	
保持型延时定时器	????　IN　TONR　????-PT	TONR T***,PT	使能端(IN)输入有效时,定时器开始计时,当前值递增,当前值大于或等于预置值 PT 时,输出状态位置 1。使能端输入无效时,当前值保持,使能端 IN 再次接通有效时,在原记忆值的基础上递增计时。保持型延时 (TONR) 定时器采用线圈的复位指令(R)进行复位操作,当复位线圈有效时,定时器当前值清零,输出状态位置 0	

表 2-4　定时器的准确度与编号

定时器类型	定时准确度	定时范围及最大值	定时器号
TONR	1ms	定时时间 T＝时基×预置值;32.767s	T0,T64
	10ms	定时时间 T＝时基×预置值;327.67s	T1～T4,T65～T68
	100ms	定时时间 T＝时基×预置值;3276.7s	T5～T31,T69～T95
TON/TOF	1ms	定时时间 T＝时基×预置值;32.767s	T32,T96
	10ms	定时时间 T＝时基×预置值;327.67s	T33～T36,T97～T100
	100ms	定时时间 T＝时基×预置值;3276.7s	T37～T63,T101～T255

二、计数器

扫一扫看视频

计数器

计数器利用输入脉冲上升沿累计脉冲个数，在实际应用中用来对产品进行计数或完成复杂的逻辑控制任务。计数器的使用方法与定时器相似，编程时各输入端都应有控制信号，依据设定值及计数器类型决定动作时刻，以便完成计数控制任务。

S7-200 SMART PLC 有递增计数（CTU）、递减计数（CTD）、增/减计数（CTUD）三类普通计数器，其编号为 C0～C255，具体指令类别见表 2-5。

表 2-5　计数器指令类别表

计数器类型	梯形图	指令	指令功能	数据类型及操作数
递增计数 CTU	CU CTU / R / PV（????）	CTU C***,PV	增计数指令在 CU 端输入脉冲上升沿，计数器的当前值增 1 计数。当前值大于或等于预置值（PV）时，计数器状态位置 1，当前值累加的最大值为 32767。复位输入（R）有效时，计数器状态位复位（置 0），当前计数值清零	C***：字型，常数（0~255）CU、R：位，能流 PV：整数型，VW、IW、QW、MW、SMW、LW、AIW、AC、T、*VD、*AC、*LD、*SW、常数
递减计数 CTD	CD CTD / LD / PV（????）	CTD C***,PV	复位输入（LD）有效时，计数器把预置值（PV）装入当前值存储器，计数器状态位复位（0）。CD 端每来一个输入脉冲上升沿，减计数器的当前值从预置值开始减计数，当前值等于 0 时，计数器状态位置位（1），并停止计数	C***：字型，常数（0~255）CD、LD：位，能流 PV：整数型，VW、IW、QW、MW、SMW、LW、AIW、AC、T、*VD、*AC、*LD、*SW、常数
增/减计数 CTUD	CU CTUD / CD / R / PV（????）	CTUD C***,PV	增/减计数器 CU 输入端用于递增计数，CD 输入端用于递减计数，指令执行时，CU/CD 端计数脉冲的上升沿当前值增 1/减 1 计数。当前值大于或等于计数器预置值（PV）时，计数器状态位置 1。复位输入（R）有效或执行复位指令时，计数器状态位复位，当前值清零	C***：字型，常数（0~255）CU、CD、R：位，能流 PV：整数型，VW、IW、QW、MW、SMW、LW、AIW、AC、T、*VD、*AC、*LD、*SW、常数

三、指令应用

1 通电延时型定时器应用

图 2-11 所示为通电延时型定时器应用梯形图。当 I0.2 接通后，T33 定时器开始计时，当时间到达 3s 后 Q0.0 接通。程序状态时序图如图 2-12 所示，语句表如图 2-13 所示。

图 2-11　通电延时型定时器应用梯形图

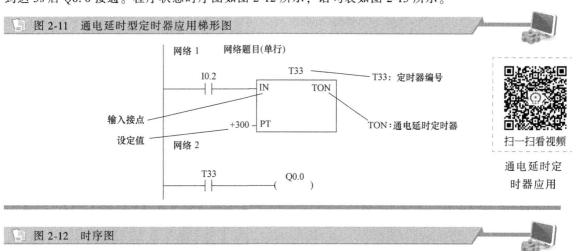

扫一扫看视频

通电延时定时器应用

图 2-12　时序图

图 2-13 语句表

```
NETWORK1
LD      I0.2
TON     T33, +300
NETWORK2
LD      T33
=       Q0.0
```

使用说明：

1）使用 S7-200 SMART PLC 的定时器，必须注意的是 1ms、10ms、100ms 定时器刷新方式不同。1ms 定时器由系统每隔 1ms 刷新一次，与扫描周期及程序处理无关，当扫描周期较长时，在一个扫描周期内多次被刷新，其当前值在每个扫描周期内可能不一致；10ms 定时器则有系统在每个扫描周期开始时自动刷新，因此每个周期只刷新一次，其当前值为常数；100ms 定时器则在该定时器指令执行时才被刷新。

2）因扫描方式不同，时基为 1ms 和 10ms 的定时器，一般不能用本身触点作为该定时器的激励输入条件；时基为 100ms 的定时器，用本身触点作为该定时器的激励输入条件时，定时器都能正常工作。

3）一个定时器号不能同时用于 TOF 和 TON，例如，程序中不能同时存在定时器 TON T32 和 TOF T32。

2 断电延时型定时器应用

图 2-14 所示为断电延时型定时器应用梯形图。当 I0.0 接通时，T37 常开触点立即闭合 Q0.0 立即接通；当 I0.0 断开后，定时器开始延时，延时时间 3s 后，T37 触点由常闭变为常开，Q0.0 断开。程序状态时序图如图 2-15 所示，语句表如图 2-16 所示。

图 2-14 断电延时型定时器应用梯形图

扫一扫看视频

断电延时
定时器应用

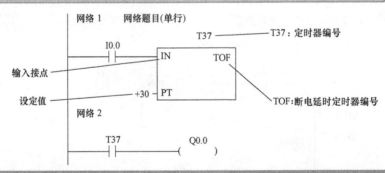

图 2-15 时序图

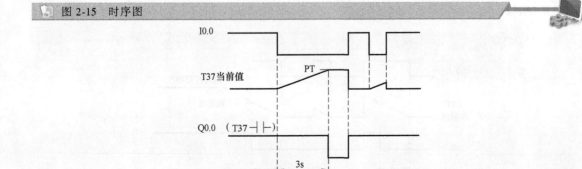

图 2-16　语句表

NETWORK1

LD　　I0.0

TON　　T37，+30

NETWORK 2

LD　　T37

=　　Q0.0

3　递增计数器应用

图 2-17 所示为递增计数器应用梯形图。当 I0.0 触点由断开到接通时，CU 端接受一次脉冲，计数器的值加 1，当计数值大于或等于设定值 3 时，计数器 C5 的状态被置 1。C5 触点接通，Q0.0 接通；当复位（R）端的 I0.1 接通时，C5 计数器复位，当前值清零，Q0.0 断开。程序状态时序图如图 2-18 所示，语句表如图 2-19 所示。

图 2-17　递增计数器应用梯形图

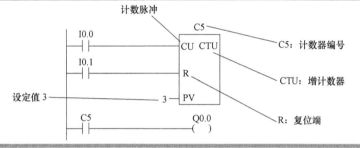

扫一扫看视频

递增计数器应用

图 2-18　时序图

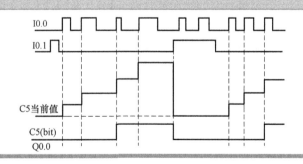

图 2-19　语句表

LD　I0.0

LD　I0.1

CTU C5.3

LD　C5

=　　Q0.0

使用说明：

1）程序中不能重复使用同一个计数器的编号，每个计数器只能使用一次。

2）对于增/减计数指令，当计数达到计数器最大值 32767 后，下一个 CU 输入上升沿将使计数值变为最小值（-32678）。同样达到最小值（-32678）后，下一个 CD 输入上升沿将使计数值变为最大值（32767）。

3）因计数器不能自动复位，故使用时要注意复位。

4 递减计数器应用

图 2-20 所示为递减计数器应用梯形图。当 I3.0 触点由断开到接通时，CD 端接收一次脉冲，计数器的值减 1，当计数器的值减为 0 时，计数器 C50 的状态被置 1。C50 触点接通，Q0.0 接通；当复位（R）端的 I1.0 接通时，C50 计数器复位，当前值恢复为设定值，Q0.0 断电。程序状态时序图如图 2-21 所示，语句表如图 2-22 所示。

图 2-20 递减计数器应用梯形图

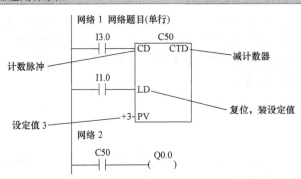

图 2-21 时序图

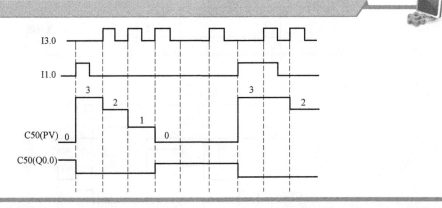

图 2-22 语句表

```
NETWORK 1

LD      I3.0

LD      I1.0

CTD     C50,  +3

NETWORK 2

LD      C50

=       Q0.0
```

第三节 PLC 基本指令应用实例

实例 1 PLC 控制三相异步电动机连续运行

1 传统继电器控制电路

（1）控制要求 图 2-23 所示为具有过载保护的接触器连续运行控制电路，其控制要求如下：

1）按下起动按钮，三相异步电动机单向连续运行。

2）按下停止按钮，三相异步电动机停止。

3）具有短路保护和过载保护等必要的保护措施。

图 2-23 具有过载保护的接触器连续运行控制电路

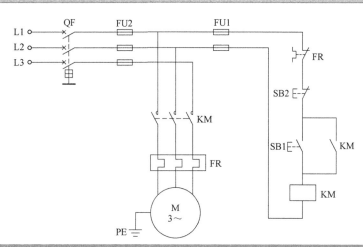

（2）工作原理分析 先合上电源开关 QF。

起动：按下按钮 SB1 → SB1 常开触点接通 → 接触器 KM 线圈通电 →

→ 接触器 KM 常开辅助触点接通（实现自保持）

→ 接触器 KM（常开）主触点接通 → 电动机 M 通电起动并进入工作状态

停止：按下按钮 SB2 → SB2 常闭触点断开 → 接触器 KM 线圈断电 →

（触除自锁）KM（常开）主触点断开 → 电动机 M 断电并停止工作

2 PLC 控制线路

（1）I/O 地址通道分配 根据控制要求，首先确定 I/O 的个数，进行 I/O 的分配。本实例起动按钮和停止按钮作为输入指令接在 PLC 的输入端子，共两个输入点；接触器作为输出负载接在 PLC 输出端子上，共一个输出点，见表 2-6。

表 2-6 I/O 的分配表

输入设备		输入继电器	输出设备		输出继电器
代号	功能		代号	功能	
SB1	起动按钮	I0.0	KM1	接触器	Q0.0
SB2	停止按钮	I0.1			

（2）根据控制要求分析，设计并绘制 PLC 系统接线原理图（见图 2-24）

1）用 PLC 改造电动机连续控制电路时，主电路不变，仅对控制电路进行改造。

2）设计电路原理图时，应具备完善的保护功能，PLC 外部硬件应具备过载保护电路。

3）PLC 继电器输出所驱动的负载额定电压一般不超过 220V，或设置外部中间继电器。

4）绘制原理图要完整规范。

图 2-24　PLC 系统接线原理图

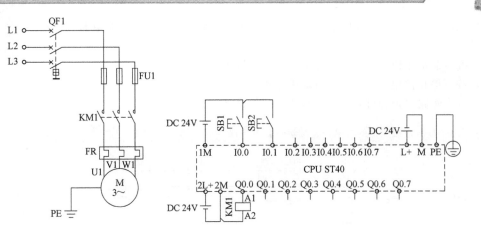

（3）程序设计

1）参考程序 1：编程思路是采用起保停控制方式来编写电动机连续控制梯形图程序，如图 2-25 所示。

2）参考程序 2：编程思路是采用基本的置位与复位指令来编写电动机连续控制梯形图程序，如图 2-26 所示。

图 2-25　参考程序 1

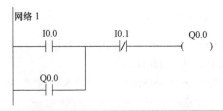

图 2-26　参考程序 2

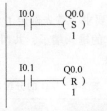

（4）程序的输入与调试

1）程序输入：在编程软件中录入图 2-25 或图 2-26 所示的程序后再下载到 PLC 中。

2）程序调试：将 PLC 的输入端子 I0.0 与电动机的起动按钮连接，I0.1 与电动机的停止按钮连接；输出端子 Q0.0 与控制电动机的接触器线圈连接。

① 电动机起动。接通电源，按下起动按钮后 I0.0 闭合，Q0.0 接通并置位保持，接触器 KM1 吸合，电动机运转。

② 电动机停止。按下停止按钮后 I0.1 断开，Q0.0 复位断电，接触器 KM1 断电释放，电动机停止运转。

实例2 PLC 控制三相异步电动机正反转运行

1 传统继电器控制电路

（1）控制要求 在实际生产机械设备中，要满足生产机械运动部件的正、反两个方向运动，就得要求用电动机的正反转来控制。图 2-27 所示为接触器联锁正反转控制电路，其控制要求如下：

1）按下正转起动按钮，电动机正向连续运转。

2）按下反转起动按钮，电动机反向连续运转。

3）按下停止按钮后，电动机停止运转。

4）当电动机出现过载时，过载保护装置能立即使电动机停止。

图 2-27 接触器联锁正反转控制电路

57

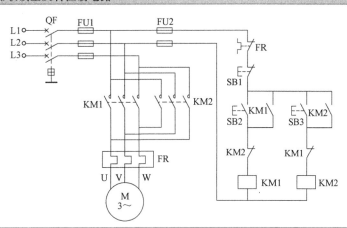

（2）工作原理分析 接触器联锁正反转控制电路是利用两个交流接触器交替进行工作，通过改变电源接入电动机的相序，来实现电动机正反转控制。接触器联锁正反转控制电路工作原理分析如下：

1）正转控制。

按下SB2 ——→ KM1线圈得电
- KM1自锁触点闭合自锁 ——→ 电动机M起动,连续正转
- KM1主触点闭合
- KM1联锁触点分断,对KM2联锁

2）停止。

按下停止按钮SB1 ——→ 控制电路失电 ——→ KM1(或KM2)主触点分断 ——→ 电动机M失电停转

3）反转控制。

按下SB3 ——→ KM2线圈得电
- KM2自锁触点闭合自锁 ——→ 电动机M起动,连续反转
- KM2主触点闭合
- KM2联锁触点分断,对KM1联锁

4）过载控制。当电动机发生过载时，热继电器动作，其常闭触点断开，切断控制回路电源，接触器 KM1 或 KM2 的线圈断电，主触点分断，电动机停止运转。

2 PLC 控制电路

（1）I/O 地址通道分配 用 PLC 控制电动机正反转，其正反转控制电路的主电路不变，仅用 PLC 对控制电路进行改造。根据控制要求分析，确定 I/O 的个数，进行 I/O 的分配。本案例需要四个输入点，两个输出点，见表 2-7。

表 2-7 PLC 的 I/O 配置

输入设备		输入继电器	输出设备		输出继电器
代号	功能		代号	功能	
SB1	正向起动按钮	I0.0	KM1	正向运行接触器	Q0.0
SB2	停止按钮	I0.1	KM2	反向运行接触器	Q0.1
SB3	反向起动按钮	I0.2			
KH	过载保护	I0.3			

（2）根据控制要求分析，设计并绘制 PLC 系统接线原理图（见图 2-28）

图 2-28 PLC 系统接线原理图

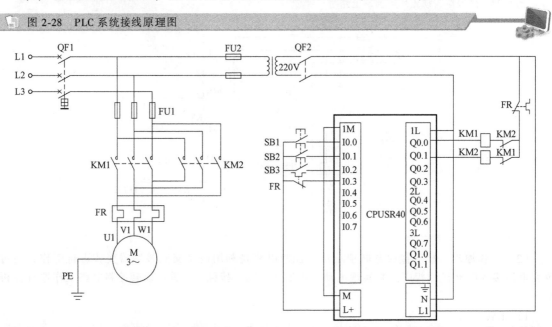

（3）程序设计 电动机正反转控制电路的梯形图程序如图 2-29 所示。

图 2-29 电动机正反转控制电路的梯形图程序

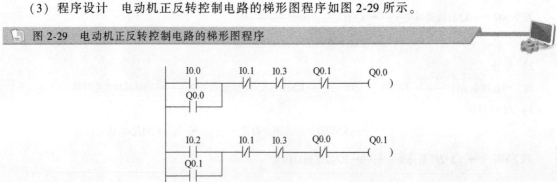

（4）程序输入与调试

1）程序输入：熟练地操作编程软件，能正确地将编制的程序输入 PLC。

2）程序调试：按照被控设备的要求进行调试、修改，达到设计要求。

① 正转起动。按下正转起动按钮后 I0.0 闭合，Q0.0 接通并保持，接触器 KM1 吸合，电动机正转运行。

② 反转起动。按下反转起动按钮后 I0.2 闭合，Q0.1 接通并保持，接触器 KM2 吸合，电动机反转运行。

③ 电动机停止。按下停止按钮后 I0.1 断开，Q0.0（或 Q0.1）断电复位，接触器 KM1（或 KM2）断电释放，电动机停止运转。

④ 过载控制。当电动机过载时 I0.3 断开，Q0.0（或 Q0.1）断电复位，接触器 KM1（或 KM2）断电释放，电动机停止运转。

实例3 PLC控制三相异步电动机丫-△减压起动

1 传统继电器电路

（1）控制要求 电源容量在 180kVA 以上，电动机容量在 7kW 以下的三相异步电动机可采用直接起动。一般大于 7.5kW 的交流异步电动机，在起动时常采用丫-△减压起动。

1）按下起动按钮后，电动机先做星形联结起动，经延时一段时间后，自动切换成三角形联结运转。

2）按下停止按钮后，电动机停止运转。

（2）工作原理分析 图 2-30 所示为时间继电器自动控制丫-△减压起动控制电路。该电路由三个接触器、一个热继电器、一个时间继电器和两个按钮组成。其中，接触器 KM 用作引入电源；接触器 KM丫 和 KM△ 分别用作丫减压起动和△运行；时间继电器 KT 用作控制丫减压起动时间和完成丫-△自动切换；SB1 是起动按钮；SB2 是停止按钮；FU1 做主电路的短路保护；FU2 做控制电路的短路保护；FR 做过载保护。

图 2-30 时间继电器自动控制丫-△减压起动控制电路

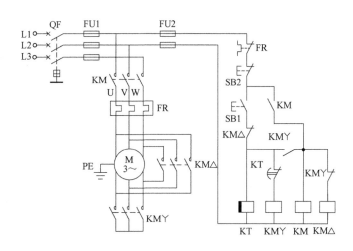

丫-△减压起动控制电路工作原理如下：

合上电源开关 QF。

减压起动：

按下SB1 → KMY线圈得电

- → KMY常开触点闭合 → KM线圈得电 → KM自锁触点闭合自锁 / KM主触点闭合
- → KMY主触点闭合 → 电动机M接成Y减压起动
- → KMY联锁触点分断对KM△联锁

→ KT线圈得电 → 当M转速上升到一定值时，KT延时结束 KT常闭触点分断 →

→ KMY线圈失电

- → KMY 常开触点分断
- → KMY 主触点分断，解除Y联结
- → KMY 联锁触点闭合 → KM△线圈得电 →

- → KM△ 联锁触点分断 → 对KMY联锁 / → KT线圈失电 → KT常闭触点瞬时闭合
- → KM△主触点闭合 → 电动机M接成△全压运行

停止时，按下 SB2 即可实现。

2 PLC 控制线路

（1）I/O 地址通道分配　根据控制要求，首先确定 I/O 的个数，进行 I/O 的分配。本案例需要三个输入点，三个输出点，见表 2-8。

表 2-8　PLC 的 I/O 配置

输入设备		输入继电器	输出设备		输出继电器
代号	功能		代号	功能	
SB1	起动按钮	I0.0	KM1	主接触器	Q0.0
SB2	停止按钮	I0.1	KM2	Y接触器	Q0.1
FR	过载保护	I0.2	KM3	△接触器	Q0.2

（2）根据控制要求分析，设计并绘制 PLC 系统接线原理图（见图 2-31）

图 2-31　PLC 系统接线原理图

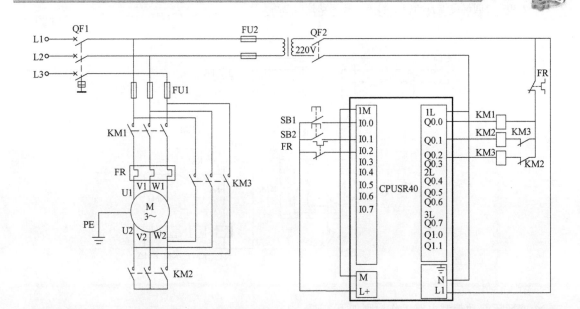

（3）程序设计　Y-△减压起动控制电路的参考梯形图如图 2-32 所示。

图 2-32 丫-△减压起动控制梯形图

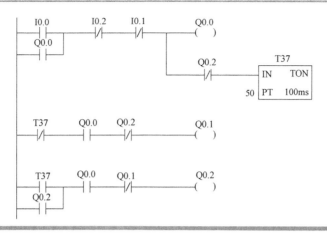

（4）程序输入与调试

1）程序输入：熟练地操作编程软件，能正确将编制的程序输入 PLC。

2）程序调试：按照被控设备的要求进行调试、修改，达到设计要求。

① 减压起动。按下起动按钮后 I0.0 闭合，Q0.0 接通并保持，接触器 KM1 吸合，Q0.1 接通并保持，接触器 KM2 吸合，电动机接成星形起动运行；同时，T37 定时器开始延时。

② T37 延时时间到 5s 后，Q0.1 断电，接触器 KM2 释放切断星形回路。同时 Q0.2 接通并保持，接触器 KM3 接通，电动机接成三角形运转。

③ 电动机停止。按下停止按钮后 I0.1 断开，Q0.0、Q0.2 断电复位，接触器 KM1 和 KM3 断电释放，电动机停止运转。

④ 过载控制。当电动机过载时 I0.2 断开，Q0.0 断电复位，接触器 KM1 和 KM2 断电释放，电动机停止运转。

实例4 PLC控制三台电动机顺序起停

1 控制要求

有三台电动机 M1、M2、M3 顺序控制，当按下起动按钮 SB1 时，PLC 的输入信号 I0.0 有效，电动机 M1 起动；M1 起动后，延时 5s 第二台电动机 M2 起动；M2 起动后，再延时 5s 第三台电动机 M3 起动。按下停止按钮 SB2 时，PLC 的输入信号 I0.1 有效后，三台电动机同时停止。

2 PLC 控制线路

（1）I/O 地址通道分配 根据控制要求，首先确定 I/O 的个数，进行 I/O 的分配。本案例需要三个输入点，三个输出点，见表 2-9。

表 2-9 PLC 的 I/O 配置

输入设备		输入继电器	输出设备		输出继电器
代号	功能		代号	功能	
SB1	起动按钮	I0.0	KM1	接触器 1	Q0.0
SB2	停止按钮	I0.1	KM2	接触器 2	Q0.1
KH	过载保护	I0.2	KM3	接触器 3	Q0.2

（2）根据控制要求分析，设计并绘制 PLC 系统接线原理图（见图 2-33）

图 2-33　PLC 系统接线原理图

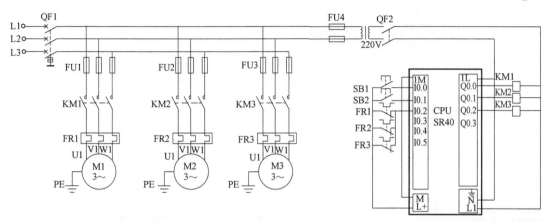

（3）程序设计　PLC 控制三台电动机顺序起停的参考梯形图如图 2-34 所示。

图 2-34　三台电动机顺序起停梯形图

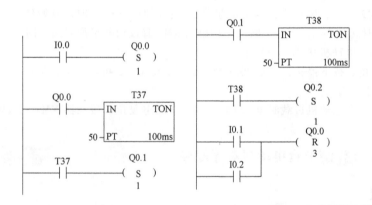

（4）程序输入与调试

1）程序输入：熟练地操作编程软件，能正确将编制的程序输入 PLC。

2）程序调试：按照被控设备的要求进行调试、修改，达到设计要求。

① 当 I0.0 接通后，Q0.0 置位。Q0.0 的常开触点接通 T37 定时器，延时 5s 后 Q0.1 置位。Q0.1 的常开触点接通 T38 定时器，延时 5s 后 Q0.2 置位，三台电动机延时顺序起动。

② 当 I0.1 接通后，Q0.0、Q0.1 和 Q0.2 同时复位。

实例5　PLC控制电动机位置自动往返

1　控制要求

在实际工作中，经常要求电动机进行自动延时循环控制。按下正转起动按钮，电动机正向起动向右运转，运行到终端碰到限位开关 SQ2，电动机停止并延时 5s 向左返回，碰到限位开关 SQ1，电机停止并延时 5s 再一次向右运行，如此自动往返；按下反转按钮，电动机反向起动运转，也按照上述要求自动往返。按下停止按钮后，电动机停止运转。电动机具有过载保护，循环示意图如图 2-35 所示。

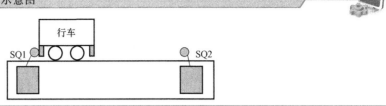

图 2-35 自动延时循环控制示意图

2 PLC 控制线路

（1）I/O 地址通道分配　根据控制要求，首先确定 I/O 的个数，进行 I/O 的分配。本案例需要六个输入点，两个输出点，见表 2-10。

表 2-10　PLC 的 I/O 配置

输入设备		输入继电器	输出设备		输出继电器
代号	功能		代号	功能	
SB1	正向起动按钮	I0.0	KM1	正向运行接触器	Q0.0
SB2	停止按钮	I0.1	KM2	反向运行接触器	Q0.1
SB3	反向起动按钮	I0.2			
KH	过载保护	I0.3			
SQ1	反向限位开关	I0.4			
SQ2	正向限位开关	I0.5			

（2）根据控制要求分析，设计并绘制 PLC 系统接线原理图（见图 2-36）

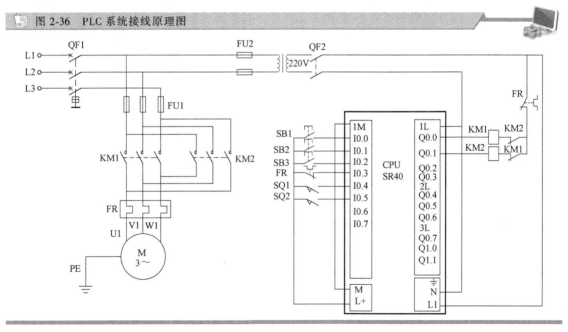

图 2-36　PLC 系统接线原理图

（3）程序设计　电动机自动延时循环控制电路的参考梯形图，如图 2-37 所示。

（4）程序输入与调试

1）程序输入：熟练的操作编程软件，能正确将编制的程序输入 PLC。

2）程序调试：按照被控设备的要求进行调试、修改，达到设计要求。

图 2-37　电动机自动往返循环控制电路的参考梯形图

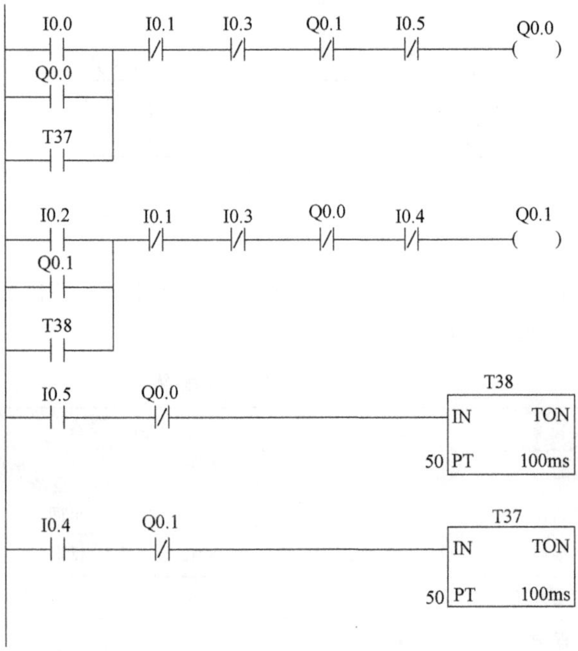

```
      I0.0    I0.1   I0.3   Q0.1   I0.5              Q0.0
  ├────┤ ├────┤/├────┤/├────┤/├────┤/├──────────────( )
      Q0.0
  ├────┤ ├──┤
      T37
  ├────┤ ├──┤

      I0.2    I0.1   I0.3   Q0.0   I0.4              Q0.1
  ├────┤ ├────┤/├────┤/├────┤/├────┤/├──────────────( )
      Q0.1
  ├────┤ ├──┤
      T38
  ├────┤ ├──┤

      I0.5    Q0.0                          T38
  ├────┤ ├────┤/├──────────────────────┤IN      TON
                                      50┤PT    100ms

      I0.4    Q0.1                          T37
  ├────┤ ├────┤/├──────────────────────┤IN      TON
                                      50┤PT    100ms
```

① 正向运行。按下起动按钮后 I0.0 闭合，Q0.0 接通并保持，接触器 KM1 吸合，电动机正向起动运行。当运行到碰到正向限位开关 SQ2 时，切断正向运行回路，电动机停止运行，同时 T38 定时器开始延时，为反向接通做准备。

② 反向运行。T38 定时器延时 5s 后接通反向运行（或接通反向运行按钮 I0.2），Q0.1 接通，接触器 KM2 吸合，电动机反向运行。当运行到碰到反向限位开关 SQ1 时，切断反向运行回路，电动机停止运行，同时 T37 定时器开始延时。

③ T37 延时 5s 后接通正向运行，如此循环。

④ 停止运行。按下停止按钮 SB2 时，电动机停止运行。

实例 6　长定时的 PLC 控制

1　控制要求

用 PLC 控制长定时电铃。

2　PLC 控制电路

（1）I/O 地址通道分配　根据控制要求，首先确定 I/O 的个数，进行 I/O 的分配。本案例需要一个输入点，一个输出点，见表 2-11。

表 2-11　PLC 的 I/O 配置

输入设备		输入继电器	输出设备		输出继电器
代号	功能		代号	功能	
SA	起动开关	I0.0		电铃	Q0.0

（2）根据控制要求分析，设计并绘制 PLC 系统接线原理图（见图 2-38）

图 2-38　PLC 系统接线原理图

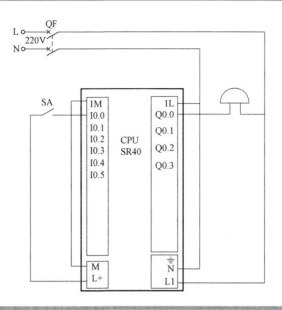

（3）程序设计　在 S7-200 SMART PLC 中定时器最长定时时间不到 1h，但在实际应用中，经常需要几小时的定时控制，这样一个定时器是无法完成任务的，需要多个定时器进行组合控制来完成，下面介绍两种长延时控制程序。

1）参考程序 1：多个定时器组合实现长延时控制。

图 2-39 所示为利用两个定时器组成的长延时控制电路。图中是两级定时器串联使用，T37 延时 $T_1 = 2400\text{s}$，T38 延时 $T_2 = 3000\text{s}$，总计延时 $T = T_1 + T_2 = 5400\text{s}$。

图 2-39　定时器串联长延时控制程序

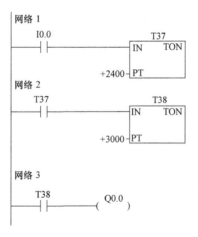

2）参考程序 2：定时器与计数器组合实现长延时控制。

图 2-40 所示为利用定时器与计数器组合应用来实现长延时电路的控制程序，图中实现 $2000 \times 10\text{s} = 20000\text{s}$ 的延时控制。

（4）程序输入与调试　能正确将编制的两个程序分别输入 PLC，并按照要求进行调试、修改，达到设计要求。

图 2-40 定时器与计数器组合实现长延时控制程序

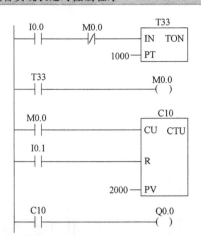

实例 7　闪光灯的 PLC 控制

1　控制要求

接通开关 SA 时 I0.0 闭合，定时器产生一个 1s 通、2s 断的闪烁信号，来控制 Q0.0 通 1s、断 2s，实现报警灯的闪烁。

2　PLC 控制线路

（1）I/O 地址通道分配　根据控制要求，首先确定 I/O 的个数，进行 I/O 的分配。本案例需要一个输入点，一个输出点，见表 2-12。

表 2-12　PLC 的 I/O 配置

输入设备		输入继电器	输出设备		输出继电器
代号	功能		代号	功能	
SA	起动开关	I0.0	EL	闪光灯	Q0.0

（2）根据控制要求分析，设计并绘制 PLC 系统接线原理图（见图 2-41）

图 2-41　PLC 系统接线原理图

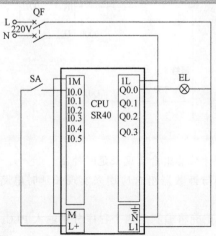

（3）程序设计　闪烁控制程序实际是一个振荡控制程序，图 2-42 所示为一种典型的闪烁控制程序。

图 2-42　闪烁控制程序

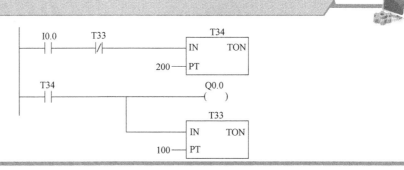

（4）程序输入与调试　能正确将编制的程序分别输入 PLC，并按照要求进行调试、修改，达到设计要求。

实例 8　单按钮 PLC 控制电动机起停

1　控制要求

利用一只按钮完成电动机的起停控制，当第一次按下时，电动机起动；当第二次按下该按钮时，电动机停止；第三次按下该按钮时，电动机又起动，如此循环。

2　PLC 控制线路

（1）I/O 地址通道分配　根据控制要求，首先确定 I/O 的个数，进行 I/O 的分配。本案例需要一个输入点，一个输出点，见表 2-13。

表 2-13　PLC 的 I/O 配置

输入设备		输入继电器	输出设备		输出继电器
代号	功能		代号	功能	
SB1	按钮	I0.0	KM1	接触器	Q0.0

（2）根据控制要求分析，设计并绘制 PLC 系统接线原理图（见图 2-43）

图 2-43　PLC 系统接线原理图

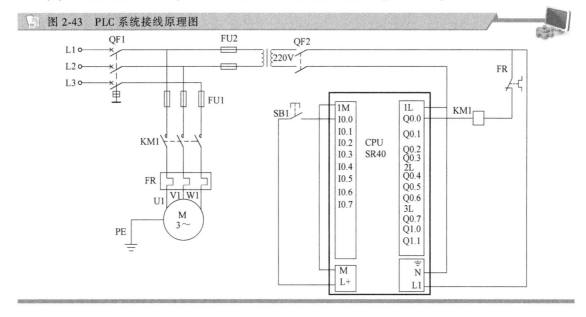

（3）程序设计　图 2-44 所示为单按钮 PLC 控制设备的起停梯形图。

图 2-44　单按钮 PLC 控制设备的起停梯形图

```
网络 1
   I0.0                          M0.0
───┤ ├──────────┤P├──────────(    )


网络 2
   M0.0           Q0.0           M0.1
───┤ ├──────────┤ ├───────────(    )


网络 3
   M0.0           M0.1           Q0.0
───┤ ├──────┬───┤/├───────────(    )
   Q0.0     │
───┤ ├──────┘
```

（4）程序输入与调试　能正确将编制的程序分别输入 PLC，并按照要求进行调试、修改，达到设计要求。

1）当第一次按下按钮时 I0.0 闭合，其上升沿脉冲使继电器 M0.0 闭合一个扫描周期，Q0.0 输出线圈接通并保持，KM 接触器吸合，电动机起动运转。

2）当第二次按下按钮时 I0.0 闭合，M0.0 再次接通一个扫描周期，并与已闭合的 Q0.0 辅助触点共同触发继电器 M0.1，使其接通一个扫描周期，辅助常闭触点 M0.1 断开，使其 Q0.0 输出线圈断电复位，电动机停止运行。

3）当第三次按下按钮时，电动机再次起动，如此循环。

第三章 步进顺序控制

第一节 顺序控制及顺序功能图

一、顺序控制概述

梯形图的设计方法一般称为经验设计法，经验设计法没有一套固定的步骤可循，具有很大的试探性和随意性。在设计复杂系统的梯形图时，用大量的中间单元来完成记忆、连锁和互锁等功能，由于需要考虑的因素很多，这些因素又往往交织在一起，分析起来非常困难。

顺序控制设计法是一种先进的设计方法，很容易被初学者接受，有经验的工程师使用顺序控制设计法，也会提高设计的效率，程序调试、修改和阅读也更方便。

所谓顺序控制，就是按照生产工艺预先规定的顺序，在各个输入信号的作用下，根据内部状态和时间的顺序，在生产过程中各个执行机构自动地有序地进行操作。

例如，某设备有三台电动机，控制要求是按下起动按钮，第一台电动机 M1 起动；运行 5s 后，第二台电动机 M2 起动；M2 运行 15s 后，第三台电动机 M3 起动；按下停止按钮，三台电动机全部停机。

现将三台电动机顺序控制的各个控制步骤用工序表示，并依工作顺序将工序连接起来，如图 3-1 所示。该工序图具有以下特点：

1）复杂的控制任务或工作过程分解成若干个工序。

2）各工序的任务明确而具体。

3）各工序间的联系清楚，可读性很强，能清晰地反映整个控制过程，并为编程人员提供清晰的编程思路。

图 3-1 工序图

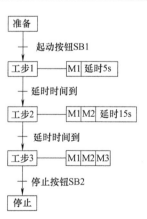

二、顺序功能图

顺序功能图是来描述顺序控制过程的，任何一个顺序控制过程都可以分解为若干个阶段，称为步或状态，每个状态都有不同的动作，当相邻两状态之间的转换条件得到满足时，就将实现转换，即由上一个状态转换到下一个状态。根据图 3-1 可以画出三台电动机顺序控制的功能图，如图 3-2 所示。

图 3-2　顺序功能图

SM0.1
S0.0
I0.0
S0.1
M0.0
T37
T37
延时5s
S0.2
M0.1
M0.2
T38
T38
延时15s
S0.3
M0.1
M0.2
I0.1
M0.3

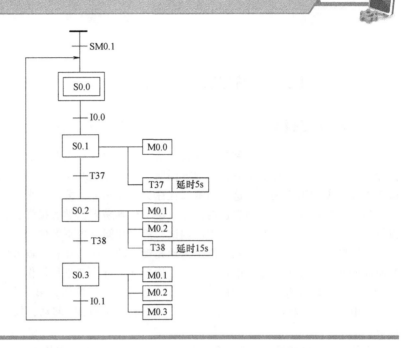

1 顺序功能图组成

顺序功能图（简称功能图）又叫状态流程图或状态转换图。它由步、有向连线、转换、转换条件和动作（或命令）组成。

（1）步　步是控制系统中的一个相对稳定的状态，它是根据输出量的状态变化来划分的，在任何一步内，各个输出量的 ON/OFF 状态不变，但是相邻步的输出量总的状态是不同的。在顺序功能图中分为中间步和初始步，如图 3-3 所示。

图 3-3　中间步和初始步

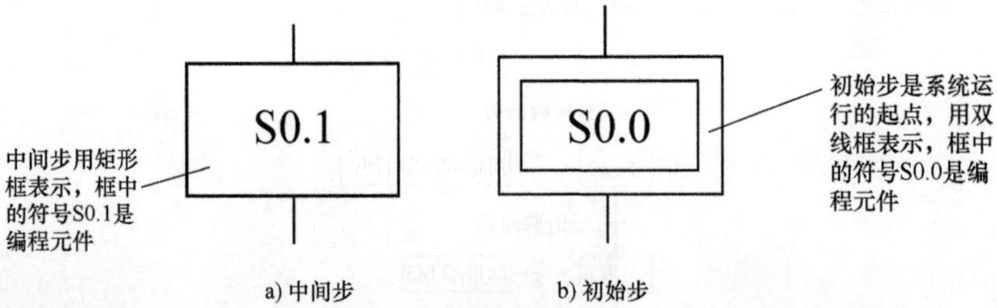

S0.1
中间步用矩形框表示，框中的符号S0.1是编程元件
S0.0
初始步是系统运行的起点，用双线框表示，框中的符号S0.0是编程元件
a) 中间步
b) 初始步

（2）有向线段　步与步之间的有向线段用来表示步的活动状态和进展方向。从上到下和从左到右这两个方向上的箭头可以省略，其他方向上必须加上箭头用来注明步的进展方向。图 3-4 中流程方向始终向下，因而省略了箭头。

（3）转换　转换用来将相邻两步分隔开，用与有向连线垂直的短划线表示，如图 3-4 所示。

（4）转换条件　转换条件是与转换有关的逻辑命题，转换条件可以用文字语言、布尔代数表达式或图形符号标注在表示转换的短线旁边，如图 3-4 所示。

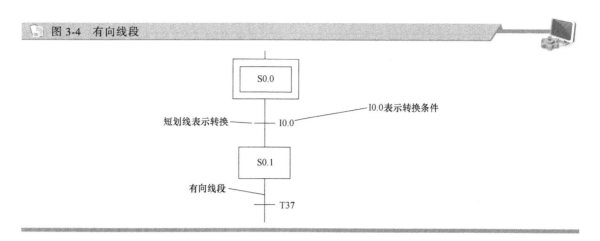

图 3-4　有向线段

（5）动作（或命令）　一个步表示控制过程中的稳定状态，它可以对应一个或多个动作。可以在步右边加一个矩形框，在框中用简明的文字说明该步对应的动作。图 3-5a 表示一个步对应一个动作，图 3-5b 表示一个步对应多个动作。

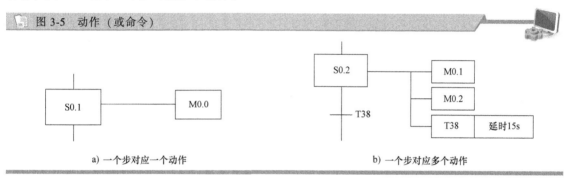

图 3-5　动作（或命令）

a) 一个步对应一个动作　　　　　　　　　b) 一个步对应多个动作

2　设计顺序功能图的方法和步骤

下面以小车往返的控制来说明顺序功能图的绘制方法。

图 3-6 所示为小车自动往返的示意图，其控制要求如下：

当按下起动按钮 SB，电动机 M 正转（由输出线圈 Q0.0 驱动），小车向右前进，碰到限位开关 SQ1 后，电动机 M 反转（由输出线圈 Q0.1 驱动），小车向左后退，当小车后退碰到限位开关 SQ2 后，小车电动机 M 停转，小车停车 3s 后，第二次向右前进，碰到限位开关 SQ3，再次后退，当后退再次碰到限位开关 SQ2 时，小车停止。

图 3-6　小车自动往返控制示意图

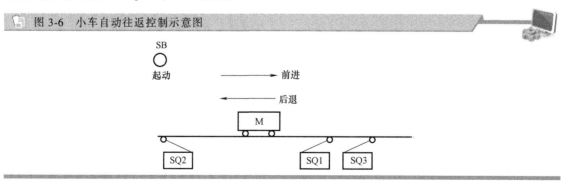

1）将整个控制过程按任务要求分解成若干个工序，其中的每一个工序都对应一个状态（步），并分配辅助状态继电器见表 3-1。

表 3-1　状态继电器分配表

任　务	状态继电器	任　务	状态继电器
初始状态	S0.0	延时 3s	S0.3
前进	S0.1	再前进	S0.4
后退	S0.2	再后退	S0.5

2）搞清楚每个状态的功能与作用见表 3-2。状态的功能是通过 PLC 驱动各种负载来完成的，负载可由状态元件直接驱动，也可由其他软触点的逻辑组合驱动。

表 3-2　状态继电器的功能与作用表

状态继电器	功能与作用	状态继电器	功能与作用
S0.0	PLC 上电做好工作准备	S0.3	延时 3s(定时器 T37,设定 3s)
S0.1	前进（输出 Q0.0,驱动电动机 M 正转）	S0.4	前进（输出 Q0.0,驱动电动机 M 正转）
S0.2	后退（输出 Q0.1,驱动电动机 M 反转）	S0.5	后退（输出 Q0.1,驱动电动机 M 反转）

3）找出每个状态的转换条件和方向，即在什么条件下将下一个状态"激活"，见表 3-3。状态的转换条件可以是单一的触点，也可以是多个触点的串、并联电路的组合。

表 3-3　状态的转换条件表

状态继电器	转　换　条　件	状态继电器	转　换　条　件
S0.0	SM0.1	S0.3	SQ2
S0.1	SB	S0.4	T37
S0.2	SQ1	S0.5	SQ3

4）根据控制要求或工艺要求，画出顺序功能图如图 3-7 所示。

图 3-7　顺序功能图

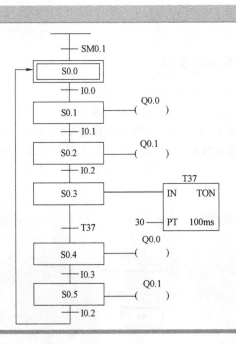

3　使用注意事项

在使用顺序功能图进行编程时，要注意以下几个方面：

1）两个相邻步与步不能直接相连，必须用转换分开。

2）两个转换与转换之间不能直接相连，必须用步分开。

3）步与转换、转换与步之间的连线采用有向线段，画功能图的顺序一般是从上到下或从左到右，正常顺序时可以省略箭头，否则必须加箭头。

4）一个功能图至少应有一个初始步，如没有它系统将无法开始和返回。

5）必须用初始化脉冲 SM0.1 常开触点作为转换条件，将初始步转化为活动步。

三、步进顺控指令

在顺序控制或步进控制中，常常将控制过程分为若干个顺序控制继电器（SCR）段，一个 SCR 端有时也称为一个控制功能步，简称步。每个 SCR 都是一个相对稳定的状态，都有段开始、段结束、段转换。在 S7-200 SMART PLC 中，有三条简单的 SCR 指令与之对应，见表 3-4。

表 3-4 顺控（SCR）指令

梯 形 图	语 句 表	描 述
SCR	LSCR S_bit	SCR 程序段开始
SCRT	SCRT S_bit	SCR 转换
SCRE	SCRE	SCR 程序段结束

1 段开始指令 LSCR

段开始指令的功能是标记一个 SCR 段（或一个步）的开始，其操作数是状态继电器 SI.Q（如 S0.0），SI.Q 是当前 SCR 段的标志位，当 SI,Q 为 1 时，允许 SCR 段工作。

2 段转换指令 SCRT

段转换指令的功能是将当前的 SCR 段切换到下一个 SCR 段，其操作数是下一个 SCR 段的标志位 SI.Q（如 S0.1）。当允许输入有效时，进行切换，即停止当前 SCR 段工作，启动下一个 SCR 段工作。

3 段结束指令 SCRE

段结束指令的功能是标记一个 SCR 段（或一个步）的结束。每个 SCR 段必须使用段结束指令来表示该 SCR 段的结束。

4 梯形图表示法

在梯形图中，段开始指令以功能框的形式编程指令名称为 SCR，如图 3-8 所示。段转换和段结束指令以线圈形式编程，如图 3-9 所示。

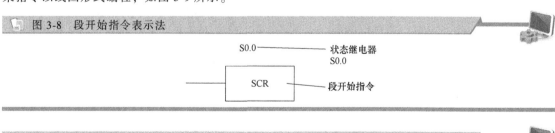

图 3-8 段开始指令表示法

图 3-9 段转换和段结束指令表示法

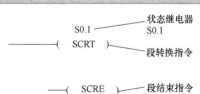

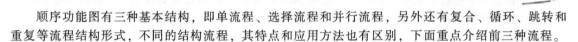

5 使用注意事项

1）SCR 指令的操作数（或编程元件）只能是状态继电器 SI.Q。

2）一个状态继电器 SI.Q 作为 SCR 段标志位，可以用于主程序、子程序或中断程序中，但是只能使用一次，不能重复使用。

3）在一个 SCR 段中，禁止使用循环指令 FOR/NEIT、跳转指令 JMP/LBL 和条件结束指令 END。

第二节 单流程结构步进顺序控制

顺序功能图有三种基本结构，即单流程、选择流程和并行流程，另外还有复合、循环、跳转和重复等流程结构形式，不同的结构流程，其特点和应用方法也有区别，下面重点介绍前三种流程。

一、单流程结构顺序功能图

单流程结构的顺序功能图，只有一个转换条件并转向一个分支，是最基本的结构流程。它由顺序排列、依次有效的状态序列组成，每个状态的后面只跟一个转换条件，每个转换条件后面也只连接一个状态，如图 3-10 所示。

图 3-10 单流程的顺序功能图

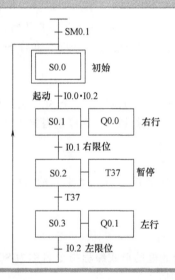

在图 3-10 中，当 PLC 上电时，SM0.1 产生一个扫描周期的脉冲使 S0.0 置为活动步。当起动条件满足时，状态 S0.1 有效。若转换条件 I0.1 接通，状态将从 S0.1 转换到 S0.2，当转换完成后，S0.1 同时复位。同样，当状态 S0.2 有效时，若转换条件 T37 接通，则将从 S0.2 转换到 S0.3，转换完成，S0.2 同时复位。依次类推，直至最后一个状态。

二、单流程结构的编程

利用顺序功能图对控制任务进行编程，通常有以下六个步骤：

1）任务分解；

2）I/O 分配；

3）动作设置；

4）转换条件设置；

5）绘制顺序功能图；

6）顺序功能图的转换。

在进行顺序控制编程时，必须遵循上述中已经指出的方法与步骤。这里重点介绍顺序功能图与梯形图的转换。如图 3-10 所示对应的功能图转换成如图 3-11 所示的梯形图。

图 3-11　梯形图

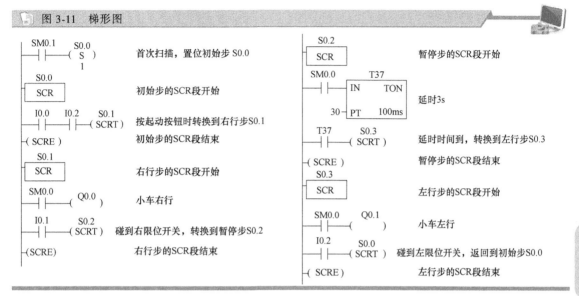

第三节　选择结构步进顺序控制

一、选择结构顺序功能图

选择结构的顺序功能图，要按不同转换条件选择转向不同分支，执行不同分支后再根据不同转换条件汇合到同一分支，如图 3-12 所示。

图 3-12　选择结构的顺序功能图

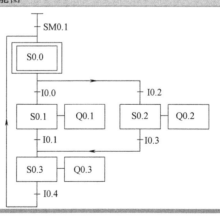

二、选择结构的编程

选择结构的编程与一般编程一样，也必须遵循上述中已经指出的方法。无论是从分支状态向各个流程分支散转时，还是从各个分支状态向汇合状态汇合时，都要正确使用这些方法。

1　选择性分支的编程

在图 3-12 中，S0.0 称为分支状态，它下面有两个分支，根据不同的转换条件 I0.0 和 I0.2 来选择转向其中的一个分支，这两个分支不能同时被选中。当 I0.0 接通时，状态将转换到 S0.1，而当 I0.2 接通时，状态将转换到 S0.2，所以要求转换条件 I0.0 和 I0.2 不能同时闭合。

2 选择汇合的编程

在图 3-12 中，S0.3 称为汇合状态，状态 S0.1 或 S0.2 根据各自的转换条件 I0.1 或 I0.3 向汇合状态转换。一旦状态 S0.3 接通，前一状态 S0.1 或 S0.2 就自动复位。

3 顺序功能图与梯形图的转换

将选择结构的顺序功能图转换为梯形图时，关键是对分支和汇合状态的处理，如图 3-13 所示。

（1）分支状态的处理 先进行分支状态 S0.1 的驱动连接，依次按转换条件置位各分支的首转换状态，再从左至右对首转换状态先进行负载驱动，后进行转换处理。

（2）汇合状态的处理 先进行汇合前各分支的最后一个状态和汇合状态 S0.3 的驱动连接，再从左至右对汇合状态进行转换连接。

图 3-13 梯形图

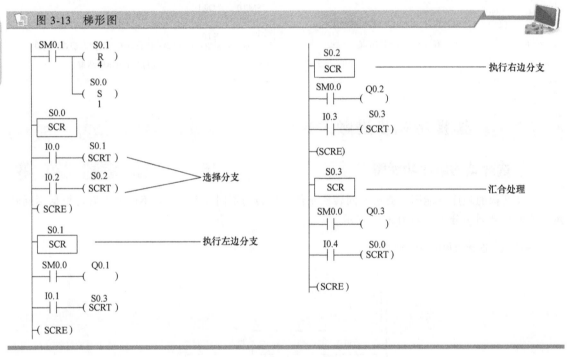

第四节 并行结构步进顺序控制

一、并行结构顺序功能图

并行结构的顺序功能图，按同一转换条件同时转向几个分支并激活，执行不同的分支后再汇合到同一分支形成一个汇合流。用水平双线来表示并行分支，上面一条表示并行分支的开始，下面一条表示并行分支的结束，如图 3-14 所示。

二、并行结构的编程

并行结构状态的编程与一般状态编程一样，先进行负载驱动，后进行转换处理，转换处理从左到右依次进行。无论是从分支状态向各个流程分支并行转换时，还是从各个分支状态向汇合状态同时汇合时，都要正确使用这些规则。

图 3-14　并行结构的顺序功能图

图 3-14　并行结构的顺序功能图

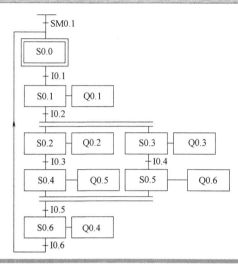

1）在图 3-14 中，S0.1 称为分支状态，它下面有两个分支，当转换条件 I0.2 接通时，两个分支将同时被选中，并同时并行运行。

2）在图 3-14 中，S0.6 为汇合状态，当两条分支都执行到各自最后状态时，S0.4 和 S0.5 都接通，此时，S0.4 和 S0.5 处于等待状态不能自行复位，需用复位指令来完成。若转换条件 I0.5 接通，则将一起转入汇合状态 S0.6。

3）顺序功能图与梯形图的转换。将并行结构的顺序功能图转换为梯形图时，关键是对并行分支和并行汇合编程处理，如图 3-15 所示。

图 3-15　梯形图

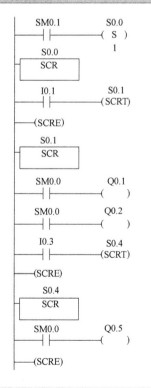

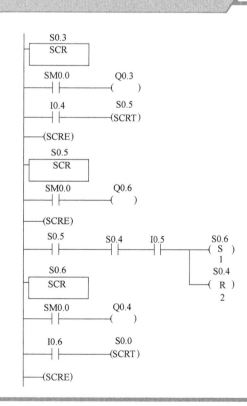

第五节 步进顺序控制的综合应用实例

实例1 简易红绿灯控制系统

1 控制要求

当按下启动按钮后，B 车道通行、绿灯亮，5s 后转为黄灯亮，黄灯亮 2s 后 B 车道禁行，A 车道通行，A 车道绿灯亮 5s 转为黄灯亮，2s 后 A 车道禁行、B 车道通行，依次循环。

2 PLC 控制简易红绿灯的操作步骤

（1）根据控制要求，首先确定 I/O 的个数，进行 I/O 的分配（见表 3-5）

表 3-5 红绿灯控制系统的 I/O 分配表

输 入 点	输入设备及作用	输 出 点	输出设备及作用
I0.0	启动开关 S	Q0.0	A 向绿灯
		Q0.1	A 向黄灯
		Q0.2	A 向红灯
		Q0.3	B 向绿灯
		Q0.4	B 向黄灯
		Q0.5	B 向红灯

（2）根据控制要求分析，设计并绘制 PLC 系统接线原理图（见图 3-16）

图 3-16 PLC 系统接线原理图

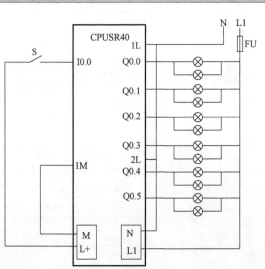

（3）程序设计

1）设计顺序功能图。根据红绿灯的状态转换规律和转换条件，设计顺序功能图，如图 3-17 所示。

2）梯形图程序。根据设计出的顺序功能图转换为梯形图，如图 3-18 所示。

图 3-17 简易红绿灯控制系统顺序功能图的设计

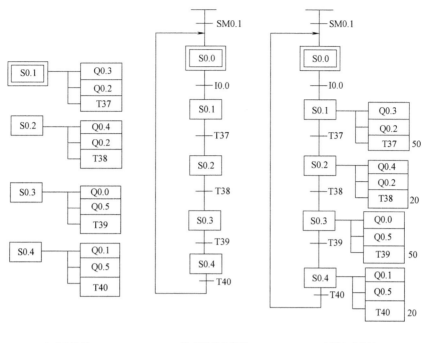

a) 动作设置　　　　b) 转换条件设置　　　　c) 顺序功能图

（4）程序录入与调试

1）程序录入：根据编写的梯形图（见图 3-18）录入程序。

2）运行调试：将录入的程序传送到 PLC，并进行调试，检查是否完成了控制要求，直至运行符合任务要求方为成功。

图 3-18 简易红绿灯控制系统梯形图

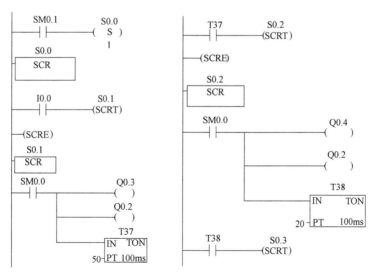

图 3-18　简易红绿灯控制系统梯形图（续）

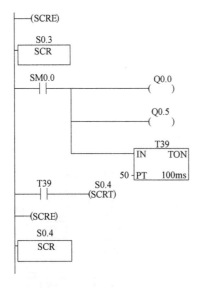

实例 2　多种液体混合装置控制系统

1　控制要求

图 3-19 所示为液体混合装置示意图。有两种待混合液体 A 和 B，对应的进料阀门为 YV1、YV2，混合液放料的阀门为 YV3。贮罐由下而上设置三个液位传感器 SL1、SL2、SL3，液面淹没时接通。

图 3-19　两种液体混合装置示意图

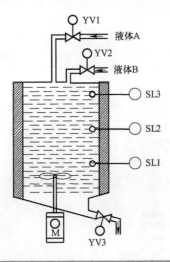

控制要求如下：

1）当投入运行时贮罐内为放空状态。

2）按下启动按钮 SB1 后，液体 A 的阀门 YV1 打开。液体 A 注入，当液面到达 SL2 时，关闭液体 A 的阀门 YV1，打开液体 B 的阀门 YV2。当液面到达 SL3 时，关闭液体 B 的阀门 YV2，搅拌电动机开始工作，1min 后停止搅拌，阀门 YV3 打开，开始放出混合液。当液面下降到 SL1 位置时，使 SL1 由接通变为断开，再过 20s 后，贮罐放空，阀门 YV3 关闭，接着开始下一个循环。

3）按下停止按钮，待处理完当前周期的剩余工作后，系统停止在初始状态，等待下一次启动的开始。

2 PLC 控制两种液体混合装置的操作步骤

（1）根据控制要求，首先确定 I/O 的个数，进行 I/O 的分配（见表 3-6）

表 3-6 I/O 分配表

输入继电器	功　　能	输出继电器	功　　能
I0.0	启动按钮	Q0.0	液体 A 阀门 YV1
I0.1	停止按钮	Q0.1	液体 B 阀门 YV2
I0.2	SL1 液面传感器	Q0.2	混合液阀门 YV3
I0.3	SL2 液面传感器	Q0.3	搅拌电动机 M
I0.4	SL3 液面传感器		

（2）根据控制要求分析，设计并绘制 PLC 系统接线原理图（见图 3-20）

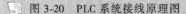 图 3-20　PLC 系统接线原理图

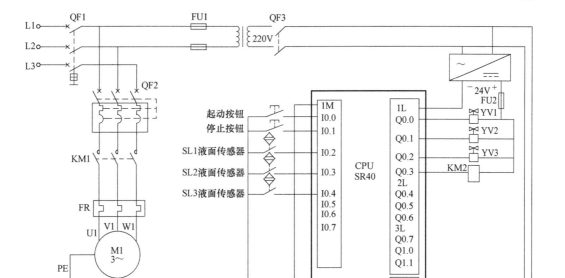

（3）程序设计

1）设计顺序功能图。图 3-21 所示为两种液体混合装置的功能流程图，这是一个典型循环结构。在实际生产的工艺流程中，若要求在某些条件下执行预定的动作，则可用跳转程序；若需要重复执行某一过程，则可用循环程序，如图 3-22 所示。

① 跳转流程：当步 2 为活动步时，若条件 f=1，则跳过步 3 和步 4，直接激活步 5。

② 循环流程：当步 5 为活动步时，若条件 e=1，则激活步 2，循环执行。

图 3-21 　两种液体混合装置功能图

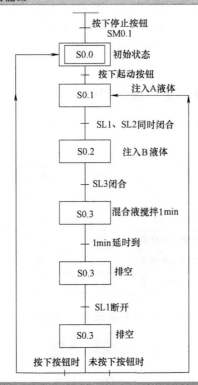

图 3-22 　循环、跳转流程

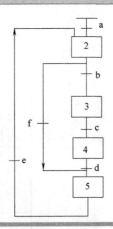

2）梯形图程序　根据功能图编写梯形图程序，如图 3-23 所示。

图 3-23 　两种液体混合装置梯形图

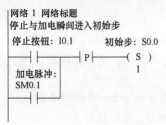

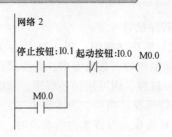

82

图 3-23　两种液体混合装置梯形图（续）

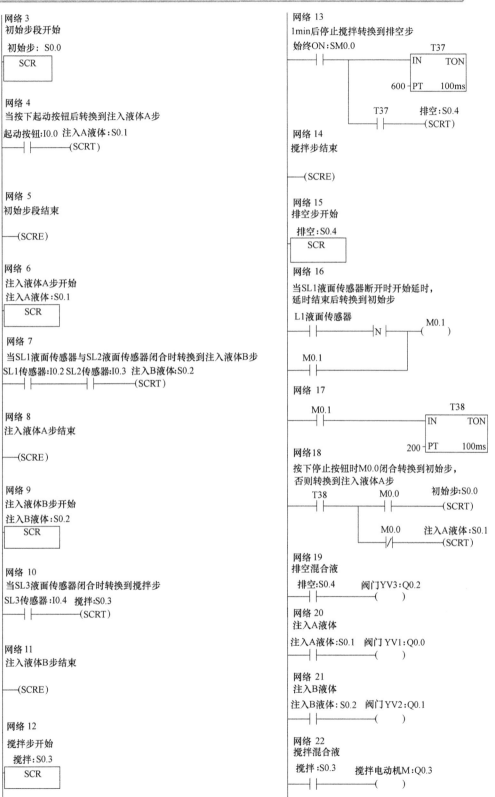

网络 3
初始步段开始

　初始步：S0.0
　SCR

网络 4
当按下起动按钮后转换到注入液体A步

　起动按钮：I0.0　注入A液体：S0.1
　┤├————————（SCRT）

网络 5
初始步段结束

　————（SCRE）

网络 6
注入液体A步开始

　注入A液体：S0.1
　SCR

网络 7
当SL1液面传感器与SL2液面传感器闭合时转换到注入液体B步
　SL1传感器：I0.2　SL2传感器：I0.3　注入B液体：S0.2
　┤├————┤├————————（SCRT）

网络 8
注入液体A步结束

　————（SCRE）

网络 9
注入液体B步开始

　注入B液体：S0.2
　SCR

网络 10
当SL3液面传感器闭合时转换到搅拌步
　SL3传感器：I0.4　搅拌：S0.3
　┤├————————（SCRT）

网络 11
注入液体B步结束

　————（SCRE）

网络 12
搅拌步开始

　搅拌：S0.3
　SCR

网络 13
1min后停止搅拌转换到排空步

　始终ON：SM0.0　　　　　　　　T37
　┤├——————————IN　　　TON
　　　　　　　　　　　　　600—PT　　100ms

　T37　　　　　　　　排空：S0.4
　┤├————————（SCRT）

网络 14
搅拌步结束

　————（SCRE）

网络 15
排空步开始

　排空：S0.4
　SCR

网络 16
当SL1液面传感器断开时开始延时，
延时结束后转换到初始步

　L1液面传感器　　　　　　　　　M0.1
　┤├————┤N├————（　）

　M0.1
　┤├

网络 17

　M0.1　　　　　　　　　　　　T38
　┤├——————————IN　　　TON
　　　　　　　　　　　　　200—PT　　100ms

网络 18
按下停止按钮时M0.0闭合转换到初始步，
否则转换到注入液体A步
　T38　　　　M0.0　　　　初始步：S0.0
　┤├————┤├————————（SCRT）

　　　　　　M0.0　　　　注入A液体：S0.1
　　　　　　┤/├————————（SCRT）

网络 19
排空混合液
　排空：S0.4　　　阀门YV3：Q0.2
　┤├————————（　）

网络 20
注入A液体
　注入A液体：S0.1　阀门YV1：Q0.0
　┤├————————（　）

网络 21
注入B液体
　注入B液体：S0.2　阀门YV2：Q0.1
　┤├————————（　）

网络 22
搅拌混合液
　搅拌：S0.3　　　搅拌电动机M：Q0.3
　┤├————————（　）

83

3 程序输入与调试

把图 3-23 所示程序传入 PLC 中，按照接线原理图配线。接通启动按钮，模拟调试程序，观察各种动作是否符合控制要求。

实例3 简易洗车控制系统

1 控制要求

1）若方式选择开关 SA 置于 OFF 状态，当按下启动按钮 SB1 后，则按下列程序动作：

① 执行泡沫清洗；

② 按 SB3 则执行清水冲洗；

③ 按 SB4 则执行风干；

④ 按 SB5 则结束洗车。

2）若方式选择开关 SA 置于 ON 状态，当按启动按钮 SB1 后，则自动按洗车流程执行，其中泡沫清洗 10s、清水冲洗 20s、风干 5s，结束后回到待洗状态。

3）任何时候按下 SB2，则所有输出复位，停止洗车。

2 PLC 控制简易洗车系统的操作步骤

（1）根据任务要求分配 I/O（见表 3-7）

表 3-7 简易洗车控制系统的 I/O 分配表

输　入		输　出	
输　入　点	作　用	输　出　点	作　用
I0.0	启动按钮 SB1	Q0.0	清水清洗驱动 KM1
I0.1	方式选择开关 SA	Q0.1	泡沫清洗驱动 KM2
I0.2	停止按钮 SB2	Q0.2	风干机驱动 KM3
I0.3	手动清水冲洗按钮 SB3		
I0.4	手动风干按钮 SB4		
I0.5	手动结束按钮 SB5		

（2）根据控制要求分析，设计并绘制 PLC 系统接线原理图（见图 3-24）

图 3-24 PLC 外部接线图

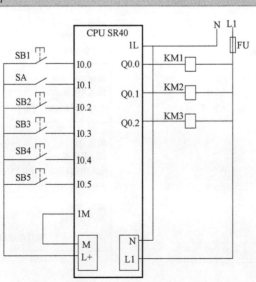

（3）程序设计

1）设计顺序功能图。根据转换规律和转换条件，设计顺序功能图，如图 3-25 所示。

图 3-25　简易洗车控制系统的顺序功能图

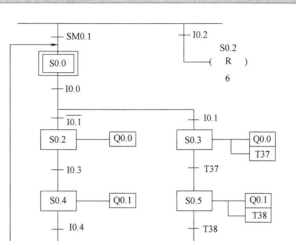

2）梯形图程序。根据设计出的顺序功能图转换为梯形图，如图 3-26 所示。

图 3-26　梯形图

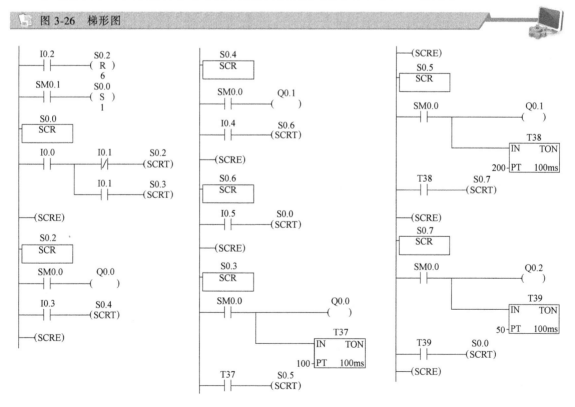

（4）程序录入与调试

1）程序录入：根据编写的梯形图（见图 3-26）录入程序。

2）运行调试：将录入的程序传送到 PLC，并进行调试，检查是否完成了控制要求，直至运行符合任务要求方为成功。

实例 4 机械臂大小球分选系统

1 控制要求

图 3-27 所示为机械臂大小球分选系统示意图，按下启动按钮 SB1 开启大小球分选系统，图中的左上角为机械原点，其动作顺序为：下降→吸球→上升→右行→下降→上升→左行返回。例如，机械臂下降（设定下降时间为 2s）时，当电磁铁压着大球时，下限开关 LS2 断开；压着小球时 LS2接通。

图 3-27 机械臂大小球分选系统示意图

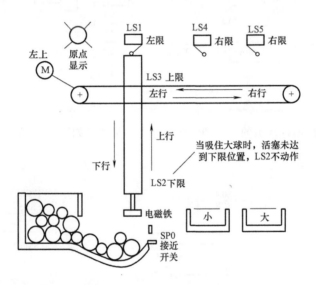

2 PLC 控制机械臂大小球分选系统的操作步骤

（1）根据控制要求，分配 I/O（见表 3-8）

表 3-8 I/O 分配表

输入继电器	功　能	输出继电器	功　能
I0.0	启动	Q0.0	下降
I0.1	左限 LS1	Q0.1	吸盘
I0.2	下限 LS2	Q0.2	上升
I0.3	上限 LS3	Q0.3	右移
I0.4	右限(小球)LS4	Q0.4	左移
I0.5	右限(带球)LS5	Q0.5	原位显示

（2）根据控制要求分析，设计并绘制 PLC 系统接线原理图（见图 3-28）

图 3-28　PLC 系统接线原理图

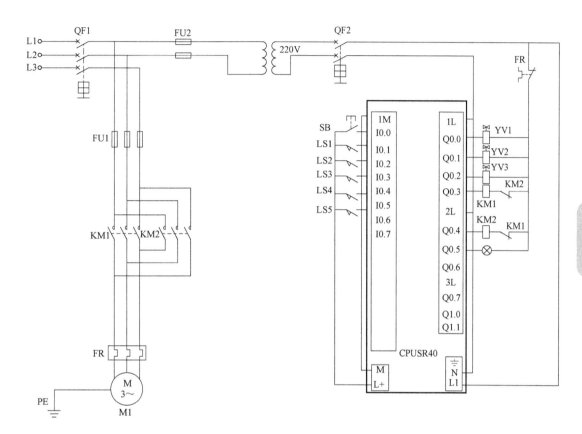

（3）程序设计

1）设计顺序功能图。通过控制要求的分析，机械臂大小球分选系统功能图是一个典型的选择性分支与汇合流程结构，如图 3-29 所示。

2）梯形图程序。根据顺序功能图编写的机械臂大小球分选系统的梯形图程序，如图 3-30 所示。

（4）程序输入与调试

把图 3-30 所示程序传入 PLC 中，按照原理接线图配线。按下启动按钮 SB1 开启大小球分选系统，观察分选系统的运行是否符合控制要求。

实例 5　十字路口交通灯控制系统

1　控制要求

图 3-31 所示为十字路口交通灯的示意图。当按下启动按钮时，信号灯系统开始工作，且先南北红灯亮，东西绿灯亮。当按下停止按钮时，所有信号灯都熄灭。

南北红灯亮维持 7.5s，在南北红灯亮的同时东西绿灯也亮，并维持 5s；到 5s 时，东西绿灯熄灭；在东西绿灯熄灭时，东西黄灯闪亮，并维持 2.5s；到 2.5s 时，东西黄灯熄灭，东西红灯亮，

图 3-29　机械臂大小球分选系统功能图

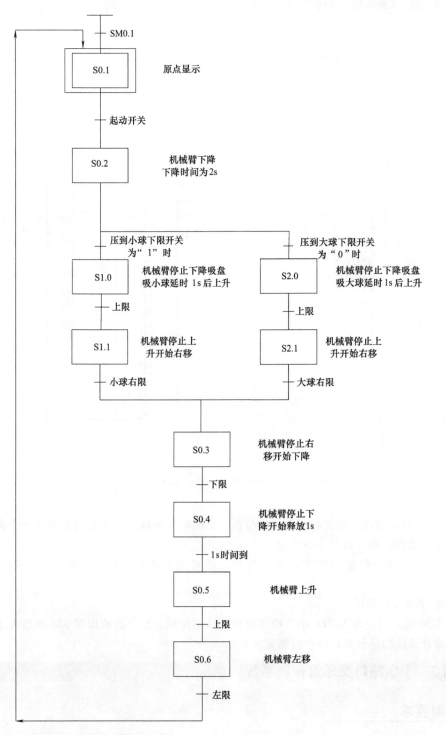

同时，南北红灯熄灭，绿灯亮。

东西红灯亮维持 6.5s，南北绿灯亮维持 4s，然后熄灭，同时南北黄闪灯亮，维持 2.5s 后熄灭，这时南北红灯亮，东西绿灯亮，周而复始。

图 3-30　机械臂大小球分选系统梯形图

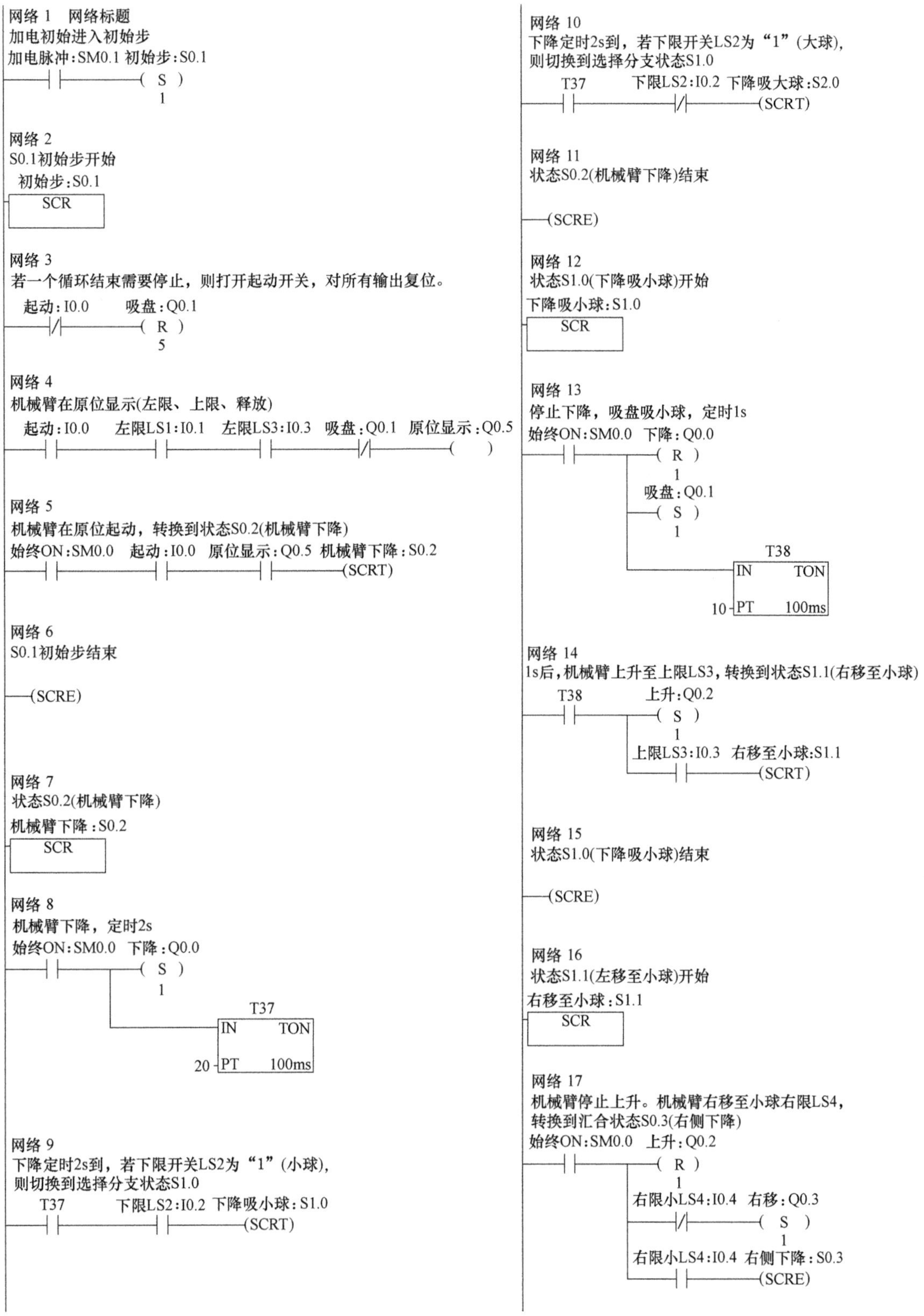

网络 1　网络标题
加电初始进入初始步
加电脉冲:SM0.1 初始步:S0.1
```
  ┤├————( S )
              1
```

网络 2
S0.1初始步开始
　初始步:S0.1
```
┌─────┐
│ SCR │
└─────┘
```

网络 3
若一个循环结束需要停止,则打开起动开关,对所有输出复位。
起动:I0.0　　吸盘:Q0.1
```
  ┤/├————( R )
              5
```

网络 4
机械臂在原位显示(左限、上限、释放)
起动:I0.0　左限LS1:I0.1　左限LS3:I0.3　吸盘:Q0.1　原位显示:Q0.5
```
  ┤├———┤├———┤├———┤/├————(   )
```

网络 5
机械臂在原位起动,转换到状态S0.2(机械臂下降)
始终ON:SM0.0　起动:I0.0　原位显示:Q0.5　机械臂下降:S0.2
```
  ┤├———┤├———┤├————(SCRT)
```

网络 6
S0.1初始步结束
```
 ————(SCRE)
```

网络 7
状态S0.2(机械臂下降)
机械臂下降:S0.2
```
┌─────┐
│ SCR │
└─────┘
```

网络 8
机械臂下降,定时2s
始终ON:SM0.0　下降:Q0.0
```
  ┤├————( S )
              1
                    ┌──────────┐
                    │    T37   │
                    │IN    TON │
                    │          │
                 20─┤PT  100ms │
                    └──────────┘
```

网络 9
下降定时2s到,若下限开关LS2为"1"(小球),
则切换到选择分支状态S1.0
T37　　　下限LS2:I0.2　下降吸小球:S1.0
```
  ┤├———┤├————(SCRT)
```

网络 10
下降定时2s到,若下限开关LS2为"1"(大球),
则切换到选择分支状态S1.0
T37　　　下限LS2:I0.2　下降吸大球:S2.0
```
  ┤├———┤/├————(SCRT)
```

网络 11
状态S0.2(机械臂下降)结束
```
 ————(SCRE)
```

网络 12
状态S1.0(下降吸小球)开始
下降吸小球:S1.0
```
┌─────┐
│ SCR │
└─────┘
```

网络 13
停止下降,吸盘吸小球,定时1s
始终ON:SM0.0　下降:Q0.0
```
  ┤├————( R )
              1
              吸盘:Q0.1
            ————( S )
                    1
                    ┌──────────┐
                    │    T38   │
                    │IN    TON │
                    │          │
                 10─┤PT  100ms │
                    └──────────┘
```

网络 14
1s后,机械臂上升至上限LS3,转换到状态S1.1(右移至小球)
T38　　　上升:Q0.2
```
  ┤├————( S )
              1
              上限LS3:I0.3　右移至小球:S1.1
            ————┤├————(SCRT)
```

网络 15
状态S1.0(下降吸小球)结束
```
 ————(SCRE)
```

网络 16
状态S1.1(左移至小球)开始
右移至小球:S1.1
```
┌─────┐
│ SCR │
└─────┘
```

网络 17
机械臂停止上升。机械臂右移至小球右限LS4,
转换到汇合状态S0.3(右侧下降)
始终ON:SM0.0　上升:Q0.2
```
  ┤├————( R )
              1
              右限小LS4:I0.4　右移:Q0.3
            ————┤/├————( S )
                            1
              右限小LS4:I0.4　右侧下降:S0.3
            ————┤├————(SCRE)
```

图 3-30 机械臂大小球分选系统梯形图（续）

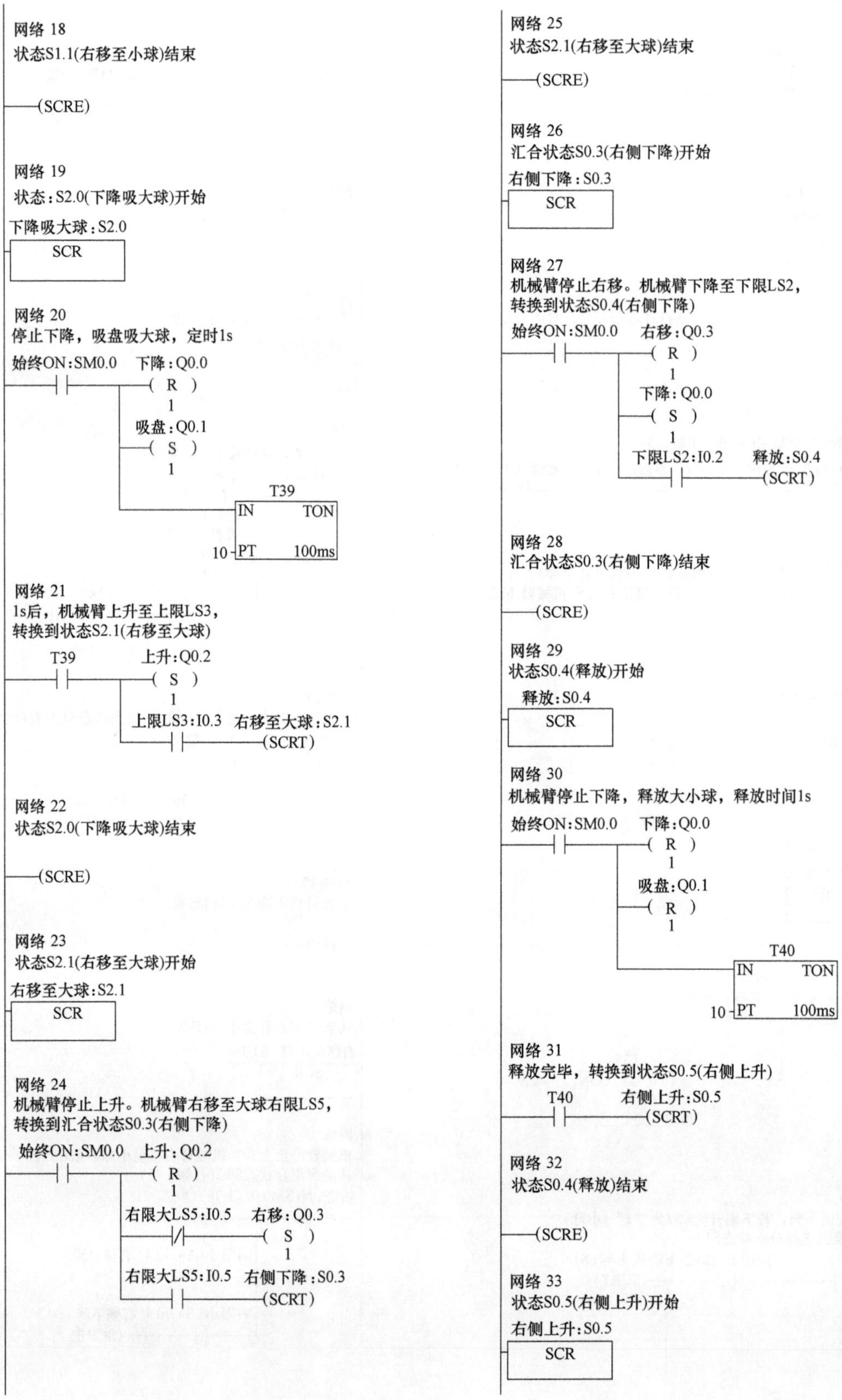

网络 18
状态S1.1(右移至小球)结束

——(SCRE)

网络 19
状态：S2.0(下降吸大球)开始

下降吸大球：S2.0

```
    SCR
```

网络 20
停止下降，吸盘吸大球，定时1s

始终ON：SM0.0   下降：Q0.0
——| |————————(R)
                  1
                吸盘：Q0.1
              ————(S)
                  1
                                    T39
                              IN   TON
                      10-PT   100ms

网络 21
1s后，机械臂上升至上限LS3，
转换到状态S2.1(右移至大球)

T39   上升：Q0.2
——| |————————(S)
                  1
              上限LS3：I0.3   右移至大球：S2.1
              ————| |——————————(SCRT)

网络 22
状态S2.0(下降吸大球)结束

——(SCRE)

网络 23
状态S2.1(右移至大球)开始

右移至大球：S2.1

```
    SCR
```

网络 24
机械臂停止上升。机械臂右移至大球右限LS5，
转换到汇合状态S0.3(右侧下降)

始终ON：SM0.0   上升：Q0.2
——| |————————(R)
                  1
              右限大LS5：I0.5   右移：Q0.3
              ——|/|——————————(S)
                                  1
              右限大LS5：I0.5   右侧下降：S0.3
              ————| |——————————(SCRT)

网络 25
状态S2.1(右移至大球)结束

——(SCRE)

网络 26
汇合状态S0.3(右侧下降)开始

右侧下降：S0.3

```
    SCR
```

网络 27
机械臂停止右移。机械臂下降至下限LS2，
转换到状态S0.4(右侧下降)

始终ON：SM0.0   右移：Q0.3
——| |————————(R)
                  1
                下降：Q0.0
              ————(S)
                  1
              下限LS2：I0.2   释放：S0.4
              ————| |——————————(SCRT)

网络 28
汇合状态S0.3(右侧下降)结束

——(SCRE)

网络 29
状态S0.4(释放)开始

释放：S0.4

```
    SCR
```

网络 30
机械臂停止下降，释放大小球，释放时间1s

始终ON：SM0.0   下降：Q0.0
——| |————————(R)
                  1
                吸盘：Q0.1
              ————(R)
                  1
                                    T40
                              IN   TON
                      10-PT   100ms

网络 31
释放完毕，转换到状态S0.5(右侧上升)

T40   右侧上升：S0.5
——| |——————————(SCRT)

网络 32
状态S0.4(释放)结束

——(SCRE)

网络 33
状态S0.5(右侧上升)开始

右侧上升：S0.5

```
    SCR
```

图 3-30 机械臂大小球分选系统梯形图（续）

网络 34

机械臂上升到上限位，上限开关LS3闭合，
转换到状态S0.6(释放后左移)

```
始终ON:SM0.0        上升:Q0.2
  ┤├              ─( S )
                     1
         上限LS3:I0.3      释放后左移:S0.6
          ┤├             ─(SCRT)
```

网络 35

状态S0.5(右侧上升)结束

```
──(SCRE)
```

网络 36

状态S0.6(释放后左移)开始

```
释放后左移:S0.6
┌─────────┐
│   SCR   │
└─────────┘
```

网络 37

机械臂停止上升，机械臂左移至左限，
左限位开关LS1闭合，转换到状态S0.1开始新一轮控制

```
始终ON:SM0.0        上升:Q0.2
  ┤├              ─( R )
                     1
         左限LS1:I0.1      左移:Q0.4
          ┤/├            ─( S )
                           1
         左限LS1:I0.1      初始步:S0.1
          ┤├             ─(SCRT)
```

网络 38

左移到左限位，左限位开关LS1闭合停止左移复位

```
左限LS1:I0.1        左移:Q0.4
  ┤├              ─( R )
                     1
```

网络 39

```
──(SCRE)
```

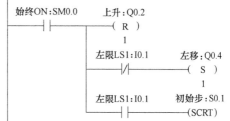

图 3-31 十字路口交通灯示意图

2 PLC 控制十字路口交通灯的操作步骤

（1）根据控制要求，分配 I/O（见表 3-9）

表 3-9 I/O 分配表

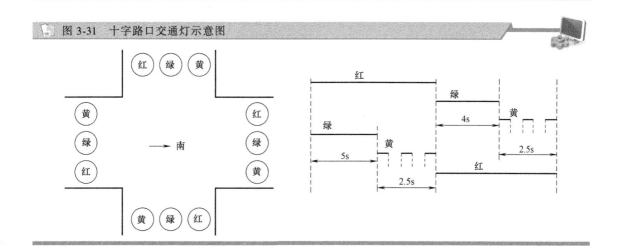

输入继电器	功　能	输出继电器	功　能
I0.0	启动按钮	Q0.0	南北方向红灯
I0.1	停止按钮	Q0.1	南北方向绿灯
		Q0.2	南北方向黄灯
		Q0.3	东西方向红灯
		Q0.4	东西方向绿灯
		Q0.5	东西方向黄灯

（2）根据控制要求分析，设计并绘制 PLC 系统接线原理图（见图 3-32）

图 3-32　PLC 系统接线原理图

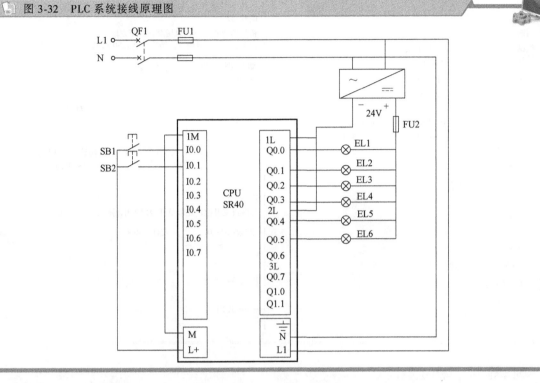

（3）程序设计

1）设计顺序功能图。图 3-33 所示为十字路口交通灯功能流程图，它是一个典型并行分支结构。

图 3-33　十字路口交通灯功能流程图

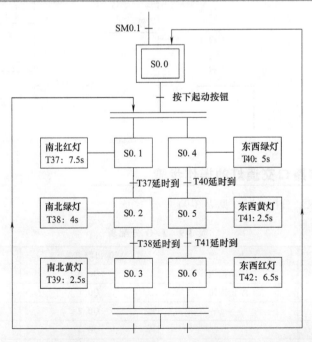

2）梯形图程序。根据功能流程图编写梯形图程序，如图 3-34 所示。

图 3-34　十字路口交通灯功能图

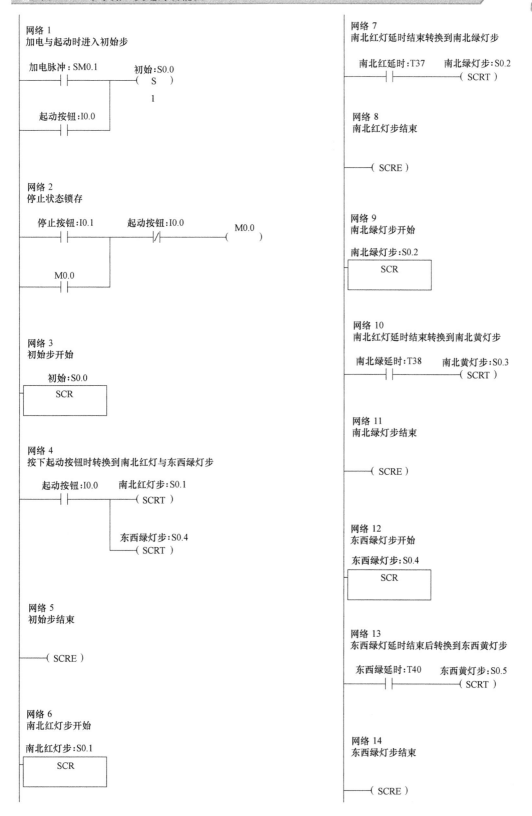

网络 1
加电与起动时进入初始步

```
加电脉冲:SM0.1        初始:S0.0
├──┤ ├──────────────( S )
│                       1
│   起动按钮:I0.0
├──┤ ├──
```

网络 2
停止状态锁存

```
停止按钮:I0.1   起动按钮:I0.0              M0.0
├──┤ ├────────┤/├──────────────────( )
│
│   M0.0
├──┤ ├──
```

网络 3
初始步开始

```
初始:S0.0
│ ┌──────────┐
├─│   SCR    │
  └──────────┘
```

网络 4
按下起动按钮时转换到南北红灯与东西绿灯步

```
起动按钮:I0.0   南北红灯步:S0.1
├──┤ ├────────( SCRT )
│
│   东西绿灯步:S0.4
├─────────────( SCRT )
```

网络 5
初始步结束

```
──( SCRE )
```

网络 6
南北红灯步开始

```
南北红灯步:S0.1
│ ┌──────────┐
├─│   SCR    │
  └──────────┘
```

网络 7
南北红灯延时结束转换到南北绿灯步

```
南北红延时:T37   南北绿灯步:S0.2
├──┤ ├────────( SCRT )
```

网络 8
南北红灯步结束

```
──( SCRE )
```

网络 9
南北绿灯步开始

```
南北绿灯步:S0.2
│ ┌──────────┐
├─│   SCR    │
  └──────────┘
```

网络 10
南北红灯延时结束转换到南北黄灯步

```
南北绿延时:T38   南北黄灯步:S0.3
├──┤ ├────────( SCRT )
```

网络 11
南北绿灯步结束

```
──( SCRE )
```

网络 12
东西绿灯步开始

```
东西绿灯步:S0.4
│ ┌──────────┐
├─│   SCR    │
  └──────────┘
```

网络 13
东西绿灯延时结束后转换到东西黄灯步

```
东西绿延时:T40   东西黄灯步:S0.5
├──┤ ├────────( SCRT )
```

网络 14
东西绿灯步结束

```
──( SCRE )
```

图 3-34　十字路口交通灯功能图（续）

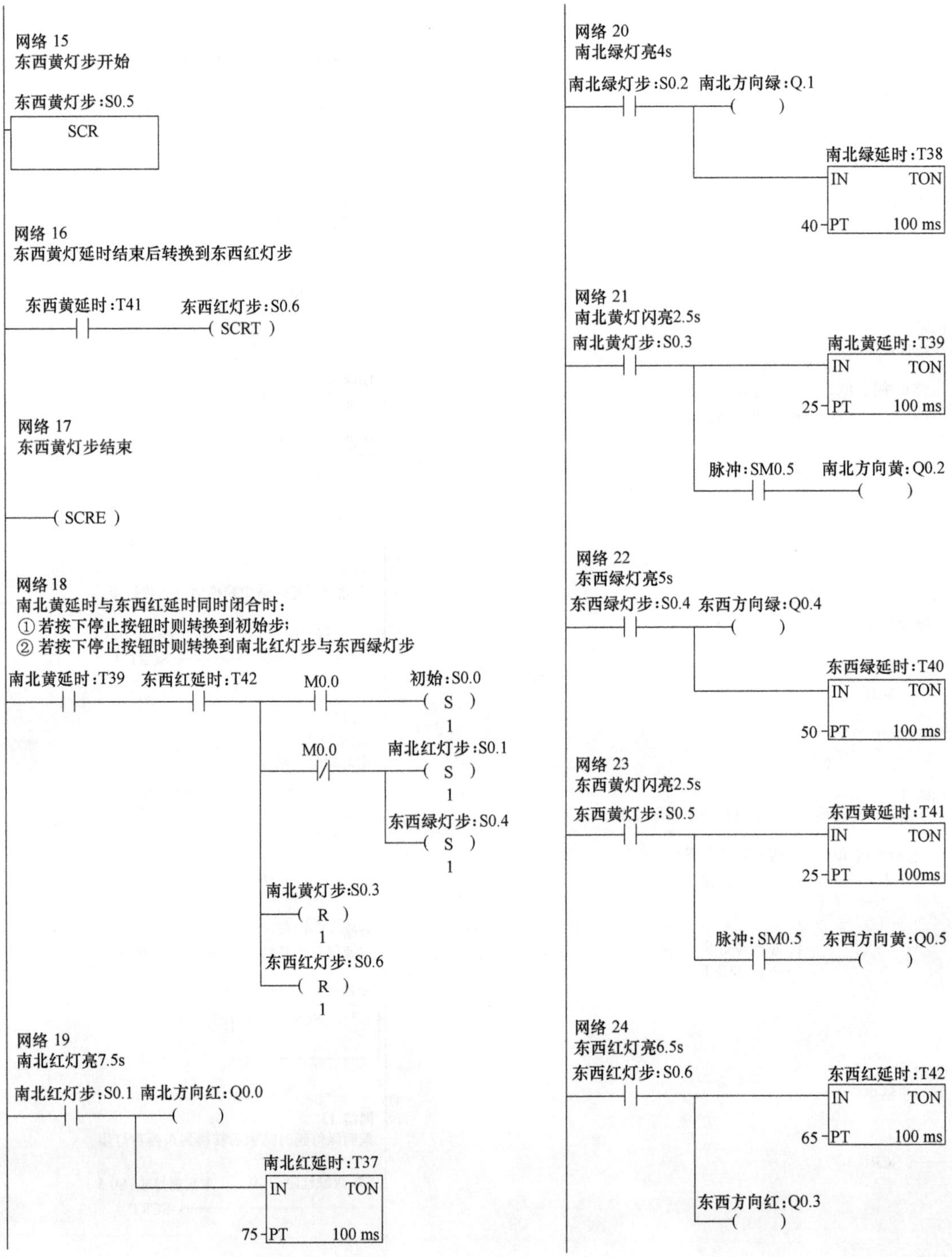

网络 15
东西黄灯步开始

东西黄灯步:S0.5
```
┌──────────────┐
│     SCR      │
└──────────────┘
```

网络 16
东西黄灯延时结束后转换到东西红灯步

东西黄延时:T41　　东西红灯步:S0.6
　├─┤├─────────────(SCRT)

网络 17
东西黄灯步结束

──(SCRE)

网络 18
南北黄延时与东西红延时同时闭合时：
①若按下停止按钮时则转换到初始步；
②若按下停止按钮时则转换到南北红灯步与东西绿灯步

南北黄延时:T39　东西红延时:T42　M0.0　　初始:S0.0
├─┤├────────┤├────────┤├────(S)
　　　　　　　　　　　　　　　　　　　　　1
　　　　　　　　　　　　M0.0　南北红灯步:S0.1
　　　　　　　　　　　　┤/├────(S)
　　　　　　　　　　　　　　　东西绿灯步:S0.4
　　　　　　　　　　　　　　　(S)
　　　　　　　　　　　　　　　1
　　　　　　　　　南北黄灯步:S0.3
　　　　　　　　　(R)
　　　　　　　　　1
　　　　　　　　东西红灯步:S0.6
　　　　　　　　(R)
　　　　　　　　1

网络 19
南北红灯亮7.5s

南北红灯步:S0.1 南北方向红:Q0.0
├─┤├────────( )
　　　　　南北红延时:T37
　　　┌─────────────┐
　　　│IN   TON│
　　75│PT   100 ms │
　　　└─────────────┘

网络 20
南北绿灯亮4s

南北绿灯步:S0.2 南北方向绿:Q.1
├─┤├────────( )
　　　　　南北绿延时:T38
　　　┌─────────────┐
　　　│IN   TON│
　　40│PT   100 ms │
　　　└─────────────┘

网络 21
南北黄灯闪亮2.5s

南北黄灯步:S0.3　　南北黄延时:T39
├─┤├──────┌─────────────┐
　　　　　│IN   TON│
　　　25│PT   100 ms │
　　　　　└─────────────┘

脉冲:SM0.5　南北方向黄:Q0.2
├─┤├────────( )

网络 22
东西绿灯亮5s

东西绿灯步:S0.4 东西方向绿:Q0.4
├─┤├────────( )
　　　　　东西绿延时:T40
　　　┌─────────────┐
　　　│IN   TON│
　　50│PT   100 ms │
　　　└─────────────┘

网络 23
东西黄灯闪亮2.5s

东西黄灯步:S0.5　　东西黄延时:T41
├─┤├──────┌─────────────┐
　　　　　│IN   TON│
　　　25│PT   100ms │
　　　　　└─────────────┘

脉冲:SM0.5　东西方向黄:Q0.5
├─┤├────────( )

网络 24
东西红灯亮6.5s

东西红灯步:S0.6　　东西红延时:T42
├─┤├──────┌─────────────┐
　　　　　│IN   TON│
　　　65│PT   100 ms │
　　　　　└─────────────┘

东西方向红:Q0.3
──( )

（4）程序输入与调试

把图 3-34 所示程序传入 PLC 中，按照接线原理图配线。接通启动按钮，交通指示灯进入运行状态，观察指示灯的变化是否符合控制要求。

实例6　三层电梯的PLC控制

1　控制要求

图 3-35 所示为采用 PLC 构成的三层简易电梯电气控制系统示意图。电梯的上、下行由 KM1 和 KM2 表示，一层有上升呼叫按钮 SB4 和指示灯 HL4，二层有上升呼叫按钮 SB6 和指示灯 HL6 以及下降呼叫按钮 SB5 和指示灯 HL5，三层有下降呼叫按钮 SB7 和指示灯 HL7。一至三层有到位行程开关 SQ1~SQ3。电梯内有一至三层呼叫按钮 SB1~SB3、指示灯 HL1~HL3、电梯开门和关门按钮 SB10 和 SB11，电梯开门和关门分别通过 HL8 和 HL9 来表示，关门到位由行程开关 SQ5 表示，开门到位由行程开关 SQ4 表示，具体控制要求如下：

图 3-35　三层电梯的PLC控制示意图

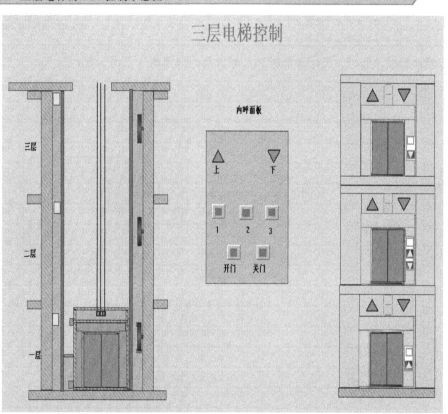

1）当电梯的轿厢停于第一层或第二层时，按第三层上升按钮，则轿厢上升至第三层后停；

2）当电梯的轿厢停于第三层或第二层时，按第一层下降按钮，则轿厢下降至第一层后停；

3）当轿厢停在第一层，按第二层上升按钮，则轿厢上升至第二层后停；

4）当轿厢停在第三层，按第二层下降按钮，则轿厢下降至第二层后停；

5）当轿厢停在第一层，若第二层、第三层均有呼梯信号，则轿厢上升至第二层暂停后，继续上升至第三层；

6）当轿厢停在第三层，若第二层、第一层均有呼梯信号，则轿厢下降至第二层暂停后，继续下降至第一层。

2　PLC控制三层电梯的操作步骤

（1）根据控制要求，分配 I/O（见表 3-10）

表 3-10　I/O 分配表

输入继电器	功　能	输出继电器	功　能
I0.1	SB1 电梯内一层按钮	Q0.1	HL1 电梯一层指示灯
I0.2	SB2 电梯内二层按钮	Q0.2	HL2 电梯二层指示灯
I0.3	SB3 电梯内三层按钮	Q0.3	HL3 电梯三层指示灯
I0.4	SB4 一层上升呼叫按钮	Q0.0	KM3 电梯开门
I0.5	SB5 二层下降呼叫按钮	Q0.4	KM4 电梯关门
I0.6	SB6 二层上升呼叫按钮	Q0.5	KM1 轿厢下降
I0.7	SB7 三层下降呼叫按钮	Q0.6	KM2 轿厢上升
I1.0	SQ1 电梯一层到位限位开关		
I1.1	SQ2 电梯二层到位限位开关		
I1.2	SQ3 电梯三层到位限位开关		
I0.0	SB10 电梯开门按钮		
I1.5	SB11 电梯关门按钮		
I1.3	SQ4 电梯开门检测		
I1.4	SQ5 电梯关门检测		

（2）根据控制要求分析，设计并绘制 PLC 系统接线原理图（见图 3-36）

图 3-36　PLC 系统接线原理图

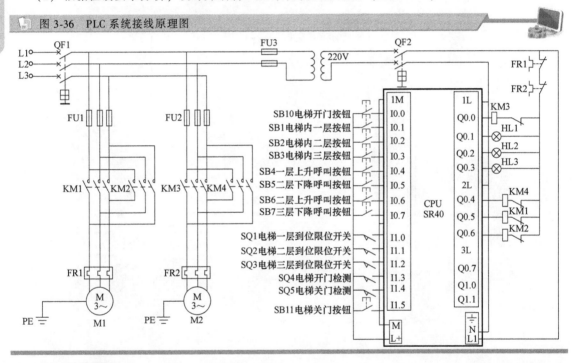

（3）程序设计

1）设计顺序功能图。电梯是根据外部呼叫信号以及自身控制规律等运行的，而呼叫是随机的，所以电梯控制系统实际上是一个人机交互式的控制系统。单纯用顺序控制或逻辑控制是无法满足控制要求的。因此，在本实例中将电梯控制程序划分为"数据采集与显示数据""呼梯判断""上行处理"及"下行处理"几个子程序。"数据采集与显示数据"采用逻辑控制，"呼梯判断""上行处理"及"下行处理"采用顺序控制。总体设计图如图 3-37 所示。

呼梯判断由顺序控制流程完成，主要依据是内呼梯优先，由先判断内呼来保证这一点，呼梯判断功能图如图 3-38 所示。

上、下行处理流程由顺序控制流程完成，在上、下行流程中，遵守的主要原则是"内呼优先，上行上呼优先，下行下呼优先"，上行流程与下行流程相对称，因此下面只列出上行处理功能图，如图 3-39 所示。

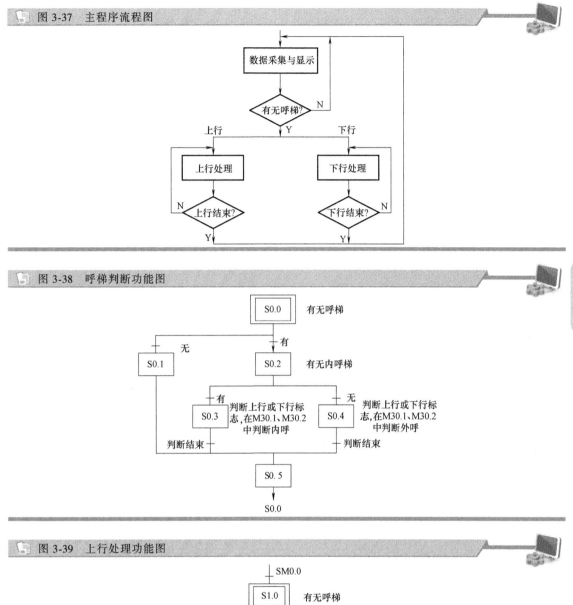

图 3-37 主程序流程图

图 3-38 呼梯判断功能图

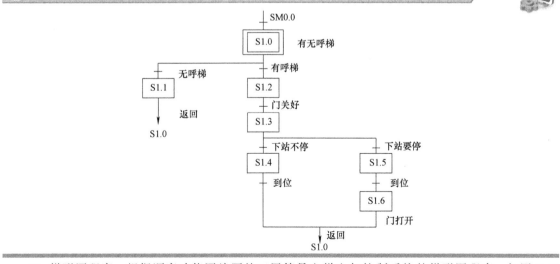

图 3-39 上行处理功能图

2）梯形图程序。根据顺序功能图编写的三层简易电梯电气控制系统的梯形图程序，如图 3-40 所示。

（4）程序输入与调试

把图 3-40 所示程序传入 PLC 中，按照原理接线图配线。接通相应平层行程开关，分别将电梯

图 3-40　三层电梯的 PLC 控制电路的梯形图

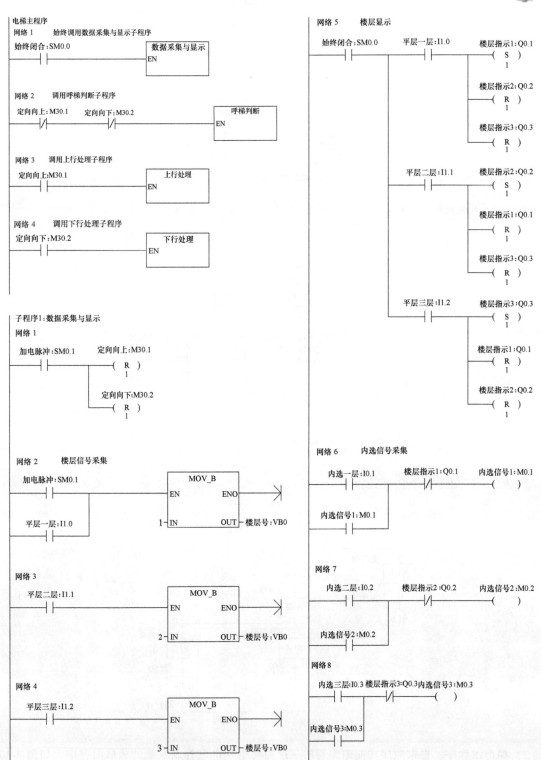

98

置于第一层至第三层；分别按下内呼梯按钮、外呼梯按钮，观察电梯的升降运行是否符合控制要求；按下开门、关门按钮观察电梯的门控动作是否正常。

图 3-40　三层电梯的 PLC 控制电路的梯形图（续）

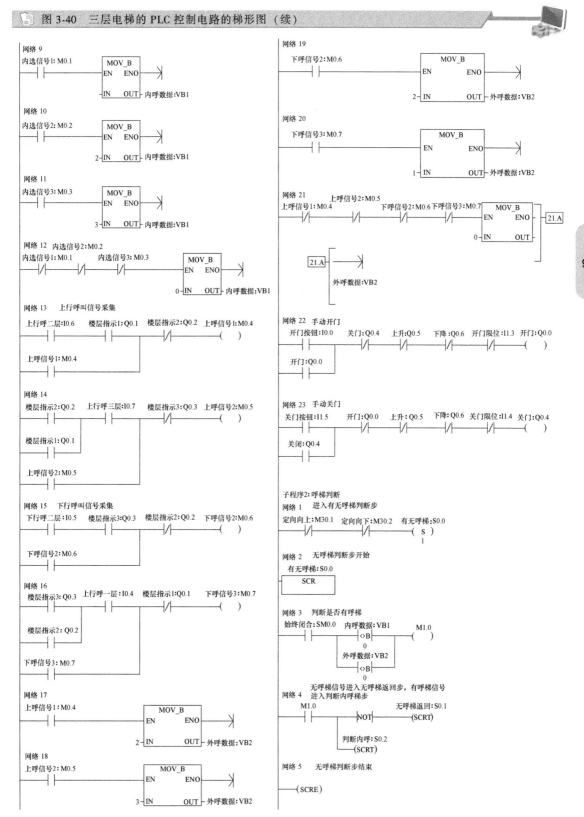

图 3-40　三层电梯的 PLC 控制电路的梯形图（续）

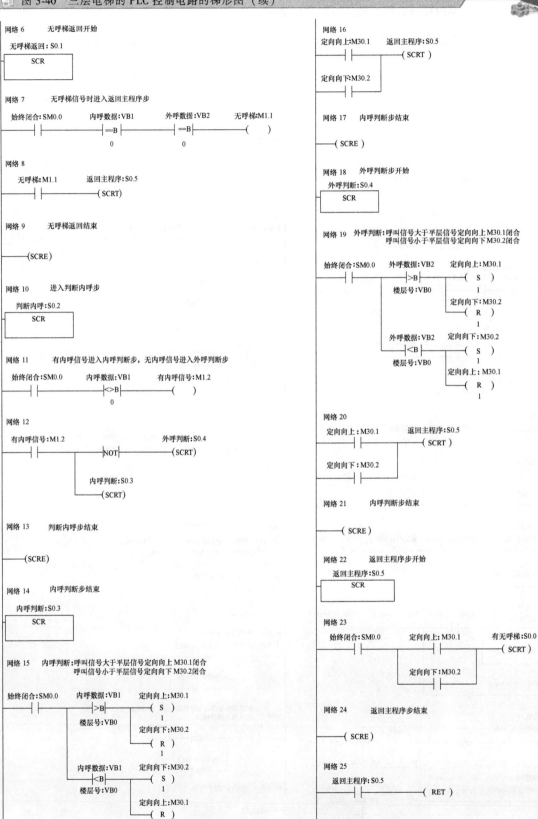

网络 6　　无呼梯返回开始

无呼梯返回：S0.1
SCR

网络 7　　无呼梯信号时进入返回主程序步

始终闭合：SM0.0　　　内呼数据：VB1　　　外呼数据：VB2　　　无呼梯：M1.1
├ ┤├ ────────├ ==B ├────────├ ==B ├──────────( )
　　　　　　　　　　　　0　　　　　　　　　0

网络 8

无呼梯：M1.1　　　返回主程序：S0.5
├ ┤├ ──────────────(SCRT)

网络 9　　无呼梯返回结束

──(SCRE)

网络 10　　进入判断内呼步

判断内呼：S0.2
SCR

网络 11　　有内呼信号进入内呼判断步，无内呼信号进入外呼判断步

始终闭合：SM0.0　　　内呼数据：VB1　　　有内呼信号：M1.2
├ ┤├ ────────├ <>B ├────────────( )
　　　　　　　　　　　　0

网络 12

有内呼信号：M1.2　　　　　　　　　　外呼判断：S0.4
├ ┤├ ─────────┤NOT├────────(SCRT)
　　　　　　　　　　　　内呼判断：S0.3
　　　　　　　　　　　　──(SCRT)

网络 13　　判断内呼步结束

──(SCRE)

网络 14　　内呼判断步结束

内呼判断：S0.3
SCR

网络 15　　内呼判断：呼叫信号大于平层信号定向向上 M30.1 闭合
　　　　　　　　呼叫信号小于平层信号定向向下 M30.2 闭合

始终闭合：SM0.0　　　内呼数据：VB1　　　定向向上：M30.1
├ ┤├ ────────├ >B ├────────────(S)
　　　　　　　　　　　　楼层号：VB0　　　　　　1
　　　　　　　　　　　　　　　　　　　　定向向下：M30.2
　　　　　　　　　　　　　　　　　　　　(R)
　　　　　　　　　　　　　　　　　　　　　1
　　　　　　　　　　　　内呼数据：VB1　　　定向向下：M30.2
　　　　　　　　　　　　├ <B ├────────────(S)
　　　　　　　　　　　　楼层号：VB0　　　　　　1
　　　　　　　　　　　　　　　　　　　　定向向上：M30.1
　　　　　　　　　　　　　　　　　　　　(R)
　　　　　　　　　　　　　　　　　　　　　1

网络 16

定向向上：M30.1　　　返回主程序：S0.5
├ ┤├ ──────────────(SCRT)
定向向下：M30.2
├ ┤├

网络 17　　内呼判断步结束

──(SCRE)

网络 18　　外呼判断步开始

外呼判断：S0.4
SCR

网络 19　　外呼判断：呼叫信号大于平层信号定向向上 M30.1 闭合
　　　　　　　　呼叫信号小于平层信号定向向下 M30.2 闭合

始终闭合：SM0.0　　　外呼数据：VB2　　　定向向上：M30.1
├ ┤├ ────────├ >B ├────────────(S)
　　　　　　　　　　　　楼层号：VB0　　　　　　1
　　　　　　　　　　　　　　　　　　　　定向向下：M30.2
　　　　　　　　　　　　　　　　　　　　(R)
　　　　　　　　　　　　　　　　　　　　　1
　　　　　　　　　　　　外呼数据：VB2　　　定向向下：M30.2
　　　　　　　　　　　　├ <B ├────────────(S)
　　　　　　　　　　　　楼层号：VB0　　　　　　1
　　　　　　　　　　　　　　　　　　　　定向向上：M30.1
　　　　　　　　　　　　　　　　　　　　(R)
　　　　　　　　　　　　　　　　　　　　　1

网络 20

定向向上：M30.1　　　返回主程序：S0.5
├ ┤├ ──────────────(SCRT)
定向向下：M30.2
├ ┤├

网络 21　　内呼判断步结束

──(SCRE)

网络 22　　返回主程序步开始

返回主程序：S0.5
SCR

网络 23

始终闭合：SM0.0　　　定向向上：M30.1　　　有无呼梯：S0.0
├ ┤├ ──────────├ ┤├ ──────────────(SCRT)
　　　　　　　　　　　　定向向下：M30.2
　　　　　　　　　　　　├ ┤├

网络 24　　返回主程序步结束

──(SCRE)

网络 25

返回主程序：S0.5
├ ┤├ ──────────────(RET)

图 3-40 三层电梯的 PLC 控制电路的梯形图（续）

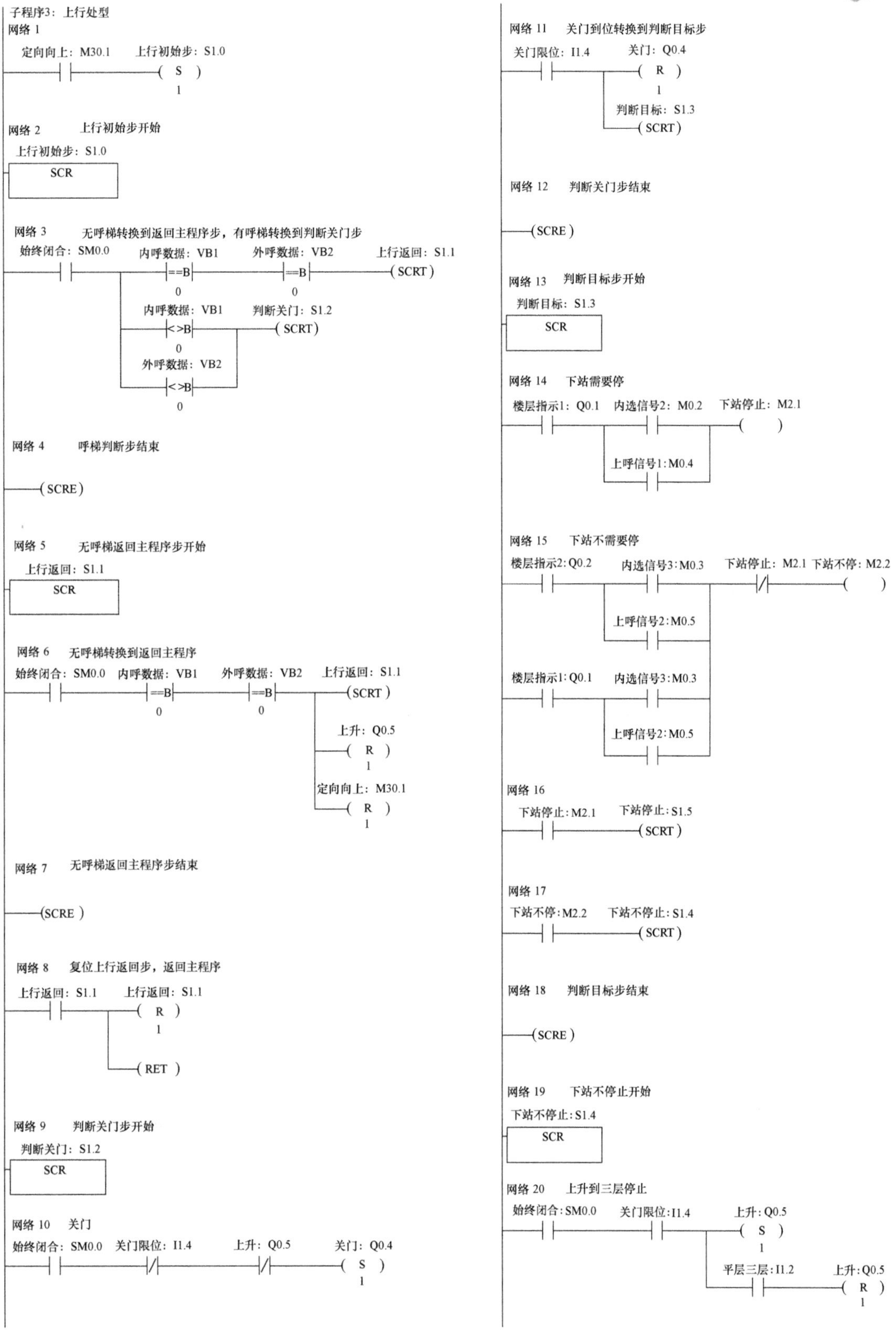

子程序3：上行处型

网络 1

定向向上：M30.1　　上行初始步：S1.0
├─┤ ├──────────────(S)
　　　　　　　　　　　　　1

网络 2　　上行初始步开始

上行初始步：S1.0
┌─────────┐
│　　SCR　　│
└─────────┘

网络 3　　无呼梯转换到返回主程序步，有呼梯转换到判断关门步

始终闭合：SM0.0　内呼数据：VB1　外呼数据：VB2　上行返回：S1.1
├─┤ ├───┤==B├───┤==B├──────(SCRT)
　　　　　　　0　　　　0

　　　　　　内呼数据：VB1　判断关门：S1.2
　　　　　├─┤<>B├──────(SCRT)
　　　　　　　0
　　　　　　外呼数据：VB2
　　　　　├─┤<>B├
　　　　　　　0

网络 4　　呼梯判断步结束

──(SCRE)

网络 5　　无呼梯返回主程序步开始

上行返回：S1.1
┌─────────┐
│　　SCR　　│
└─────────┘

网络 6　　无呼梯转换到返回主程序

始终闭合：SM0.0　内呼数据：VB1　外呼数据：VB2　上行返回：S1.1
├─┤ ├───┤==B├───┤==B├──────(SCRT)
　　　　　　　0　　　　0
　　　　　　　　　　　　　　　　　　上升：Q0.5
　　　　　　　　　　　　　　　　　　─(R)
　　　　　　　　　　　　　　　　　　　1
　　　　　　　　　　　　　　　　　定向向上：M30.1
　　　　　　　　　　　　　　　　　─(R)
　　　　　　　　　　　　　　　　　　1

网络 7　　无呼梯返回主程序步结束

──(SCRE)

网络 8　　复位上行返回步，返回主程序

上行返回：S1.1　　上行返回：S1.1
├─┤ ├──────(R)
　　　　　　　　　1
　　　　　　　└──(RET)

网络 9　　判断关门步开始

判断关门：S1.2
┌─────────┐
│　　SCR　　│
└─────────┘

网络 10　　关门

始终闭合：SM0.0　关门限位：I1.4　上升：Q0.5　关门：Q0.4
├─┤ ├───┤/├───┤/├──────(S)
　　　　　　　　　　　　　　　　　1

网络 11　　关门到位转换到判断目标步

关门限位：I1.4　　关门：Q0.4
├─┤ ├──────(R)
　　　　　　　　　1
　　　　　　判断目标：S1.3
　　　　　──(SCRT)

网络 12　　判断关门步结束

──(SCRE)

网络 13　　判断目标步开始

判断目标：S1.3
┌─────────┐
│　　SCR　　│
└─────────┘

网络 14　　下站需要停

楼层指示1：Q0.1　内选信号2：M0.2　下站停止：M2.1
├─┤ ├───┬─┤ ├──────( )
　　　　　│
　　　　上呼信号1：M0.4
　　　　└─┤ ├

网络 15　　下站不需要停

楼层指示2：Q0.2　内选信号3：M0.3　下站停止：M2.1　下站不停：M2.2
├─┤ ├───┬─┤ ├───┤/├──────( )
　　　　　│
　　　　上呼信号2：M0.5
　　　　└─┤ ├

楼层指示1：Q0.1　内选信号3：M0.3
├─┤ ├───┬─┤ ├
　　　　　│
　　　　上呼信号2：M0.5
　　　　└─┤ ├

网络 16

下站停止：M2.1　　下站停止：S1.5
├─┤ ├──────(SCRT)

网络 17

下站不停：M2.2　　下站不停止：S1.4
├─┤ ├──────(SCRT)

网络 18　　判断目标步结束

──(SCRE)

网络 19　　下站不停止开始

下站不停止：S1.4
┌─────────┐
│　　SCR　　│
└─────────┘

网络 20　　上升到三层停止

始终闭合：SM0.0　关门限位：I1.4　上升：Q0.5
├─┤ ├───┤ ├──────(S)
　　　　　　　　　　　　1
　　　　平层三层：I1.2　上升：Q0.5
　　　　├─┤ ├──────(R)
　　　　　　　　　　　　1

图 3-40 三层电梯的 PLC 控制电路的梯形图（续）

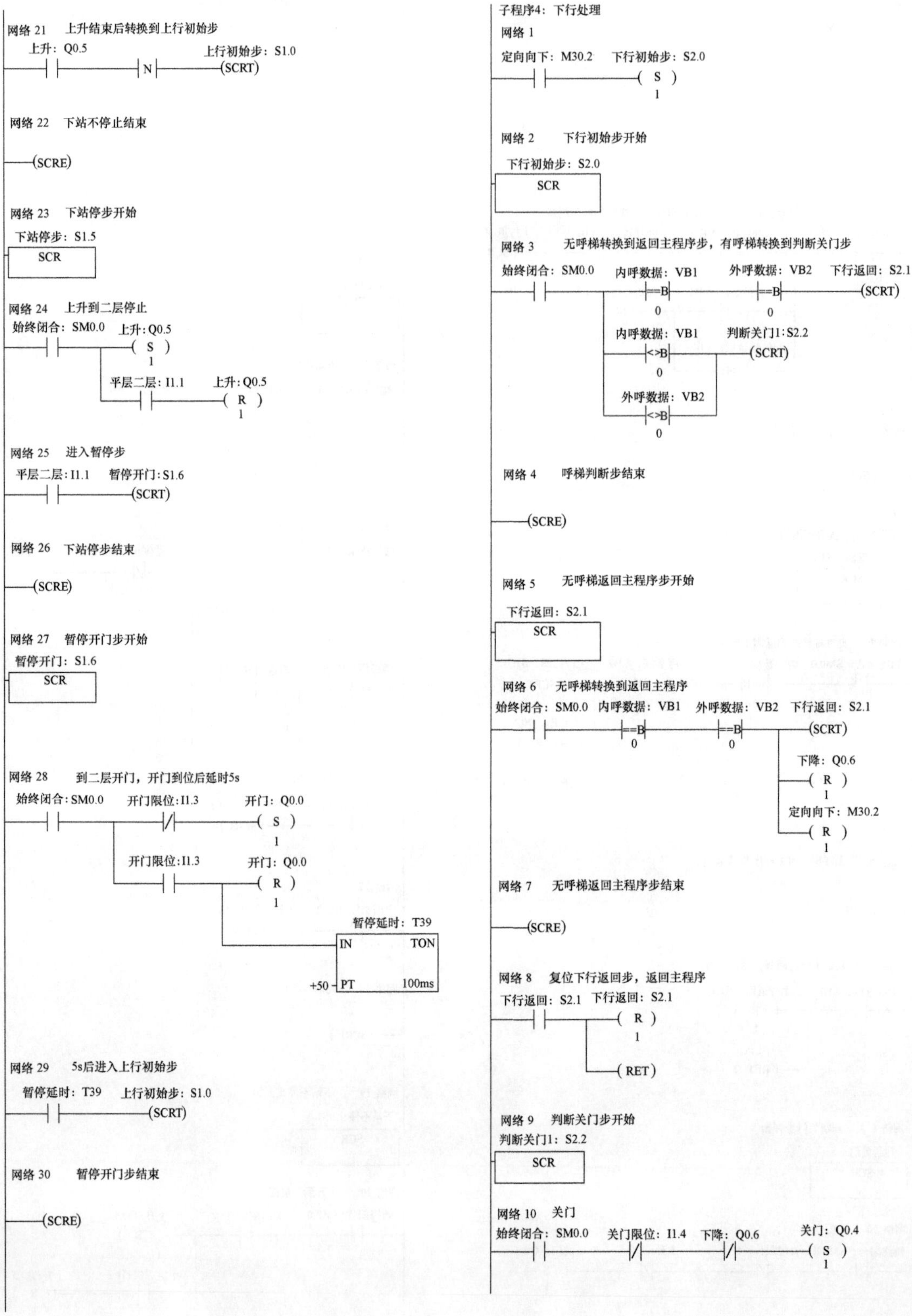

网络 21　上升结束后转换到上行初始步
上升：Q0.5　　　　　　上行初始步：S1.0
———| N |———（SCRT）

网络 22　下站不停止结束
———（SCRE）

网络 23　下站停步开始
下站停步：S1.5
SCR

网络 24　上升到二层停止
始终闭合：SM0.0　上升：Q0.5
———| |———（S）1
平层二层：I1.1　上升：Q0.5
———| |———（R）1

网络 25　进入暂停步
平层二层：I1.1　暂停开门：S1.6
———| |———（SCRT）

网络 26　下站停步结束
———（SCRE）

网络 27　暂停开门步开始
暂停开门：S1.6
SCR

网络 28　到二层开门，开门到位后延时5s
始终闭合：SM0.0　开门限位：I1.3　开门：Q0.0
———| |———|/|———（S）1
开门限位：I1.3　开门：Q0.0
———| |———（R）1
暂停延时：T39
IN　　TON
+50 - PT　　100ms

网络 29　5s后进入上行初始步
暂停延时：T39　上行初始步：S1.0
———| |———（SCRT）

网络 30　暂停开门步结束
———（SCRE）

子程序4：下行处理

网络 1
定向向下：M30.2　下行初始步：S2.0
———| |———（S）1

网络 2　下行初始步开始
下行初始步：S2.0
SCR

网络 3　无呼梯转换到返回主程序步，有呼梯转换到判断关门步
始终闭合：SM0.0　内呼数据：VB1　外呼数据：VB2　下行返回：S2.1
———| |———|==B|———|==B|———（SCRT）
　　　　　　　　0　　　　　0
内呼数据：VB1　判断关门1：S2.2
|<>B|———（SCRT）
　0
外呼数据：VB2
|<>B|
　0

网络 4　呼梯判断步结束
———（SCRE）

网络 5　无呼梯返回主程序步开始
下行返回：S2.1
SCR

网络 6　无呼梯转换到返回主程序
始终闭合：SM0.0　内呼数据：VB1　外呼数据：VB2　下行返回：S2.1
———| |———|==B|———|==B|———（SCRT）
　　　　　　　　0　　　　　0
下降：Q0.6
（R）1
定向向下：M30.2
（R）1

网络 7　无呼梯返回主程序步结束
———（SCRE）

网络 8　复位下行返回步，返回主程序
下行返回：S2.1　下行返回：S2.1
———| |———（R）1
（RET）

网络 9　判断关门步开始
判断关门1：S2.2
SCR

网络 10　关门
始终闭合：SM0.0　关门限位：I1.4　下降：Q0.6　关门：Q0.4
———| |———|/|———| |———（S）1

图 3-40　三层电梯的 PLC 控制电路的梯形图（续）

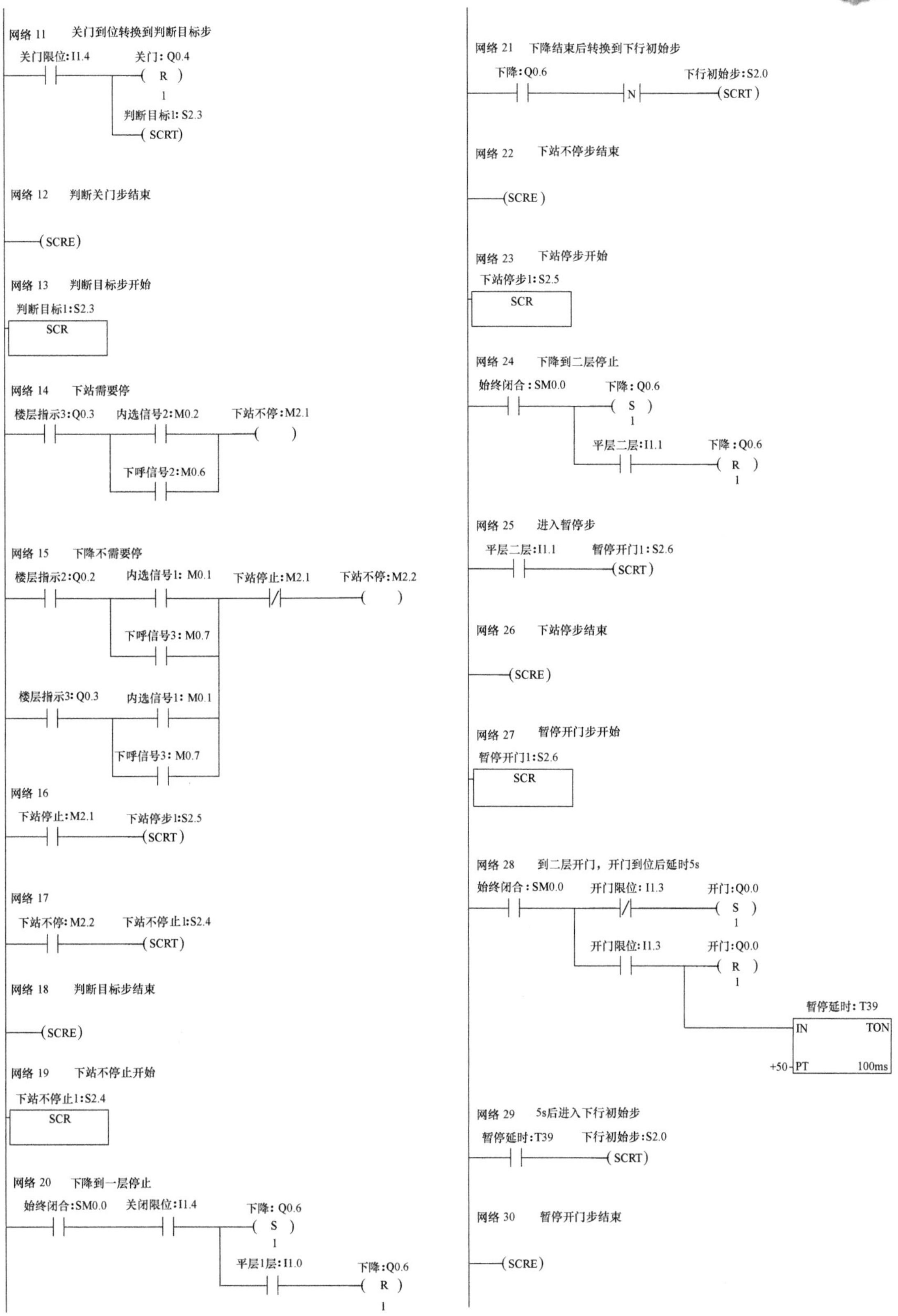

网络 11　关门到位转换到判断目标步
关门限位:I1.4　　关门:Q0.4
　├─┤ ├──────(R)
　　　　　　　　　1
　　　　　　判断目标1:S2.3
　　　　　　──(SCRT)

网络 12　判断关门步结束
──(SCRE)

网络 13　判断目标步开始
判断目标1:S2.3
┌─────┐
│ SCR │
└─────┘

网络 14　下站需要停
楼层指示3:Q0.3　内选信号2:M0.2　下站不停:M2.1
　├─┤ ├──────┤ ├──────────( )
　　　　　　下呼信号2:M0.6
　　　　　　├─┤ ├─

网络 15　下降不需要停
楼层指示2:Q0.2　内选信号1: M0.1　下站停止:M2.1　下站不停:M2.2
　├─┤ ├──────┤ ├──────┤/├──────( )
　　　　　　下呼信号3:M0.7
　　　　　　├─┤ ├─

楼层指示3:Q0.3　内选信号1:M0.1
　├─┤ ├──────┤ ├─
　　　　　　下呼信号3:M0.7
　　　　　　├─┤ ├─

网络 16
下站停止:M2.1　　下站停步1:S2.5
　├─┤ ├──────(SCRT)

网络 17
下站不停:M2.2　下站不停止1:S2.4
　├─┤ ├──────(SCRT)

网络 18　判断目标步结束
──(SCRE)

网络 19　下站不停止开始
下站不停止1:S2.4
┌─────┐
│ SCR │
└─────┘

网络 20　下降到一层停止
始终闭合:SM0.0　关闭限位:I1.4　　下降:Q0.6
　├─┤ ├──────┤ ├──────(S)
　　　　　　　　　　　　　　1
　　　　　平层1层:I1.0　　下降:Q0.6
　　　　　├─┤ ├──────(R)
　　　　　　　　　　　　　1

网络 21　下降结束后转换到下行初始步
下降:Q0.6　　　　　　下行初始步:S2.0
　├─┤ ├──┤N├──────(SCRT)

网络 22　下站不停步结束
──(SCRE)

网络 23　下站停步开始
下站停步1:S2.5
┌─────┐
│ SCR │
└─────┘

网络 24　下降到二层停止
始终闭合:SM0.0　　　　下降:Q0.6
　├─┤ ├──────(S)
　　　　　　　　　　　1
　　　　　平层二层:I1.1　　下降:Q0.6
　　　　　├─┤ ├──────(R)
　　　　　　　　　　　　1

网络 25　进入暂停步
平层二层:I1.1　　暂停开门1:S2.6
　├─┤ ├──────(SCRT)

网络 26　下站停步结束
──(SCRE)

网络 27　暂停开门步开始
暂停开门1:S2.6
┌─────┐
│ SCR │
└─────┘

网络 28　到二层开门,开门到位后延时5s
始终闭合:SM0.0　开门限位:I1.3　　开门:Q0.0
　├─┤ ├──────┤/├──────(S)
　　　　　　　　　　　　　　1
　　　　　开门限位:I1.3　　开门:Q0.0
　　　　　├─┤ ├──────(R)
　　　　　　　　　　　　1
　　　　　　　　　　　　　暂停延时:T39
　　　　　　　　　　　┌─────────┐
　　　　　　　　　　　IN　　　TON
　　　　　　　+50─PT　　　100ms

网络 29　5s后进入下行初始步
暂停延时:T39　下行初始步:S2.0
　├─┤ ├──────(SCRT)

网络 30　暂停开门步结束
──(SCRE)

第四章 PLC功能指令

第一节 数据传送类指令

扫一扫看视频

单一数据
传送指令

104

S7-200 与 S7-200 SMART CPU 指令系统为存储单元之间数据的传递提供了数据传送指令，两者指令基本相同，本章以 S7-200 SMART 为例进行指令学习。数据传送指令有字节、字、双字和实数的单一传送指令，字节立即传送（读和写）指令和以字节、字、双字为单位的数据块的块传送指令。

一、单一传送指令

单一传送指令可以进行一个数据的传送，数据类型可以是一个字节、字、双字、和实数。具体指令介绍见表4-1。

表 4-1　单一传送指令表

单一传送指令	梯 形 图	指令	指令功能	数据类型及操作数
字节传送	MOV_B EN　ENO ????－IN　OUT－????	MOVB IN,OUT	使能输入（EN）有效时，将1个无符号的单字节数据 IN 传送到 OUT 中	数据类型:字节 IN/OUT 操作数：VB、IB、QB、MB、SMB、LB、SB、AC、*VD、*AC、*LD 和常数（注:OUT 操作数没有常数）
字传送	MOV_W EN　ENO ????－IN　OUT－????	MOVW IN,OUT	使能输入（EN）有效时，将1个无符号的单字长数据 IN 传送到 OUT 中	数据类型:字 IN/OUT 操作数：VW、IW、QW、MW、SW、SMW、LW、AC、*VD、*AC、*LD、T、C、常数（注:OUT 操作数中没有常数）
双字传送	MOV_DW EN　ENO ????－IN　OUT－????	MOVD IN,OUT	使能输入（EN）有效时，将1个有符号的双字长数据传送到以输出字节 OUT	数据类型:双字 IN/OUT 操作数：VD、ID、QD、MD、SMD、LD、AC、*VD、*AC、*LD、常数（注:OUT 操作数中没有常数）
实数传送	MOV_R EN　ENO ????－IN　OUT－????	MOVR IN,OUT	使能输入（EN）有效时，将1个有符号的双字长实数数据传送到 OUT 中	数据类型:实数 IN/OUT 操作数：VD、ID、QD、MD、SMD、LD、AC、*VD、*AC、*LD、常数（注:OUT 操作数中没有常数）

二、字节立即传送指令

字节立即传送指令允许在物理 I/O 和存储器之间立即传送一个字节数据。字节立即传送指令包括字节立即读（Byte Immediately Read，BIR）指令和字节立即写（Byte Immediately Write，BIR）指令，其梯形图和语句表见表 4-2。

表 4-2 字节立即传送（读和写）指令的梯形图和语句表

指令名称	梯 形 图	语句表	指 令 功 能	操作数及数据类型
字节立即读指令	MOV_BIR EN ENO IN OUT	BIR IN,OUT	BIR 指令读取实际输入端 IN 给出的一个字节的数值，并将结果写入 OUT 所指定的存储单元，但输入映像寄存器未更新	IN:IB、*VD、*LD、*AC；数据类型:字节 OUT:VB、IB、QB、MB、SB、SMB、LB、AC、*VD、*AC、*LD；数据类型:字节
字节立即写指令	MOV_BIW EN ENO IN OUT	BIW IN,OUT	BIW 指令从输入 IN 所指定的存储单元中读取一个字节的数值并写入（以字节为单位）实际输出 OUT 端的物理输出点，同时刷新对应的输出映像寄存器	IN:VB、IB、QB、MB、SB、SMB、LB、AC、*VD、*AC、*LD、常数；数据类型:字节 OUT:QB、*VD、*LD、*AC；数据类型:字节

三、块传送指令

块传送指令用来进行一次传送多个数据，将最多可达 255 个的数据组成一个数据块。数据块的类型注意有字节块、字块、和双字块，具体指令的介绍见表 4-3。

扫一扫看视频

块传送指令

表 4-3 块传送指令表

块传送指令	梯 形 图	指令	指 令 功 能	数据类型及操作数
字节块传送	BLKMOV_B EN ENO ????-IN OUT-???? ????-N	BMB IN,OUT,N	使能输入（EN）有效时，把从输入（IN）字节开始的 N 个字节数据传送到以输出字节（OUT）开始的 N 个字节存储单元中	数据类型:字节 IN/OUT 操作数:VB、IB、QB、MB、SMB、LB、AC、HC、*VD、*AC、*LD N 操作数:VB、IB、QB、MB、SMB、LB、AC、*VD、*AC、*LD
字块传送	BLKMOV_W EN ENO ????-IN OUT-???? ????-N	BMW IN,OUT,N	使能输入（EN）有效时，把从输入（IN）字开始的 N 个字节数据传送到以输出字节（OUT）开始的 N 个字存储单元中	数据类型:字 IN/OUT 操作数:VW、IW、QW、MW、AIW、SMW、LW、AC、AQW、HC、*VD、*AC、*LD、T、C N 数据类型:字节；操作数:VB、IB、QB、MB、SMB、LB、AC、*VD、*AC、*LD
双字块传送	BLKMOV_D EN ENO ????-IN OUT-???? ????-N	BMD IN,OUT,N	使能输入（EN）有效时，把从输入（IN）字开始的 N 个字节数据传送到以输出字节（OUT）开始的 N 个双字存储单元中	数据类型:双字 IN/OUT 操作数:VD、ID、QD、MD、SMD、LD、AC、*VD、*AC、*LD N 数据类型:字节；操作数:VB、IB、QB、MB、SMB、LB、AC、*VD、*AC、*LD 和常数

四、指令应用

1 字节传送指令应用

编写一段程序，将常数 88 传送到 VB0 中。程序如图 4-1 所示，字节 VB0 中的数据为 88。注意：若将输出 VB0 改成 VW0，则程序出错，因为单字节传送的操作数不能为字。

图 4-1 单字节传送程序示例

扫一扫看视频

字节传送
指令应用

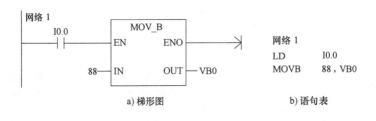

2 字传送指令应用

将十六进制数 16#E071 传送到 QW0 中，程序如图 4-2 所示，则字节 QB0 中的数据为 2#11100000，字节 QB1 中的数据为 2#01110001。若将输出 QW0 改成 QB0，则程序出错，因为单字传送的操作数不能为字节。

图 4-2 单字传送程序示例

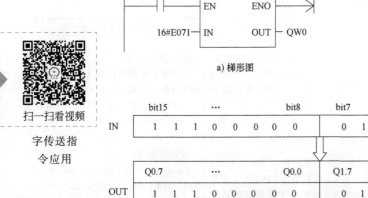

扫一扫看视频

字传送指
令应用

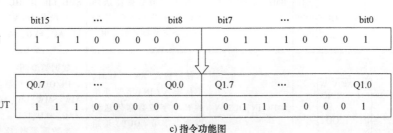

3 字节块传送指令应用

编写一段程序，将以 VB0 开始的四个字节的内容传送至 VB10 开始的四个字节存储单元中，VB0～VB3 的数据分别为 2、3、4、5。程序如图 4-3 所示。当 I0.0 接通后，程序运行结果见表 4-4。

图 4-3 字节块传送程序示例

a) 梯形图   b) 语句表

表 4-4 程序运行结果示意表

输入数据	2	3	4	5
数据地址	VB0	VB1	VB2	VB3
输出数据	2	3	4	5
数据地址	VB10	VB11	VB12	VB13

4 传送指令综合应用

存储器初始化程序是用于 PLC 开机运行时对某些存储器清零或设置的一种操作，常采用传送指令来编程。若开机运行时将 VB20 清零，将 VW20 设置为 200，则对应的梯形图程序如图 4-4 所示。

图 4-4 存储器的清零与设置

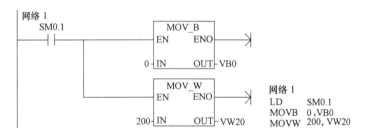

a) 梯形图   b) 语句表

第二节 比较操作类指令

一、比较操作指令

比较指令是在指定的条件下比较两个操作数的大小，条件成立时，触点闭合。在实际应用中，比较指令为上、下限位控制以及数值条件判断提供了方便。比较指令包括相等指令（= =）、小于等于指令（<=）、大于等于指令（>=）、大于（>）、小于（<）、不等指令（<>）等。比较指令的类型有字节比较、整数比较、双字整数比较、实数比较和字符串比较，下面主要介绍数值比较指令，见表 4-5。

扫一扫看视频

比较指令

表 4-5　数值比较指令表

指令名称	梯形图	语　句　表	指　令　功　能	操作数范围及数据类型
字节比较指令	IN1 ─┤>B├─ IN2	LDB>IN1,IN2 AB>IN1,IN2 OB>IN1,IN2	字节比较用于比较两个字节型整数值 IN1 和 IN2 的大小,条件满足时,触点接通。字节比较是无符号的	IN1、IN2:IB、QB、MB、SMB、VB、SB、LB、AC、*VD、*AC、*LD、常数;数据类型:字节 OUT:I、Q、M、SM、T、C、V、S、L、使能位;数据类型:位
	IN1 ─┤>=B├─ IN2	LDB>=IN1,IN2 AB>=IN1,IN2 OB>=IN1,IN2		
	IN1 ─┤==B├─ IN2	LDB=IN1,IN2 AB=IN1,IN2 OB=IN1,IN2		
	IN1 ─┤<=B├─ IN2	LDB<=IN1,IN2 AB<=IN1,IN2 OB<=IN1,IN2		
	IN1 ─┤<=B├─ IN2	LDB<IN1,IN2 AB<IN1,IN2 OB<IN1,IN2		
	IN1 ─┤<>B├─ IN2	LDB<>IN1,IN2 AB<>IN1,IN2 OB<>IN1,IN2		
整数比较指令	IN1 ─┤>I├─ IN2	LDW>IN1,IN2 AW>IN1,IN2 OW>IN1,IN2	整数比较用于比较两个一个字长的整数值 IN1 和 IN2 的大小,条件满足时,触点接通。整数比较是有符号的(最高位为符号位),其范围是 16#8000 ~ 6#7FFF。例如,16#7FFF>16#8000(后者为负数)	IN1、IN2:IW、QW、MW、SW、SMW、T、C、VW、LW、AIW、AC、*VD、*LD、*AC、常数;数据类型:整数 OUT:I、Q、M、SM、T、C、V、S、L、使能位;数据类型:位
	IN1 ─┤>=I├─ IN2	LDW>=IN1,IN2 AW>=IN1,IN2 OW>=IN1,IN2		
	IN1 ─┤==I├─ IN2	LDW=IN1,IN2 AW=IN1,IN2 OW=IN1,IN2		
	IN1 ─┤<=I├─ IN2	LDW<=IN1,IN2 AW<=IN1,IN2 OW<=IN1,IN2		
	IN1 ─┤<I├─ IN2	LDW<IN1,IN2 AW<IN1,IN2 OW<IN1,IN2		
	IN1 ─┤<>I├─ IN2	LDW<>IN1,IN2 AW<>IN1,IN2 OW<>IN1,IN2		

（续）

指令名称	梯形图	语 句 表	指 令 功 能	操作数范围及数据类型
双字整数比较指令	IN1 —| >D |— IN2	LDD>IN1,IN2 AD>IN1,IN2 OD>IN1,IN2	双字整数比较用于比较两个双字长整数值IN1和IN2的大小,条件满足时,触点接通。它们的比较也是有符号的(最高位为符号位),其范围是6#80000000~16#7FFFFFFF。例如,16#7FFFFFFF>16#80000000(后者为负数)	IN1、IN2:ID、QD、MD、SD、SMD、VD、LD、HC、AC、*VD、*LD、*AC、常数;数据类型:双整数 OUT:I、Q、M、SM、T、C、V、S、L、使能位;数据类型:位
	IN1 —| >=D |— IN2	LDD>=IN1,IN2 AD>=IN1,IN2 OD>=IN1,IN2		
	IN1 —| ==D |— IN2	LDD=IN1,IN2 AD=IN1,IN2 OD=IN1,IN2		
	IN1 —| <=D |— IN2	LDD<=IN1,IN2 AD<=IN1,IN2 OD<=IN1,IN2		
	IN1 —| <D |— IN2	LDD<IN1,IN2 AD<IN1,IN2 OD<IN1,IN2		
	IN1 —| <>D |— IN2	LDD<>IN1,IN2 AD<>IN1,IN2 OD<>IN1,IN2		
实数比较指令	IN1 —| >R |— IN2	LDR>IN1,IN2 AR>IN1,IN2 OR>IN1,IN2	实数比较用于比较两个双字长实数值IN1和IN2的大小,条件满足时,触点接通。实数比较是有符号的(最高位为符号位)。负实数范围为-1.175495E-38~-3.402823E+38,正实数范围是+1.175495E-38~+3.402823E+38	IN1、IN2:ID、QD、MD、SD、SMD、VD、LD、AC、*VD、*LD、*AC、常数;数据类型:实数 OUT:I、Q、M、SM、T、C、V、S、L、使能位;数据类型:位
	IN1 —| >=R |— IN2	LDR>=IN1,IN2 AR>=IN1,IN2 OR>=IN1,IN2		
	IN1 —| ==R |— IN2	LDR=IN1,IN2 AR=IN1,IN2 OR=IN1,IN2		
	IN1 —| <=R |— IN2	LDR<=IN1,IN2 AR<=IN1,IN2 OR<=IN1,IN2		
	IN1 —| <R |— IN2	LDR<IN1,IN2 AR<IN1,IN2 OR<IN1,IN2		
	IN1 —| <>R |— IN2	LDR<>IN1,IN2 AR<>IN1,IN2 OR<>IN1,IN2		

二、指令应用

1 字节比较指令应用

如图 4-5 所示，用接通延时定时器和数值比较指令可组成占空比可调的脉冲发生器（断电 6s、通电 4s）。Q0.0 为 0 的时间取决于数值比较指令（LDW>=T37，60）中的第二个操作数的值。

图 4-5　接通延时定时器和数值比较指令组成脉冲发生器

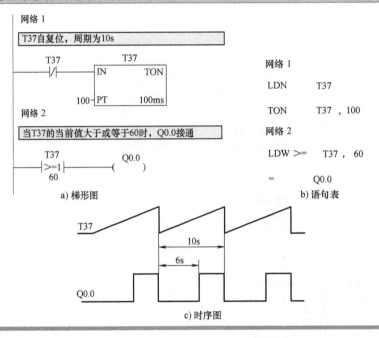

a) 梯形图　　b) 语句表

c) 时序图

2 整数比较指令应用

（1）应用 1　图 4-6 所示为变量存储器 VW100 中的数值与十进制数 50 相比较，当变量存储器 VW100 中的数值等于十进制数 50 时，常开触点接通，线圈 Q0.0 有输出。

图 4-6　整数比较指令的应用程序

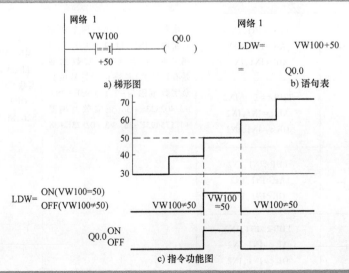

a) 梯形图　　b) 语句表

c) 指令功能图

（2）应用 2　图 4-7 所示为整数比较指令应用梯形图程序。当 I0.0 触点由断开到接通时，CU 端接收一次脉冲，计数器的值加 1，当计数值等于 2，即整数比较指令 C5 = 2 时，触点接通，Q0.0 接通；当复位（R）端的 I0.1 接通时，C5 计数器复位，当前值清零。

图 4-7　整数比较指令的应用

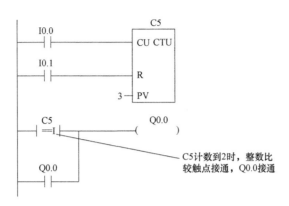

（3）应用 3　图 4-8 所示为用比较指令来实现电动机的起动与停止的梯形图程序。按下起动按钮 SB1，第一台电动机起动运转；5s 以后第二台电动机起动运转，再过 5s 后第三台电动机又起动运转；按下停止按钮 SB2，第三台电动机停止，随后过 5s 第二台电动机停止，再过 5s 第一台电动机停止。

图 4-8　电动机控制梯形图

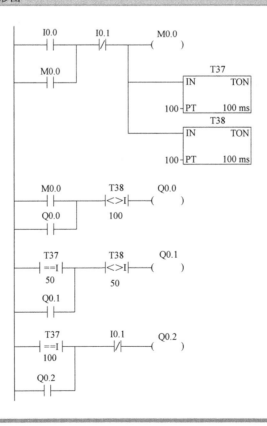

一、循环指令

循环指令的引入为解决重复执行相同功能的程序提供了极大方便，并且优化了程序结构，特别在进行大量相同功能地计算和逻辑处理时，循环指令非常有用。循环指令有两条，即循环开始指令（FOR）和循环结束指令（NEXT），具体指令介绍见表4-6所示。

表 4-6 循环指令表

指令类型	梯 形 图	指令	指令功能	数据类型及操作数
循环开始 FOR	FOR EN ENO ????-INDX ????-INIT ????-FINAL	FOR INDX, INIT,FINAL	FOR 指令为指令盒格式，主要执行 FOR 和 NEXT 之间的指令，使能输入 EN，当前值计数器 INDX，循环次数初始值 INIT，循环计数终值 FINAL	数据类型：整数 INDX：VW、IW、QW、MW、SW、SMW、LW、T、C、AC、*VD、*LD、*AC FINAL 和 INIT：VW、IW、QW、MW、SW、SMW、LW、T、C、AIW、AC、常量、*VD、*AC、*LD
循环结束 NEXT	——(NEXT)	NEXT	循环结束	无

二、指令应用

图 4-9 所示为循环指令应用的梯形图及语句表。当 I0.0 接通时，外层循环执行 100 次；当 I0.1 接通时，内层循环执行两次。

图 4-9 循环指令应用

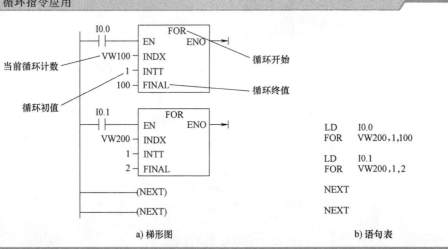

a) 梯形图   b) 语句表

使用说明：

1）FOR 指令必须与 NEXT 指令配套使用。

2）指令允许循环嵌套使用，最多可嵌套八层。

3）每次启用循环指令时，它将初始值 INIT 传送到循环计数 INDX 中。

移位指令在 PLC 控制中是比较常用的，根据移位的数据长度可分为字节型移位，字型移位和双字型移位；根据移位的方向可分为左移和右移，还可进行循环左移和循环右移。

一、左/右移位指令

移位指令的功能是将 IN 中的数的各位向右或向左移动 N 位后，送给 OUT。移位指令对移出的位自动补零。如果移位的位数 N 大于或等于允许值（如字节操作为 8，字操作为 16，双字操作为 32），应对 N 进行取模操作。例如，对于字移位，将 N 除以 16 后取余数，从而得到一个有效的移位次数。取模操作的结果对于字节操作是 0~7，对于字操作是 0~15，对于双字操作是 0~31。如果 N 分别等于 8、16、32，则不进行移位操作。所有的移位指令中的 N 均为字节型数据。如果移位次数大于零，则"溢出"存储器位 SM1.1 保存最后一次被移出的位的值。如果移出结果为零，则零标志位 SM1.0 被置 1。移位指令的具体介绍见表 4-7。

表 4-7 移位指令表

移位指令	梯形图	指令	指令功能	数据类型及操作数
字节左移指令 SLB	SHL_B EN ENO ????-IN OUT-???? ????-N	SLB OUT,N	当输入 EN 有效时，将字节型输入数据 IN 左移 N 位（N≤8）后，右端移出位补 0，送到 OUT 指定的字节存储单元	数据类型:字节 IN/N:VB、IB、QB、MB、SMB、LB、AC、*VD、*AC、*LD、常数 OUT:VB、IB、QB、MB、SMB、LB、AC、*VD、*AC、*LD
字节右移指令 SRB	SHR_B EN ENO ????-IN OUT-???? ????-N	SRB OUT,N	当输入 EN 有效时，将字节型输入数据 IN 右移 N 位（N≤8）后，左端移出位补 0，送到 OUT 指定的字节存储单元	
字左移指令 SLW	SHL_W EN ENO ????-IN OUT-???? ????-N	SLW OUT,N	当输入 EN 有效时，将字型输入数据 IN 左移 N 位（N≤16）后，送到 OUT 指定的字存储单元	IN/OUT 数据类型:字 操作数:VW、IW、QW、MW、SW、SMW、LW、AIW、AC、*VD、*AC、*LD、常数(注:OUT 操作数中没有常数) N 数据类型:字节 操作数:VB、IB、QB、MB、SB、SMB、LB、AC、*VD、*AC、*LD、常数
字右移指令 SRW	SHR_W EN ENO ????-IN OUT-???? ????-N	SRW OUT,N	当输入 EN 有效时，将字型输入数据 IN 右移 N 位（N≤16）后，送到 OUT 指定的字存储单元	
双字左移指令 SLD	SHL_DW EN ENO ????-IN OUT-???? ????-N	SLD OUT,N	当输入 EN 有效时，将双字型输入数据 IN 左移 N 位（N≤32）后，送到 OUT 指定的双字存储单元	IN/OUT 数据类型:双字 操作数:VD、ID、QD、MD、SD、SMD、LD、HC、AC、*VD、*AC、*LD 和常数(注:OUT 操作数中没有常数) N 数据类型:字节 操作数:VB、IB、QB、MB、SB、SMB、LB、AC、*VD、*AC、*LD、常数
双字右移指令 SRD	SHR_DW EN ENO ????-IN OUT-???? ????-N	SRD OUT,N	当输入 EN 有效时，将双字型输入数据 IN 右移 N 位（N≤32）后，送到 OUT 指定的双字存储单元	

二、循环左/右移位指令

循环移位指令的功能是将 IN 中的各位向左或向右循环移动 N 位后，送给 OUT。循环移位是环形的，即被移出来的位将返回到另一端空出来的位置，具体指令介绍见表 4-8。如果移动的位数 N 大于或等于允许值（字节操作为 8，字操作为 16，双字操作为 32），则执行循环移位之前先对 N 进行取模操作。如果取模操作的结果为零，则不进行循环移位操作。

如果循环移位指令被执行，则移出的最后一位的数值会被复制到溢出标志位（SM1.1）。

如果实际移位次数为零，则零标志位（SM1.0）被置为 1。

另外，字节操作是无符号的，对于字和双字操作，当使用有符号数据类型时，符号位也被移位。

表 4-8 循环移位指令表

循环移位指令	梯 形 图	指 令	指 令 功 能	数据类型及操作数
字节循环左移指令 ROL_B	ROL_B EN ENO ????-IN OUT-???? ????-N	SLB OUT,N	当输入 EN 有效时,将字节型输入数据 IN 左移 N 位(N≤8)后,右端移出位补 0,送到 OUT 指定的字节存储单元	数据类型:字节 IN/N:VB、IB、QB、MB、SMB、LB、AC、*VD、*AC、*LD、常数 OUT:VB、IB、QB、MB、SMB、LB、AC、*VD、*AC、*LD
字节循环右移指令 ROR_B	ROR_B EN ENO ????-IN OUT-???? ????-N	SRB OUT,N	当输入 EN 有效时,将字节型输入数据 IN 右移 N 位(N≤8)后,左端移出位补 0,送到 OUT 指定的字节存储单元	
字循环左移指令 ROL_W	ROL_W EN ENO ????-IN OUT-???? ????-N	SLW OUT,N	当输入 EN 有效时,将字型输入数据 IN 左移 N 位(N≤16)后,送到 OUT 指定的字存储单元	IN/OUT 数据类型:字 操作数:VW、IW、QW、MW、SW、SMW、LW、AIW、AC、* VD、* AC、* LD、常数(注:OUT 操作数中没有常数) N 数据类型:字节 操作数:VB、IB、QB、MB、SB、SMB、LB、AC、*VD、*AC、*LD、常数
字循环右移指令 ROR_W	ROR_W EN ENO ????-IN OUT-???? ????-N	SRW OUT,N	当输入 EN 有效时,将字型输入数据 IN 右移 N 位(N≤16)后,送到 OUT 指定的字存储单元	
双字循环左移指令 ROL_DW	ROL_DW EN ENO ????-IN OUT-???? ????-N	SLD OUT,N	当输入 EN 有效时,将双字型输入数据 IN 左移 N 位(N≤32)后,送到 OUT 指定的双字存储单元	IN/OUT 数据类型:双字 操作数:VD、ID、QD、MD、SD、SMD、LD、HC、AC、*VD、*AC、*LD 和常数(注:OUT 操作数中没有常数) N 数据类型:字节 操作数:VB、IB、QB、MB、SB、SMB、LB、AC、*VD、*AC、*LD、常数
双字循环右移指令 ROR_DW	ROR_DW EN ENO ????-IN OUT-???? ????-N	SRD OUT,N	当输入 EN 有效时,将双字型输入数据 IN 右移 N 位(N≤32)后,送到 OUT 指定的双字存储单元	

三、寄存器移位指令

寄存器移位(SHift Register Bit,SHRB)指令是一个移位长度可以指定的移位指令,EN 使能端连接移位脉冲信号,每次使能有效时,整个移位寄存器移动 1 位。DATA 为数据输入端,连接移入移位寄存器的二进制数值,执行指令时将该位的值移入寄存器。S_BIT 指定移位寄存器的最低位。N 指定移位寄存器的长度和移位方向,移位寄存器的最大长度为 64 位,N 为正值表示左移位,输入数据(DATA)移入移位寄存器的最低位(S_BIT),并移出移位寄存器的最高位。其指令介绍见表 4-9。

表 4-9 SHRB 指令的梯形图和语句表

指令名称	梯 形 图	语句表	指 令 功 能	操 作 数
SHRB 指令	SHRB EN ENO DATA S_BIT N	SHRB ATA, S_BIT,N	EN 使能输入端有效,SHRB 指令将 DATA 数值移入移位寄存器	DATA、S_BIT:I、Q、M、SM、T、C、V、S、L;数据类型:布尔 N:VB、IB、QB、MB、SB、SMB、LB、AC、常数、*VD、*LD、*AC;数据类型:字节

四、指令应用

1 字左移指令应用

图 4-10 所示为一个移位指令的应用。

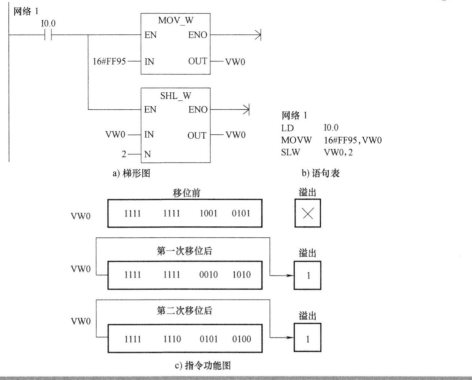

图 4-10　左移位指令的应用示例

网络 1

LD　　　I0.0
MOVW　　16#FF95,VW0
SLW　　　VW0,2

a) 梯形图　　　　　　　　b) 语句表

c) 指令功能图

移位使用说明：

1）被移位的数据是无符号的。

2）在移位时，存放被移位数据的编程元件的移出端与特殊继电器 SM1.1 连接，移出位进入 SM1.1（溢出），另一端自动补零。

3）移位次数 N 与移位数据的长度有关，如果 N 小于实际的数据长度，则执行 N 次移位；如果 N 大于数据长度，则执行移位的次数等于实际数据长度的位数。

2　字节移位指令应用

如图 4-11 所示，当 I0.0 输入有效时，将 VB10 左移四位送到 VB10，将 VB0 循环右移三位送到 VB0。

图 4-11　字节移位指令程序示例

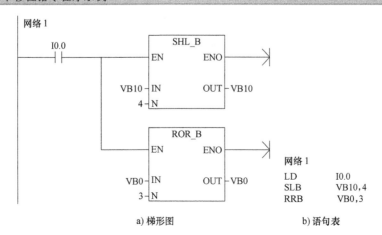

网络 1

LD　　　I0.0
SLB　　　VB10,4
RRB　　　VB0,3

a) 梯形图　　　　　　　　b) 语句表

图 4-11 字节移位指令程序示例（续）

VB10移位前　1110　0101

VB10移位后　0101　0000 → SM1.1 [0]

VB0循环移位前　1110　0100

VB0循环移位后 → 1001　1100 → SM1.1 [1]

c) 左移位指令功能图　　　　　　d) 循环右移位指令功能图

3　字循环右移指令应用

如图 4-12 所示，将 AC0 中的字循环右移两位，将 VW200 中的字左移三位。当 I1.0 接通时，将 AC0 中的数据 0100 0000 0000 0001 向右循环移动两位变为 0101 0000 0000 0000，同时将 VW200 中的数据 1110 0010 1010 1101 向左移动三位变为 0001 0101 0110 1000。

图 4-12　字移位指令程序示例

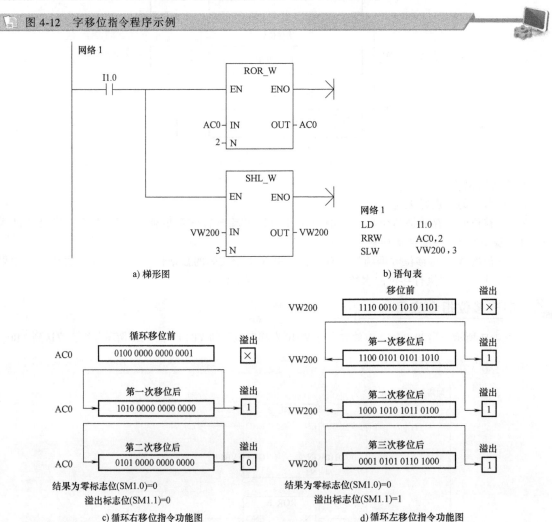

网络1

I1.0

ROR_W
EN　ENO
AC0 — IN　OUT — AC0
2 — N

SHL_W
EN　ENO
VW200 — IN　OUT — VW200
3 — N

a) 梯形图

网络1
LD　　I1.0
RRW　　AC0,2
SLW　　VW200,3

b) 语句表

循环移位前
AC0　0100 0000 0000 0001　溢出 [×]

第一次移位后
AC0　1010 0000 0000 0000　溢出 [1]

第二次移位后
AC0　0101 0000 0000 0000　溢出 [0]

结果为零标志位(SM1.0)=0
溢出标志位(SM1.1)=0

c) 循环右移位指令功能图

移位前
VW200　1110 0010 1010 1101　溢出 [×]

第一次移位后
VW200　1100 0101 0101 1010　溢出 [1]

第二次移位后
VW200　1000 1010 1011 0100　溢出 [1]

第三次移位后
VW200　0001 0101 0110 1000　溢出 [1]

结果为零标志位(SM1.0)=0
溢出标志位(SM1.1)=1

d) 循环左移位指令功能图

循环移位使用说明：

1）被移位的数据是无符号的。

2）在移位时，存放被移位数据的编程元件的移出端既与另一端连接，又与特殊继电器 SM1.1

连接，移出位在被移到另一端的同时，也进入 SM1.1（溢出）。

3）移位次数 N 与移位数据的长度有关，如果 N 小于实际的数据长度，则执行 N 次移位；如果 N 大于数据长度，则执行移位的次数等于实际数据长度的位数。

4 寄存器移位指令应用

图 4-13 所示为寄存器移位指令简单的应用示例，每次 I0.1 接通时，产生一个正向脉冲，从而引发一次移位，低位读入 I0.3 的状态数值（高或低），高位则溢出到 SM1.1 特殊寄存器。

图 4-13 SHRB 指令应用

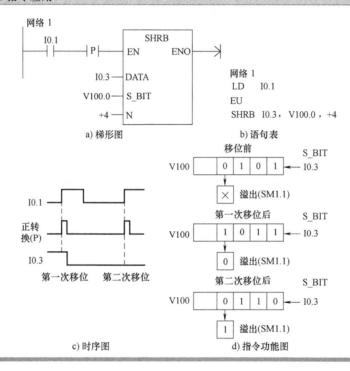

第五节 四则运算指令

一、增减指令

增减指令又称为自动加 1 或自动减 1 指令，数据的长度有字节、字、双字，指令的具体介绍见表 4-10。

表 4-10 增减指令表

增减指令	梯 形 图	指 令	功 能	数据类型及操作数
字节加 1	INC_B —EN ENO— ????—IN OUT—????	INCB OUT	使能输入有效时，把一字节长的无符号输入数（IN）加 1，得到一字节的无符号输出结果 OUT。执行的结果：IN+1=OUT	数据类型：字节 IN 操作数：VB、MB、IB、QB、SB、SMB、LB、AC、*VD、*AC、*LD、常数 OUT：VB、IB、QB、MB、SMB、SB、LB、AC、*VD、*AC、*LD
字节减 1	DEC_B —EN ENO— ????—IN OUT—????	DECB OUT	使能输入有效时，把一字节长的无符号输入数（IN）减 1，得到一字节的无符号输出结果 OUT。执行的结果：IN-1=OUT	

（续）

增减指令	梯 形 图	指令	功 能	数据类型及操作数
字加 1	INC_W EN ENO ????-IN OUT-????	INCW OUT	使能输入有效时,把一字长的有符号输入数(IN)加1,得到一字长的有符号输出结果 OUT。执行的结果:IN+1=OUT	数据类型:字 IN 操作数:VW、MW、IW、QW、SW、SMW、LW、AC、*VD、*AC、*LD、常数 OUT:VW、IW、QW、MW、SW、SMW、LW、AC、*VD、*AC、*LD
字减 1	DEC_W EN ENO ????-IN OUT-????	DECW OUT	使能输入有效时,把一字长的有符号输入数(IN)减1,得到一字长的有符号输出结果 OUT。执行的结果:IN-1=OUT	
双字加 1	INC_DW EN ENO ????-IN OUT-????	INCD OUT	使能输入有效时,把双字长(32 位)的有符号输入数(IN)加1,得到双字长的有符号输出结果 OUT。IN+1=OUT	数据类型:双字 IN 操作数:VD、MD、ID、QD、SD、SMD、LD、AC、*VD、*AC、*LD、常数 OUT:VD、ID、QD、MD、SD、SMD、LD、AC、*VD、*AC、*LD
双字减 1	DEC_DW EN ENO ????-IN OUT-????	DECD OUT	使能输入有效时,把双字长的有符号输入数(IN)减1,得到双字长的有符号输出结果 OUT。IN-1=OUT	

二、加法/减法指令

加法/减法指令是对两个有符号的数进行加减操作, 可分为整数加减、双整数加减和实数加减指令, 具体指令的介绍见表4-11。

表 4-11　加法/减法指令表

加法/减法指令	梯 形 图	指令	功 能	数据类型及操作数
整数加法	ADD_I EN ENO ????-IN1 OUT-???? ????-IN2	+I IN1,OUT	使能输入有效时,将两个单字长(16 位)的符号整数 IN1 和 IN2 相加,产生一个 16 位整数结果 OUT	数据类型:整数 IN1/IN2 操作数:VW、MW、IW、QW、SW、SMW、LW、AC、*VD、*AC、*LD、T、C、AIW、常数 OUT:VW、IW、QW、MW、SW、SMW、LW、AC、T、C、*VD、*AC、*LD
整数减法	SUB_I EN ENO ????-IN1 OUT-???? ????-IN2	-I IN2,OUT	使能输入有效时,将两个单字长的符号整数 IN1 和 IN2 相减,产生一个 16 位整数结果 OUT	
双整数加法	ADD_DI EN ENO ????-IN1 OUT-???? ????-IN2	+D IN1,OUT	使能输入有效时,将两个双字长(32 位)的符号双整数 IN1 和 IN2 相加,产生一个 32 位双整数结果 OUT	数据类型:双整数 IN1/IN2 操作数:VD、MD、ID、QD、SD、SMD、LD、AC、*VD、*AC、*LD、HC、常数 OUT:VD、ID、QD、MD、SD、SMD、LD、AC、*VD、*AC、*LD
双整数减法	SUB_DI EN ENO ????-IN1 OUT-???? ????-IN2	-D IN2,OUT	使能输入有效时,将两个双字长(32 位)的符号双整数 IN1 和 IN2 相减,产生一个 32 位双整数结果 OUT	
实数加法	ADD_R EN ENO ????-IN1 OUT-???? ????-IN2	+R IN1,OUT	使能输入有效时,将两个双字长(32 位)的实数 IN1 和 IN2 相加,产生一个 32 位实数结果 OUT	数据类型:实数 IN1/IN2 操作数:VD、MD、ID、QD、SD、SMD、LD、AC、*VD、*AC、*LD、常数 OUT:VD、ID、QD、MD、SD、SMD、LD、AC、*VD、*AC、*LD
实数减法	SUB_R EN ENO ????-IN1 OUT-???? ????-IN2	-R IN2,OUT	使能输入有效时,将两个双字长(32 位)的实数 IN1 和 IN2 相减,产生一个 32 位实数结果 OUT	

三、乘法/除法指令

乘法/除法指令是对两个有符号数进行相乘法/除法运算，可分为整数乘法/除法指令、双整数乘法/除法指令、完全乘法/除法指令及实数乘法/除法指令，具体指令的介绍见表 4-12。

表 4-12 整数乘法/除法指令

乘/除法指令	梯 形 图	指令	功 能	数据类型及操作数
整数乘法	MUL_I EN ENO ????-IN1 OUT-???? ????-IN2	×I IN1,OUT	使能输入有效时，将两个单字长（16位）的符号整数 IN1 和 IN2 相乘，产生一个 16 位整数结果 OUT，这里 IN2 与 OUT 是同一个存储单元	数据类型：整数 IN1/IN2 操作数：VW、MW、IW、QW、SW、SMW、LW、AC、*VD、*AC、*LD、T、C、AIW、常数 OUT：VW、IW、QW、MW、SW、SMW、LW、AC、T、C、*VD、*AC、*LD
整数除法	DIV_I EN ENO ????-IN1 OUT-???? ????-IN2	/I IN2,OUT	使能输入有效时，用字型有符号整数 IN1 除以 IN2，产生一个字整数商 OUT，这里 IN1 与 OUT 是同一个存储单元	
双整数乘法	MUL_DI EN ENO ????-IN1 OUT-???? ????-IN2	×D IN1,OUT	使能输入有效时，将两个单字长（16位）的符号整数 IN1 和 IN2 相加，产生一个双字整数结果 OUT，这里 IN2 与 OUT 是同一个存储单元	数据类型：双整数 IN1/IN2 操作数：VD、MD、ID、QD、SD、SMD、LD、AC、*VD、*AC、*LD、HC、常数 OUT：VD、ID、QD、MD、SD、SMD、LD、AC、*VD、*AC、*LD
双整数除法	DIV_DI EN ENO ????-IN1 OUT-???? ????-IN2	/D IN2,OUT	使能输入有效时，将双字长有符号整数 IN1 除以 IN2，产生一个字整数商 OUT，这里 IN1 与 OUT 是同一个存储单元	
完全整数乘法	MUL EN ENO ????-IN1 OUT-???? ????-IN2	MUL IN1,OUT	使能输入有效时，将两个字长的符号整数 IN1 和 IN2 相加，产生一个双字整数结果 OUT。这里 IN2 与 OUT 的低 16 位是同一个存储单元	IN1/IN2 数据类型：整数；操作数：VW、MW、IW、QW、SW、SMW、LW、AC、*VD、*AC、*LD、T、C、常数 OUT 数据类型：双整数。VD、ID、QD、MD、SD、SMD、LD、AC、*VD、*AC、*LD
完全整数除法	DIV EN ENO ????-IN1 OUT-???? ????-IN2	DIV IN2,OUT	使能输入有效时，用字型有符号整数 IN1 除以 IN2，产生一个双字整数结果 OUT。低 16 位存放商，高 16 位存放余数，这里 IN1 与 OUT 的低 16 位是同一个存储单元	
实数乘法	MUL_R EN ENO ????-IN1 OUT-???? ????-IN2	×R IN1,OUT	使能输入有效时，将两个字长的实数 IN1 和 IN2 相加，产生一个实数结果 OUT，这里 IN2 与 OUT 是同一个存储单元	数据类型：实数 IN1/IN2 操作数：VD、MD、ID、QD、SD、SMD、LD、AC、*VD、*AC、*LD、常数 OUT：VD、ID、QD、MD、SD、SMD、LD、AC、*VD、*AC、*LD
实数除法	DIV_R EN ENO ????-IN1 OUT-???? ????-IN2	/R IN1,OUT	使能输入有效时，将双字长的实数 IN1 除以 IN2 相加，产生一个实数结果 OUT，这里 IN1 与 OUT 是同一个存储单元	

四、指令应用

1 增减指令应用

图 4-14 所示为增减指令的应用实例梯形图。图中 AC0 的初始值为 125，VD100 的初始值为 128000。当 I0.1 接通时，AC0 中的 125 加 1 后得到 126 存储到 AC0 中，VD100 中的 128000 减 1 后

得到 127999 存储到 VD100 中。

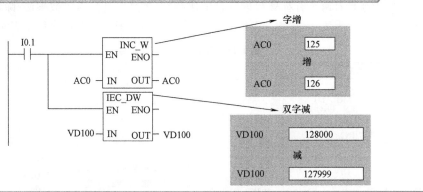

图 4-14　增减指令的应用梯形图

2　整数加法/减法运算指令应用

整数的加、减、乘、除运算指令是将两个 16 位整数进行加、减、乘、除运算，产生一个 16 位的结果，而除法的余数不保留。如图 4-15 所示，当 I0.0 接通时，100 与 VW100 相加，结果存入 VW200；VW2 减去 1，结果存入 VW2。

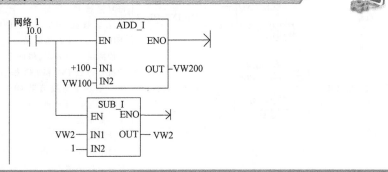

图 4-15　整数加法/减法运算程序示例

3　整数乘法/除法指令应用

如图 4-16 所示梯形图。初始时 AC1 中的内容为 40，VW100 中的内容为 20，VW200 中的内容为 4000，VW10 中的内容为 40。当 I0.0 接通时，AC1 乘以 VW100 等于 800 传送到 VW100 中；VW200 除以 VW10 等于 100 传送到 VW200 中，如图 4-17 所示。

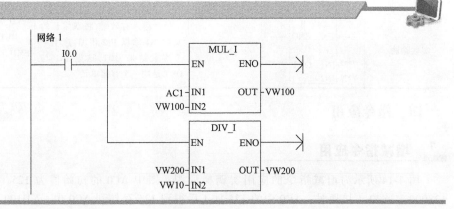

图 4-16　梯形图

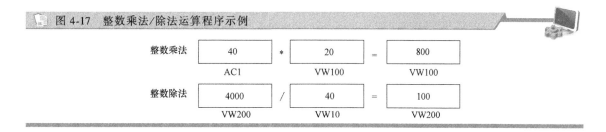

图 4-17 整数乘法/除法运算程序示例

整数乘法	40	* 20	= 800
	AC1	VW100	VW100
整数除法	4000	/ 40	= 100
	VW200	VW10	VW200

第六节 跳转类指令

一、跳转指令

跳转指令可以根据不同的逻辑条件，有选择地执行不同的程序，可以使程序结构更加灵活，减少扫描时间，从而加快了系统响应速度。跳转指令需要两条指令配合使用，即跳转开始指令（JMP）和跳转标号指令（LBL），具体指令介绍见表 4-13。

表 4-13　跳转指令

指令类型	梯形图	指令	指令功能	数据类型	操作数
跳转开始指令	n ——(JMP)	JMP n	使能输入有效时，程序跳转到指定标号 n 处执行，使能输入无效时，程序顺序执行	字	常数 0~255
跳转标号指令	n LBL	LBL n	用来标记跳转指令的目的位置		

二、指令应用

图 4-18 所示为跳转指令应用的梯形图及语句表。当 I0.0 接通时，JMP 条件满足，程序跳转执行 LBL 以后的程序，在 JMP 和 LBL 之间的指令均不执行，即在此过程中，I0.1 即使接通，Q0.0 也不会接通，只有当 JMP 条件不满足时，I0.1 接通时，Q0.0 才会接通。

图 4-18　跳转指令的应用

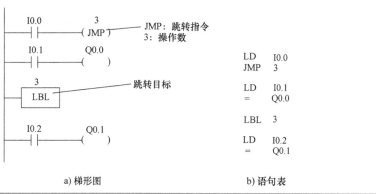

a) 梯形图　　　　　　　　　b) 语句表

使用说明：

1) 跳转指令 JMP 和 LBL 必须配合应用，并且同时出现在同一程序中。不允许从主程序跳到子程序或中断程序，也不允许从子程序跳到主程序或中断程序。

2）在跳转条件中引入上升沿或下降沿脉冲指令时，跳转只能执行一个扫描周期。

3）在执行跳转后，Q、M、S、C 等元件的位保持跳转前的状态。定时器在跳转期间，分辨率 1ms 和 10ms 的定时器一直维持原工作状态，原来工作的会继续工作。对于分辨率 100ms 的定时器，在跳转期间停止工作，但不会复位，存储器里的值为跳转前的值，跳转结束后，若输入条件允许，则可继续计时，但失去了准确计时的意义了，所以在使用时要慎重。

第七节 转换类指令

转换类指令是指对操作数的类型进行转换，包括数据的类型转换、码的类型转换及数据和码之间的类型转换。

一、数据类型转换指令

数据类型转换指令包括字节与字整数之间的转换、字整数与双字整数之间的转换以及双字整数与实数之间的转换指令。指令介绍见表 4-14。

表 4-14　数据类型转换指令表

指令	梯 形 图	指令	功　能	数据类型及操作数
字节到整数	I-B EN　ENO ????-IN　OUT-????	BTI IN,OUT	输入端 EN 有效时，将输入（IN）的字节型数据转换成整数，并存入 OUT	IN 数据类型：字节；操作数：VB、IB、QB、MB、SB、SMB、LB、AC、常量、*VD、*AC、*LD OUT 数据类型：整数；操作数：VW、IW、QW、MW、SW、SMW、LW、T、C、AC、*VD、*LD、*AC
整数到字节	B-I EN　ENO ????-IN　OUT-????	ITB IN,OUT	输入端 EN 有效时，将输入（IN）的字节型整数据转换成字节型数据，并存入 OUT	IN 数据类型：整数；操作数：VB、IB、QB、MB、SB、SMB、LB、AC、常量、*VD、*AC、*LD OUT 数据类型：字节；操作数：VW、IW、QW、MW、SW、SMW、LW、T、C、AC、*VD、*LD、*AC
整数到双整数	I-DI EN　ENO ????-IN　OUT-????	ITD IN,OUT	输入端 EN 有效时，将输入（IN）的整数转换成双整数，并存入 OUT	IN 数据类型：整数；操作数：VB、IB、QB、MB、SB、SMB、LB、AC、常量、*VD、*AC、*LD OUT 数据类型：双整数；操作数：VD、ID、QD、MD、SD、SMD、LD、AC、*VD、*AC、*LD
双整数到整数	DI-I EN　ENO ????-IN　OUT-????	DTI IN,OUT	输入端（IN）的有符号双整数转换成整数，并存入 OUT	IN 数据类型：双整数；操作数：VD、ID、QD、MD、SD、SMD、LD、AC、*VD、*AC、*LD OUT 数据类型：整数；操作数：VB、IB、QB、MB、SB、SMB、LB、AC、常量、*VD、*AC、*LD
实数到双整数	ROUND EN　ENO ????-IN　OUT-????	ROUND IN,OUT	ROUND 取整指令，转换时实数的小数部分四舍五入	IN 数据类型：实数；操作数：VD、ID、QD、MD、SD、SMD、LD、AC、*VD、*AC、*LD OUT 数据类型：双整数；操作数：VD、ID、QD、MD、SD、SMD、LD、AC、HC、*VD、*AC、*LD
实数到双整数	TRUNC EN　ENO ????-IN　OUT-????	TRUNC IN,OUT	TRUNC 取整指令，实数舍去小数部分后，转换成 32 位有符号整数	
双整数到实数	DI-R EN　ENO ????-IN　OUT-????	DTR IN,OUT	将输入端（IN）指定的 32 位有符号整数转换成 32 位实数	IN 数据类型：双整数；操作数：VD、ID、QD、MD、SD、SMD、LD、AC、HC、*VD、*AC、*LD OUT 数据类型：实数；操作数：VD、ID、QD、MD、SD、SMD、LD、AC、*VD、*AC、*LD

提示：如果想将一个整数转换成实数，则先用整数转双字整数（ITD）指令，再用双字整数转实数（DTR）指令。

二、BCD 码转换指令

BCD 码转换指令包括 BCD 码转换成整数（BCDI）指令和整数转换成 BCD 码（IBCD）指令，指令介绍见表 4-15。

表 4-15   BCD 码转换指令表

整数到 BCD 码	I_BCD EN ENO ????-IN OUT-????	IBCD OUT	将输入整数值 IN 转换成二进制编码的十进制数，并将结果载入 OUT 指定的变量中。IN 的有效范围是 0~9999 BCD	数据类型：字 IN 操作数：VW, IW, QW, MW, SW, SMW, LW, T, C, AIW, AC, 常量, *VD, *AC, *LD OUT : VW, IW, QW, MW, SW, SMW, LW, T, C, AC, *VD, *LD, *AC
BCD 码到整数	BCD_I EN ENO ????-IN OUT-????	BCDI OUT	将二进制编码的十进制数值 IN 转换成整数，并将结果载入 OUT 指定的变量中。IN 的有效范围是 0~9999 BCD	

三、七段码指令

在 S7-200 SMART PLC 中，有一条可直接驱动七段数码管的指令 SEG，该指令在数码管的显示中直接应用非常方便，具体指令的介绍见表 4-16，七段码编码见表 4-17。

表 4-16   译码指令表

指令	梯形图	指令	功能	数据类型及操作数
七段显示译码指令	SEG EN ENO IN OUT	SEG IN, OUT	当输入端 EN 有效时，把输入字节（IN）低四位确定的有效十六进制数（16#0~F）产生点亮七段显示器各段的代码（七段显示码），并送到输出 OUT 字节单元	数据类型：字节 IN 操作数：VB、IB、QB、MB、SB、SMB、LB、AC、常量、*VD、*AC、*LD OUT：VB、IB、QB、MB、SMB、LB、AC、*VD、*AC、SB、*LD

表 4-17   七段码编码表

输入 LSD	七段码显示器	输出 -gfe dcba	输入 LSD	七段码显示器	输出 -gfe dcba
0		0011 1111	8		0111 1111
1		0000 0110	9		0110 0111
2		0101 1011	A		0111 0111
3		0100 1111	B		0111 1100
4		0110 0110	C		0011 1001
5		0110 1101	D		0101 1110
6		0111 1101	E		0111 1001
7		0000 0111	F		0111 0001

四、译码和编码指令

译码 DECO（Decode）指令、编码 ENCO（Encode）指令的介绍见表 4-18。

表 4-18　DECO、ENCO 指令表

指令名称	梯 形 图	语句表	功　　能	操作数及数据类型
DECO 指令	DECO —EN　　ENO— —IN　　OUT—	DECO IN,OUT	译码指令根据输入字节(IN)的低四位表示的输出字的位号,将输出字的相对应位,置位为1,输出字的其他位均置位为0	IN：VB、IB、QB、MB、SMB、LB、SB、AC、常量;数据类型:字节 OUT：VW、IW、QW、MW、SMW、LW、SW、AQW、T、C、AC;数据类型:字
ENCO 指令	ENCO —EN　　ENO— —IN　　OUT—	ENCO IN,OUT	编码指令将输入字(IN)最低有效位(其值为1)的位号写入输出字节(OUT)的低四位中	IN：VW、IW、QW、MW、SMW、LW、SW、AIW、T、C、AC、常量;数据类型:字 OUT：VB、IB、QB、MB、SMB、LB、SB、AC;数据类型:字节

五、指令应用

1　BCD 到整数转换指令应用

图 4-19 所示为四位 8421BCD 拨码器。8421BCD 拨码器能够将由按键输入的一位十进制数(0~9)以 BCD 码的形式输出。

图 4-19　四位 8421BCD 拨码器

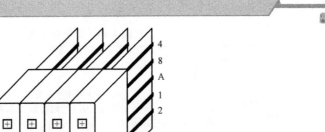

拨码器由处于前面板的拨码盘和处于后侧板的接线端组成。拨码盘由上下两个拨盘按钮和夹在按钮中间的拨位数码指示器组成。拨位数码指示器可随拨盘的拨动而转动 0~9 十个数字,用来显示拨码盘当前数值。上面的拨码按钮为增量按钮,每按下一次,拨码盘正向旋转 1/10 周,拨位数码指示器显示的数值加 1,连续按十次,数据将被还原;下面的拨码按钮为减量按钮,每按下一次,拨码盘反向旋转 1/10 周,拨位数码指示器显示的数值减 1。接线端向外引出标有 8、4、2、1、A 的五个引脚。在实际应用中,BCD 拨码盘可以直接插入 BCD 拨码盘插座中使用,也可以采取从五个引脚上分别焊接引线的方式使用。

BCD 拨码器接线端的通断状态是当前拨码器位置的反映,拨码盘数码显示的数值直接影响 8、4、2、1 这四个引脚与公共引脚 A 的导通状态。例如,当前拨码盘拨位数码指示器的显示数据为 7 时,图 4-19 中的 4、2、1 引脚均与 A 导通,8 引脚与 A 不导通。拨码盘从 0 拨到 9,A 引脚与 8、4、2、1 四个引脚的导通状态见表 4-19。此表中的 0 表示输入控制线 A 与输出线不通,表中的 1 表示输入控制线 A 与输出线导通。

有两个两位 BCD 拨码器如图 4-20 所示,其中一个拨码器的 8、4、2、1 引脚分别与 I0.7、I0.6、I0.5、I0.4 连接,组成十进制数的十位;另一个拨码器的 8、4、2、1 引脚分别与 I0.3、I0.2、I0.1、I0.0 连接,组成十进制数的个位。当拨码器拨入十进制数 95 时,先将 95 变为 BCD 码

表 4-19　BCD 拨码器状态表

位置	8	4	2	1
0	0	0	0	0
1	0	0	0	1
2	0	0	1	0
3	0	0	1	1
4	0	1	0	0
5	0	1	0	1
6	0	1	1	0
7	0	1	1	1
8	1	0	0	0
9	1	0	0	1

1001 0101，然后存入 VB1。再将 VW0 中的 BCD 码 0000 0000 1001 0101 转换为整数（即二进制编码的十进制数值）输出到 QW0。

图 4-20　BCD_I 指令应用举例

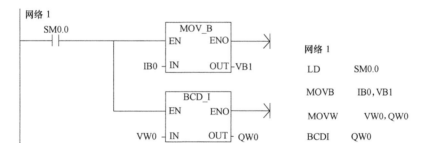

a) 梯形图　　　　　　　　　　　　b) 语句表

从图 4-21 所示的工作过程可以看出，VW0 中存储的 BCD 码与 QW0 中存储的二进制数据完全不同。VW0 以四位 BCD 码为一组，从高至低分别是十进数 0、0、9、5 的 BCD 码。

图 4-21　BCD_I 指令工作过程

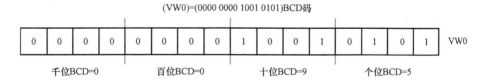

2 七段码指令应用

图 4-22 所示为七段数码管的控制梯形图。当 I0.0 闭合时上升沿脉冲使计数器 C0 计数，并传送到 VW0 中。七段显示译码指令，把 VW0 的低四位（VB1）的二进制数码转换成七段显示码输出到 QB0 中，驱动数码管显示数字。

图 4-22 七段数码管的控制梯形图

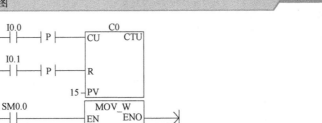

3 译码、编码指令应用

译码与编码指令的应用如图 4-23 所示。若（AC2）= 2，执行译码指令，则将输出字 VW40 的第二位置 1，VW40 中的二进制数为 2#0000 0000 0000 0100；若（AC3）= 2#0000 0000 0000 0100，执行编码指令，则输出字节 VB50 中的码为 2。

图 4-23 译码与编码指令应用

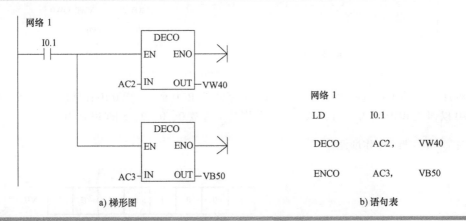

a) 梯形图

网络 1

```
LD      I0.1
DECO    AC2,    VW40
ENCO    AC3,    VB50
```

b) 语句表

第八节 子程序与中断指令

一、子程序指令

1 子程序的作用

通常将具有特定功能、并且多次使用的程序段作为子程序，别的程序在需要子程序时就可以调用它，而无需重写。子程序的调用是有条件的，未调用它时不会执行子程序的指令，因此使用子程序可以减少扫描时间。使用子程序还可以将程序分成容易管理的小块，使程序结构简单清晰，易于查错和维护。

如果子程序中只引用参数和局部变量，因为与其他 POU 没有地址冲突，则可以将子程序移植到其他工程项目。为了移植子程序，应避免使用全局符号和变量，如 I、Q、M、SM、AI、AQ、V、T、C、S、AC 等存储器中的绝对地址。

要在程序中使用子程序，必须执行下列三项任务：

1）建立子程序。

2）在子程序局部变量表中定义参数（带参数调用子程序时必须执行）。

3）从适当的 POU（从主程序或另一个子程序）调用子程序。

2 建立子程序方法

建立子程序最简单的方法是在程序编辑器中的空白处单击鼠标右键，再选择"插入"→"子程序"命令即可，如图 4-24 所示。

图 4-24 建立子程序最简单的方法

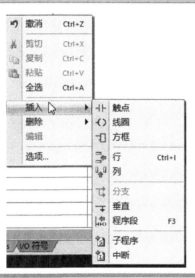

也可以选择菜单栏"编辑"→"插入"→"子程序"命令，或者在指令树中，用鼠标右键单击"程序块"图标，从弹出的菜单中选择"插入"→"子程序"建立子程序。程序编辑器将从原来的 POU 显示进入新的子程序，程序编辑器底部出现标志新的子程序的新标签，在程序编辑器窗口中可以对新的子程序编程。用鼠标右键单击指令树中的子程序的图标或程序编辑器底部的子程序的标签，在弹出的窗口中选择"重命名"，可修改它们的名称，也可以通过双击程序编辑器底部的子程序的标签直接修改子程序的名称。

3 子程序指令

S7-200 SMART PLC 的指令系统中具有简单、方便、灵活的子程序调用指令，在结构化程序设计中是一种方便有效的工具。子程序指令包括子程序调用、子程序有条件返回和带参数的子程序调用，指令介绍见表 4-20。

4 子程序的调用

可以在主程序、另一子程序或中断程序中调用子程序，但是不能在子程序中调用自己（即不允许递归调用），也可以带参数或不带参数调用子程序。

表 4-20 子程序指令表

指令名称	梯形图	语句表	说明
子程序调用指令	SBR_n EN	CALL SBR_n	①子程序调用指令编在主程序中,子程序返回指令编在子程序中,子程序的标号 n 的范围是 0~63
子程序条件返回指令	──(RET)	CRET	②子程序返回分为条件返回和无条件返回,无条件子程序返回指令 RET 为自动默认;有条件子程序返回指令 CRET,条件成立时结束该子程序,返回到原调用处的下一条指令开始执行

调用子程序时将执行子程序的全部指令,直至子程序结束,然后返回调用程序中子程序调用指令的下一条指令之处。

在梯形图程序中插入子程序调用指令时,首先打开程序编辑器视窗中需要调用子程序的 POU,找到需要调用子程序的地方;然后在指令树的最下面用左键打开子程序文件夹,将需要调用的子程序图标从指令树拖到程序编辑器中的正确位置,或将光标置于程序编辑器视窗中,然后双击指令树中的调用指令。

在语句表程序中调用子程序时使用调用指令"SBR_n"。在调用子程序时,CPU 保存整个逻辑堆栈后,将栈顶值置为 1,堆栈中的其他值清零,控制转移至被调用的子程序。子程序执行完成后,用调用时保存的数据恢复堆栈,控制返回调用程序。子程序和调用程序共用累加器,不会因使用子程序自动保存或恢复累加器。

5 子程序的嵌套调用

程序中最多可创建 64 个子程序。子程序可以嵌套调用(在子程序中调用别的子程序),最大嵌套深度为 80。

6 程序的有条件返回

在程序中,用触点电路控制 RET(从子程序有条件返回)指令,触点电路接通时条件满足,子程序被终止。编程软件自动地为主程序和子程序添加无条件返回指令。

类似地,可以在主程序中用触点电路驱动 END(有条件结束)指令。

7 子程序中的定时器

停止调用子程序时,在子程序内的定时器线圈的 ON/OFF 状态保持不变。如果在停止调用时子程序中的定时器正在计时,则 100ms 定时器将停止计时,当前值保持不变,重新调用时继续计时;但是 1ms 定时器和 10ms 定时器将继续定时,定时时间到,它们的定时器位变为 1 状态,并且可以在子程序之外起作用。

二、中断指令

所谓中断就是当 CPU 执行正常程序时,系统中出现了某些急需处理的特殊请求,这时 CPU 暂时中断正在执行的程序,转而去对随机发生的更加紧急的事件进行处理(称为执行中断服务程序)。当该事件处理完毕后,CPU 自动返回原来被中断的程序继续执行。执行中断服务程序前后,系统会自动保护被中断程序的运行环境,故不会造成混乱。

1 中断源及种类

中断源即中断事件发出中断请求的来源。S7-200 SMART PLC 具有最多可达 34 个中断源,每个中断源都分配一个编号用以识别,称为中断事件号。这些中断源大致分为三大类,即通信口中断、输入/输出中断和时基中断。

（1）通信口中断　通信口中断包括通信口 0 和通信口 1 产生的中断。S7-200 SMART PLC 的串行通信口可以由用户程序来控制。用户可以通过编程的方法来设置通信协议、波特率和奇偶校验等参数。对通信口的这种操作方式，又称为自由口通信。利用 PLC 接收、发送字符可以产生中断事件，以简化程序对通信的控制。

（2）输入/输出（即 I/O）中断　S7-200 SMART PLC 对 I/O 点状态的各种变化产生中断，包括外部输入中断（上升沿中断或下降沿中断）、高速计数器（HC）中断和脉冲串输出（PTO）中断。这些事件可以对输入的上升或下降状态、高速计数器或者脉冲输出做出响应。

外部输入中断是系统利用 I0.0~I0.3 的上升沿或下降沿产生中断，这些输入点可用于连接某些一旦发生必须引起注意的外部事件；高速计数器中断可以响应当前值等于预设值、计数方向改变、计数器外部复位等事件引起的中断，高速计数器的中断可以实时得到迅速响应，从而实现比 PLC 扫描周期还要短的控制任务；脉冲串输出中断用来响应给定数量脉冲输出完成引起的中断，脉冲串输出主要的应用是步进电动机。

（3）时基中断　时基中断包括定时中断（Timed Interrupt）和定时器 T32、T96 中断。

1）定时中断用来执行一个周期性的操作。周期时间以 ms 为单位，周期时间范围为 1~255 ms。对于定时中断 0，把周期时间值写入 SMB34；对于定时中断 1，把周期时间值写入 SMB35。当达到设定周期时间值时，定时器溢出，执行中断处理程序。如果定时中断事件已被连接到一个定时中断程序，则为了改变定时中断的时间间隔，首先必须修改 SMB34 或 SMB35 的值，然后重新把中断程序连接到定时中断事件上。如果退出 RUN 状态或者定时中断被分离，则定时中断被禁止。通常用定时中断以固定的时间间隔去控制模拟量输入的采样或者执行一个 PID 回路。

2）定时器中断是利用定时器对一个指定的时间段产生中断。这类中断只能使用 1ms 的定时器 T32 和 T96。当 T32 或 T96 的当前值等于预置值时，CPU 响应定时器中断，执行中断服务程序。

2 中断优先级

在 PLC 应用系统中通常有多个中断事件。当多个中断事件同时向 CPU 申请中断时，要求 CPU 能够将全部中断事件按中断性质和轻重缓急进行排队，并依优先权高低逐个处理。

S7-200 SMART CPU 规定的中断优先权由高到低依次是通信中断、I/O 中断和定时中断，每类中断又有不同的优先级。

在上述三个优先级范围内，CPU 按照先来先服务的原则处理中断，任何时刻只能执行一个用户中断程序。一旦一个中断程序开始执行，它要一直执行到完成，即使另一个中断程序的优先级较高，也不能中断正在执行的中断程序。正在处理其他中断时发生的中断事件则排队等待处理。如果中断事件的产生过于频繁，使中断产生的速率比可以处理的速率快，或者中断被 DISI 指令禁止，中断队列溢出状态位被置 1。只应在中断程序中使用这些位，因为当队列变空或返回主程序时这些位被复位。主机中的所有中断事件及优先级见表 4-21。

表 4-21　中断事件及优先级表

中断号	中断事件描述	优先级分组	组内类型	组中优先级
8	通信端口 0:接收字符	通信（最高）	通信端口 0	0
9	通信端口 0:发送完成			0
23	通信端口 0:接收信息完成			0
24	通信端口 1:接收信息完成		通信端口 1	1
25	通信端口 1:接收字符			1
26	通信端口 1:发送完成			1
19	PTO 0 脉冲串输出完成中断	I/O（中等）	脉冲串输出	0
20	PTO 1 脉冲串输出完成中断			1

（续）

中断号	中断事件描述	优先级分组	组内类型	组中优先级
0	I0.0 上升沿中断			2
2	I0.1 上升沿中断			3
4	I0.2 上升沿中断			4
6	I0.3 上升沿中断			5
1	I0.0 下降沿中断			6
3	I0.1 下降沿中断			7
5	I0.2 下降沿中断		外部输入	8
7	I0.3 下降沿中断			9
12	HC0 CV=PV（当前值=预置值）中断			10
27	HC0 计数方向改变中断			11
28	HC0 外部信号复位中断			12
13	HC1 CV=PV（当前值=预置值）中断	I/O（中等）		13
14	HC1 计数方向改变中断			14
15	HC1 外部信号复位中断			15
16	HC2 CV=PV（当前值=预置值）中断			16
17	HC2 计数方向改变中断			17
18	HC2 外部信号复位中断			18
32	HC3 CV=PV（当前值=预置值）中断		高速计数器	19
29	HC4 CV=PV（当前值=预置值）中断			20
30	HC4 计数方向改变中断			21
31	HC4 外部信号复位中断			22
33	HC5 CV=PV（当前值=预置值）中断			23
10	定时中断 0,SMB34		定时	0
11	定时中断 1,SMB35	定时（最低）		1
21	定时器 T32 CT=PT 中断		定时器	2
22	定时器 T96 CT=PT 中断			3

3 中断指令

中断指令共有六条，包括中断连接、中断分离、清除中断事件、中断禁止、中断允许和中断条件返回，其指令见表 4-22。

表 4-22 中断指令的梯形图和语句表

指令	梯形图	指令	功能	数据类型及操作数
中断连接指令	ATCH EN ENO ????-INT ????-EVNT	ATCH IN EVNT	将一个中断事件和一个中断程序建立联系，并允许这一中断事件	中断程序号 INT 和中断事件号 EVNT 均为字节型常数 EVNT 的数值：CPU221 和 CPU222 的 EVNT 取值范围为 0~12,19~23,27~33；CPU224 的 EVNT 取值范围为 0~23,27~33；CPU226 和 226XM 的 EVNT 取值范围为 0~33
中断分离指令	DTCH EN ENO ????-EVNT	DTCH EVNT	切断一个中断事件和所有程序的联系，使该事件的中断回到不激活或无效状态，因而禁止了该中断事件	

（续）

指令	梯 形 图	指令	功　　能	数据类型及操作数
开中断指令	─（ ENI ）	ENI	允许全局开放所有被连接的中断事件	无操作数
关中断指令	─（ DISI ）	DISI	全局关闭所有连接的中断事件	无操作数

4　中断程序

中断程序不是由程序调用，而是在中断事件发生时由操作系统调用，使系统对特殊的内部或外部事件做出响应。系统响应中断时自动保存逻辑堆栈、累加器和某些特殊标志存储器位，即保护现场；中断处理完成时，又自动恢复这些单元原来的状态，即恢复现场。因为不能预知系统何时调用中断程序，在中断程序中不能改写其他程序使用的存储器，为此应在中断程序中尽量使用局部变量，并妥善分配各 POU 使用的全局变量，保证中断程序不会破坏别的 POU 使用的全局变量中的数据。在中断程序中可以调用一级子程序，累加器和逻辑堆栈在中断程序和被调用的子程序中是公用的。

中断处理提供对特殊内部事件或外部事件的快速响应。中断程序越短越好，减少中断程序的执行时间，避免引起主程序控制的设备操作异常。

在编写中断程序前，先创建中断程序，创建成功后将显示新的中断程序的标签。建立中断程序的方法有以下几种：

方法一：选择菜单栏"编辑"→"插入"→"中断"。

方法二：用鼠标右键单击指令树中的"程序块"图标并从弹出菜单中选择"插入"→"中断"。

方法三：在程序编辑器窗口单击右键，从弹出菜单中单击"插入"→"中断"。

程序编辑器从先前的 POU 显示更改为新中断程序，在程序编辑器的底部会出现一个新标记，代表新的中断程序。

5　使用中断注意事项

1）在启动中断程序之前，应在中断事件和该事件发生时希望执行的中断程序之间，用 ATCH 指令建立联系。执行 ATCH 指令后，该中断程序在事件发生时被自动启动。

2）程序开始运行时，CPU 默认禁止所有中断。如果执行了中断允许指令 ENI，则允许所有中断。

3）一个事件只能连接一个中断程序，而多个中断事件可以调用同一个中断程序，但是一个中断事件不能同时调用多个中断程序。中断被允许且中断事件发生时，将执行为该事件指定的最后一个中断程序。

4）执行中断分离指令 DTCH 时，只禁止某个事件与中断程序的联系，而执行中断禁止指令 DISI 时，则禁止所有中断。

5）在中断程序中不能使用 DISI、ENI、HDFE、FOR/NEXT、LSCR 和 END 等指令。

6）程序中有多个中断子程序时，要分别编号。在建立中断程序时，系统会自动编号，也可以更改编号。

三、指令应用

1　子程序指令应用

设计子程序：当 I0.0 闭合时，执行手动程序；当 I0.0 断开时，执行自动程序。主程序、子程序 SBR_0、子程序 SBR_1 分别如图 4-25a、b、c 所示。

图 4-25　子程序指令应用示例

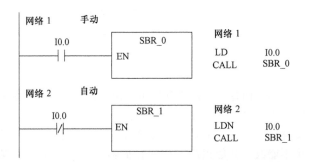

a) 主程序

132

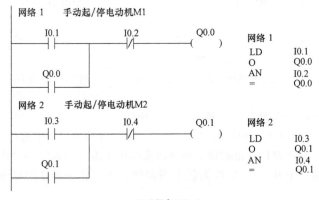

b) 子程序SBR_0

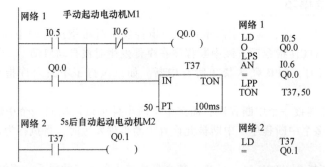

c) 子程序SBR_1

2　中断指令应用

（1）应用 1　I/O 中断的应用。

在 I0.0 的上升沿通过中断使 Q0.0 立即置位，在 I0.1 的下降沿通过中断使 Q0.0 立即复位，程序设计如图 4-26 所示。

图 4-26 I/O 中断的应用梯形图

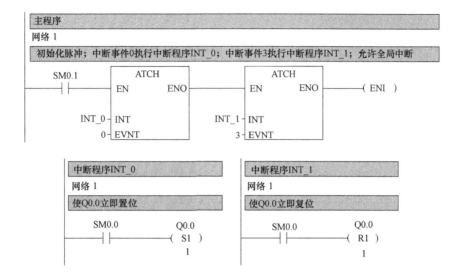

（2）应用 2 定时中断的应用。

用定时中断 0 实现周期为 1s 的高准确度定时，并在 QB0 端口以增 1 形式输出。

为了实现周期为 1s 的高准确度周期性操作的定时，将定时中断的定时时间间隔设为 250ms，在定时中断 0 的中断程序中，将 VB0 加 1，然后用比较触点指令"LD ="判断 VB0 是否等于 4，若相等（中断了 4 次，对应的时间间隔为 1s），则在中断程序中执行每 1s 一次的高准确度周期性操作的定时，程序设计如图 4-27 所示。

图 4-27 定时中断的应用

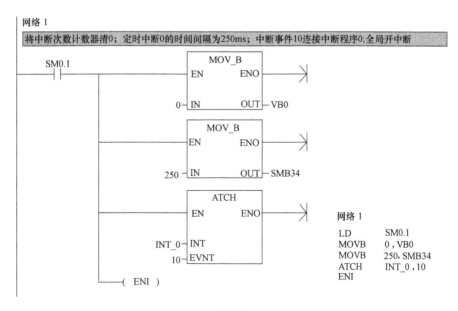

a) 主程序

133

图 4-27　定时中断的应用（续）

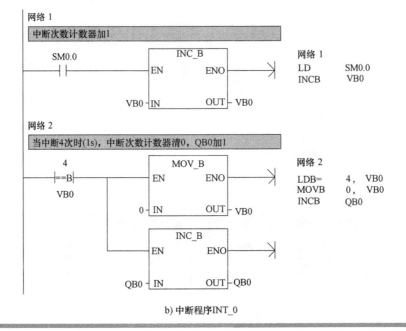

b) 中断程序INT_0

第九节　逻辑运算指令

逻辑运算是对无符号数进行的逻辑处理，主要包括逻辑与、逻辑或、逻辑异或和取反等运算指令。

一、取反指令INV

取反指令有字节、字、双字取反指令，其指令介绍见表 4-23。

表 4-23　取反指令表

指令名称	梯形图	语句表	指令功能	操作数及数据类型
字节取反指令	INV_B EN　ENO IN　OUT	INVB OUT	使能输入有效时，将一个字节长的逻辑数按位取反，得到一个字节逻辑运算结果，送到OUT指定的存储器单元输出	IN：VB、IB、QB、MB、SB、SMB、LB、AC、常数、*VD、*AC、*LD；数据类型：字节 OUT：VB、IB、QB、MB、SB、SMB、LB、AC、*VD、*AC、*LD；数据类型：字节
字取反指令	INV_W EN　ENO IN　OUT	INVW OUT	使能输入有效时，把一个字长的输入逻辑数按位取反，得到一个字逻辑运算结果，送到OUT指定的存储器单元输出	IN：VW、IW、QW、MW、SW、SMW、T、C、AC、LW、AIW、常数、*VD、*AC、*LD；数据类型：字 OUT：VW、IW、QW、MW、SW、SMW、T、C、AC、LW、*VD、*AC、*LD；数据类型：字
双字取反指令	INV_DW EN　ENO IN　OUT	INVD OUT	使能输入有效时，把一个双字长的输入逻辑数按位相取反，得到一个双字长逻辑运算结果，送到OUT指定的存储器单元输出	IN：VD、ID、QD、MD、SD、SMD、LD、常数、HC、AC、*VD、*LD、*AC；数据类型：双字 OUT：VD、ID、QD、MD、SD、SMD、LD、AC、*VD、*LD、*AC；数据类型：双字

二、逻辑与、或和异或指令

逻辑与、或和异或指令见表 4-24。

表 4-24　逻辑与、或和异或指令表

逻辑运算指令	梯　形　图	指令	指　令　功　能	数据类型及操作数
字节与	WAND_B EN ENO ????-IN1 OUT-???? ????-IN2	ANDB IN1,OUT	使能输入有效时,把一个字节长的 IN1 和 IN2 的输入逻辑数按位相与,得到一个字节逻辑运算结果,送到 OUT 指定的存储器单元输出	数据类型:字节 IN1/IN2/N 操作数:VB、MB、IB、QB、SB、SMB、LB、AC、*VD、*AC、*LD、常数 OUT:VB、IB、QB、MB、SMB、LB、AC、*VD、*AC、*LD
字节或	WOR_B EN ENO ????-IN1 OUT-???? ????-IN2	ORB IN1,OUT	使能输入有效时,将一个字节长的 IN1 和 IN2 的逻辑数按位相或,得到一个字节逻辑运算结果,送到 OUT 指定的存储器单元输出	
字节异或	WXOR_B EN ENO ????-IN1 OUT-???? ????-IN2	XORB IN1,OUT	使能输入有效时,将一个字节长的 IN1 和 IN2 的逻辑数按位异或,得到一个字节逻辑运算结果,送到 OUT 指定的存储器单元输出	
字与	WAND_W EN ENO ????-IN1 OUT-???? ????-IN2	ANDW IN1,OUT	使能输入有效时,把一个字长的 IN1 和 IN2 输入逻辑数按位相与,得到一个字逻辑运算结果,送到 OUT 指定的存储器单元输出	数据类型:字 IN1/IN2/N 操作数:VW、MW、IW、QW、SW、SMW、LW、AC、*VD、*AC、*LD、T、C、常数 OUT:VW、IW、QW、MW、SW、SMW、LW、AC、*VD、*AC、*LD、T、C
字或	WOR_W EN ENO ????-IN1 OUT-???? ????-IN2	ORW IN1,OUT	使能输入有效时,把一个字长的 IN1 和 IN2 输入逻辑数按位相或,得到一个字逻辑运算结果,送到 OUT 指定的存储器单元输出	
字异或	WXOR_W EN ENO ????-IN1 OUT-???? ????-IN2	XORW IN1,OUT	使能输入有效时,把一个字长的 IN1 和 IN2 输入逻辑数按位异或,得到一个字逻辑运算结果,送到 OUT 指定的存储器单元输出	
双字与	WAND_D EN ENO ????-IN1 OUT-???? ????-IN2	ANDD IN1,OUT	使能输入有效时,把一个双字长的 IN1 和 IN2 输入逻辑数按位相与,得到两个双字长逻辑运算结果,送到 OUT 指定的存储器单元输出	数据类型:双字 IN1/IN2/N 操作数:VD、MD、ID、QD、SMD、LD、AC、HC、*VD、*AC、*LD、常数 OUT:VD、ID、QD、MD、SMD、LD、AC、*VD、*AC、*LD
双字或	WOR_D EN ENO ????-IN1 OUT-???? ????-IN2	ORD IN1,OUT	使能输入有效时,把一个双字长的 IN1 和 IN2 输入逻辑数按位相或,得到两个字长逻辑运算结果,送到 OUT 指定的存储器单元输出	
双字异或	WXOR_D EN ENO ????-IN1 OUT-???? ????-IN2	XORD IN1,OUT	使能输入有效时,把一个双字长的 IN1 和 IN2 输入逻辑数按位相异或,得到两个字长逻辑运算结果,送到 OUT 指定的存储器单元输出	
双字或	WOR_D EN ENO ????-IN1 OUT-???? ????-IN2	ORD IN1,OUT	使能输入有效时,把两个双字长的输入逻辑数按位相或,得到的一个字长逻辑运算结果,送到 OUT 指定的存储器单元输出	
双字异或	WXOR_D EN ENO ????-IN1 OUT-???? ????-IN2	XORD IN1,OUT	使能输入有效时,把两个双字长的输入逻辑数按位相异或,得到的一个字长逻辑运算结果,送到 OUT 指定的存储器单元输出	

三、指令应用

图 4-28 所示为字节与、字节或、字节异或指令的应用实例梯形图。当 I0.0 接通时，其运行过程如图 4-29 所示。

图 4-28 梯形图

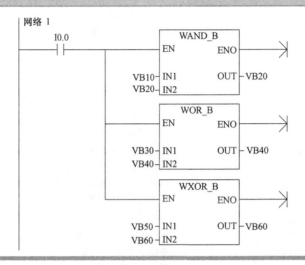

图 4-29 字节与、字节或、字节异或指令的应用

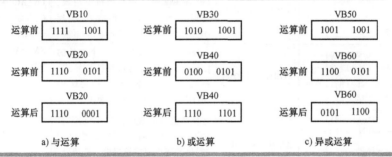

a) 与运算　　　　　　b) 或运算　　　　　　c) 异或运算

第十节 高速计数器及其指令

普通计数器是按照顺序扫描的方式进行工作，在每个扫描周期中，对计数脉冲只能进行一次累加，计数频率一般仅有几十赫兹。然而，在现代自动控制中实现精确定位和测量长度，则需要采用高速计数器来完成对高频率输入信号计数任务。

一、高速计数器介绍

高速计数器用来累计比 PLC 扫描频率高得多的脉冲输入，高速计数器是通过在一定条件下产生的中断事件完成预定的操作。

1 高速计数器数量及地址编号

2 高速计数器的输入端

高速计数器的输入端不像普通输入端那样由用户自由定义，而是由系统指定。每个高速计数器对它所支持的脉冲输入端、方向控制、复位和启动都有专用的输入点,见表4-25。

表 4-25　高速计数器的输入点

高速计数器编号	输 入 点	高速计数器编号	输 入 点
HC0	I0.0、I0.1、I0.2	HC3	I0.1
HC1	I0.6、I0.7、I1.0、I1.1	HC4	I0.3、I0.4、I0.5
HC2	I1.2、I1.3、I1.4、I1.5	HC5	I0.4

表 4-25 中用到的输入点,如 I0.0~I0.3,既可以作为普通输入点使用,又可以作为边沿中断输入点使用,还可以在使用高速计数器时作为指定的专用输入点使用,但对于同一个输入点同时只能作为上述其中的一种功能使用。只要使用高速计数器,相应输入点就分配给相应的高速计数器,实现由高速计数器产生的中断。各个高速计数器引起的中断事件见表4-26。

表 4-26　高速计数器中断事件

高速计数器编号	当前值等于设定值中断		计数方向改变中断		外部信号复位中断	
	事件号	优先级	事件号	优先级	事件号	优先级
HC0	12	10	27	11	28	12
HC1	13	13	14	14	15	15
HC2	16	16	17	17	4~9	4~9
HC3	32	19	无	无	无	无
HC4	29	20	30	21	31	22
HC5	33	23	无	无	无	无

3　高速计数器的工作模式

高速计数器有 12 种工作模式,分为以下四大类:
模式 0~模式 2 采用单路脉冲输入的内部方向控制加/减计数;
模式 3~模式 5 采用单路脉冲输入的外部方向控制加/减计数;
模式 6~模式 8 采用两路脉冲输入的加/减计数;
模式 9~模式 11 采用两路脉冲输入的双相正交计数。

每个高速计数器都有多种工作模式,可以通过编程的方法,使用定义高速计数器指令 HDEF 来选择不同的工作模式。

1) 高速计数器 0 是一个通用的加/减计数器,共有八种模式,见表4-27。

表 4-27　高速计数器 0 的工作模式

模式	描　述	控 制 位	I0.0	I0.1	I0.2
0	单路脉冲输入的内部方向控制加/减计数	SM37.3=0,减	脉冲		
1		SM37.3=1,加			复位
3	单路脉冲输入的外部方向控制加/减计数	I0.1=0,减	脉冲	方向	
4		I0.1=1,加			复位
6	两路脉冲输入的加/减计数 加计数脉冲输入端有输入,加计数	外部输入控制	加计数脉冲	减计数脉冲	
7	减计数脉冲输入端有输入,减计数				复位
9	两路脉冲输入的双相正交计数 A超前B,加计数	外部输入控制	A相脉冲	B相脉冲	
10	B超前A,减计数				复位

137

2）高速计数器 1 共有 12 种模式，见表 4-28。

表 4-28　高速计数器 1 的工作模式

模式	描　述	控　制　位	I0.6	I0.7	I1.0	I1.1
0	单路脉冲输入的 内部方向控制加/减计数	SM47.3=0,减 SM47.3=1,加	脉冲			
1					复位	
2						启动
3	单路脉冲输入的 外部方向控制加/减计数	I0.7=0,减 I0.7=1,加	脉冲	方向		
4					复位	
5						启动
6	两路脉冲输入的加/减计数 加计数脉冲输入端有输入,加计数 减计数脉冲输入端有输入,减计数	外部输入控制	加计数 脉冲	减计数 脉冲		
7					复位	
8						启动
9	两路脉冲输入的双相正交计数 A 超前 B,加计数 B 超前 A,减计数	外部输入控制	A 相脉冲	B 相脉冲		
10					复位	
11						启动

3）高速计数器 2 共有 12 种模式，见表 4-29。

表 4-29　高速计数器 2 的工作模式

模式	描　述	控　制　位	I1.2	I1.3	I1.4	I1.5
0	单路脉冲输入的 内部方向控制加/减计数	SM47.3=0,减 SM47.3=1,加	脉冲			
1					复位	
2						启动
3	单路脉冲输入的 外部方向控制加/减计数	I1.3=0,减 I1.3=1,加	脉冲	方向		
4					复位	
5						启动
6	两路脉冲输入的加/减计数 加计数脉冲输入端有输入,加计数 减计数脉冲输入端有输入,减计数	外部输入控制	加计数 脉冲	减计数 脉冲		
7					复位	
8						启动
9	两路脉冲输入的双相正交计数 A 超前 B,加计数 B 超前 A,减计数	外部输入控制	A 相脉冲	B 相脉冲		
10					复位	
11						启动

4）高速计数器 3 只有一种模式，见表 4-30。

表 4-30　高速计数器 3 的工作模式

模式	描　述	控　制　位	I0.1
0	单路脉冲输入的内部方向控制加/减计数	SM137.3=0,减;SM137.3=1,加	脉冲

5）高速计数器 4 共有八种模式，见表 4-31。

表 4-31　高速计数器 4 的工作模式

模式	描　　述	控　制　位	I0.3	I0.4	I0.5
0	单路脉冲输入的内部方向控制加/减计数	SM147.3 = 0,减	脉冲		
1		SM147.3 = 1,加			复位
3	单路脉冲输入的外部方向控制加/减计数	I0.4 = 0,减	脉冲	方向	
4		I0.4 = 1,加			复位
6	两路脉冲输入的加/减计数 加计数脉冲输入端有输入,加计数	外部输入控制	加计数脉冲	减计数脉冲	
7	减计数脉冲输入端有输入,减计数				复位
9	两路脉冲输入的双相正交计数 A 超前 B,加计数	外部输入控制	A 相脉冲	B 相脉冲	
10	B 超前 A,减计数				复位

6）高速计数器 5 只有一种模式，见表 4-32。

表 4-32　高速计数器 5 的工作模式

模式	描　　述	控　制　位	I0.4
0	单路脉冲输入的内部方向控制加/减计数	SM157.3 = 0,减；SM157.3 = 1,加	脉冲

4　高速计数器的计数方式

1）单路脉冲输入的内部方向控制加/减计数（模式 0~模式 2）。即只有一个脉冲输入端，通过高速计数器的控制字节的第 3 位来控制作加计数或者减计数，该位 = 1 时为加计数，该位 = 0 时为减计数，如图 4-30 所示。

图 4-30　单路脉冲输入的内部方向控制加/减计数

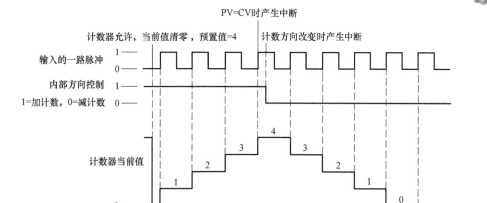

2）单路脉冲输入的外部方向控制加/减计数（模式 3~模式 5）。即有一个脉冲输入端、一个方向控制端，方向输入信号等于 1 时为加计数，等于 0 时为减计数，如图 4-31 所示。

3）两路脉冲输入的加/减计数（模式 6~模式 8）。即有两个脉冲输入端，一个是加计数脉冲输入端，一个是减计数脉冲输入端，计数值为两个输入端脉冲的代数和，如图 4-32 所示。

4）两路脉冲输入的双相正交计数（模式 9~模式 11）。即有两个脉冲输入端，输入的两路脉冲 A 相、B 相，相位互差 90°（正交），A 相超前 B 相 90°时为加计数，A 相滞后 B 相 90°时为减计数。在这种计数方式下，可选择 1×模式（单倍频，一个时钟脉冲计一个数）和 4×模式（四倍频，一个时钟脉冲计四个数），如图 4-33 和图 4-34 所示。

图 4-31　单路脉冲输入的外部方向控制加/减计数

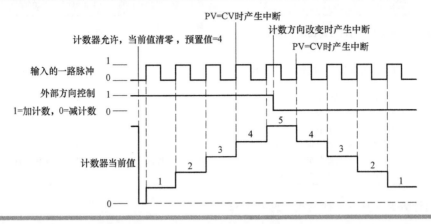

140

图 4-32　两路脉冲输入的加/减计数

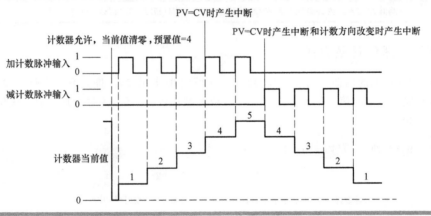

图 4-33　两路脉冲输入的双相正交计数（1×模式）

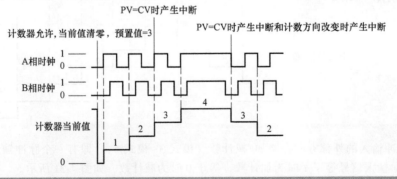

5　高速计数器的控制字和状态字

（1）控制字节　定义了计数器和工作模式之后，还要设置高速计数器的有关控制字节。每个高速计数器均有一个控制字节，它决定了计数器的计数允许或禁用、方向控制（仅限模式 0、1 和 2）或对所有其他模式的初始化计数方向、装入当前值和预置值。控制字节见表 4-33。

图 4-34　两路脉冲输入的双相正交计数（4×模式）

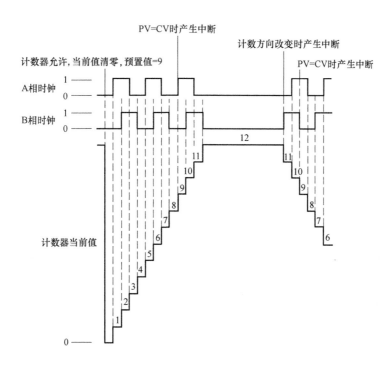

表 4-33　高速计数器的控制字节

HC0	HC1	HC2	HC3	HC4	HC5	说　明
SM37.0	SM47.0	SM57.0		SM147.0		复位有效电平控制： 0=复位信号高电平有效；1=低电平有效
SM37.1	SM47.1	SM57.1				启动有效电平控制： 0=启动信号高电平有效；1=低电平有效
SM37.2	SM47.2	SM57.2		SM147.2		正交计数器计数速率选择： 0=4×计数速率；1=1×计数速率
SM37.3	SM47.3	SM57.3	SM137.3	SM147.3	SM157.3	计数方向控制位： 0=减计数，1=加计数
SM37.4	SM47.4	SM57.4	SM137.4	SM147.4	SM157.4	向 HC 写入计数方向： 0=无更新，1=更新计数方向
SM37.5	SM47.5	SM57.5	SM137.5	SM147.5	SM157.5	向 HC 写入新预置值： 0=无更新，1=更新预置值
SM37.6	SM47.6	SM57.6	SM137.6	SM147.6	SM157.6	向 HC 写入新当前值： 0=无更新，1=更新当前值
SM37.7	SM47.7	SM57.7	SM137.7	SM147.7	SM157.7	HC 允许： 0=禁用 HC；1=启用 HC

（2）状态字节　每个高速计数器都有一个状态字节，状态位表示当前计数方向以及当前值是否大于或等于预置值。状态字节的0~4位不用。监控高速计数器状态的目的是使外部事件产生中断，以完成重要的操作。状态字节见表4-34。

表4-34　高速计数器的状态字节

HC0	HC1	HC2	HC3	HC4	HC5	说　明
SM36.5	SM46.5	SM56.5	SM136.5	SM146.5	SM156.5	当前计数方向状态位： 0=减计数；1=加计数
SM36.6	SM46.6	SM56.6	SM136.6	SM146.6	SM156.6	当前值等于预置值状态位： 0=不相等；1=等于
SM36.7	SM46.7	SM56.7	SM136.7	SM146.7	SM156.7	当前值大于预置状态位： 0=小于或等于；1=大于

6　高速计数器寻址

如果要指定高速计数器的地址，访问高速计数器的当前值（CV），就要使用存储器类型HC和计数器编号，即HC0、HC1、HC2、HC3、HC4、HC5。高速计数器的当前值（HC0~HC5）为只读数据，其数据长度为双字（32位）。由于HC数据类型为只读，故不能使用HC数据类型将一个新当前计数写入高速计数器。

二、高速计数器指令

高速计数器指令包括高速计数器定义指令（HDEF）和高速计数器执行指令（HSC）。

（1）高速计数器定义指令（HDEF）　HDEF指令指定高速计数器的工作模式。每个高速计数器只能用一条"高速计数器定义"指令。HDEF指令的梯形图和语句表见表4-35。

（2）高速计数器执行指令（HSC）　HSC指令根据高速计数器控制位的状态和HDEF指令指定的工作模式，控制高速计数器执行高速计数工作，参数N指定高速计数器的号码。HSC指令的梯形图和语句表见表4-35。

表4-35　高速计数器指令的梯形图和语句表

指令	梯形图	指令	功　能	数据类型及操作数
高速计数器定义指令 HDEF	HDEF EN ENO ????-HSC ????-MODE	HDEF HSC, MODE	使能输入有效时，为指定的高速计数器分配一种工作模式，并且只能定义一次	数据类型：字节型 操作数：HSC，高速计数器编号，为0~5的常数；MODE，工作模式，为0~11的常数
高速计数器执行指令 HSC	HSC EN ENO ????-N	HSC N	使能输入有效时，根据高速计数器特殊存储器位的状态，并按照HDEF指令指定的工作模式，设置高速计数器并控制其工作	数据类型：字型 N：高速计数器编号，为0~5的常数

（3）高速计数器指令的使用　每个高速计数器都有一个32位当前值和一个32位预置值，当前值和预设值均为带符号整数值。当前值和预置值占用的特殊内部标志位存储区见表4-36。

表 4-36 当前值和预置值占用的特殊内部标志位存储区

要装入的数值	HC0	HC1	HC2	HC3	HC4	HC5
新的当前值	SMD38	SMD48	SMD58	SMD138	SMD148	SMD158
新的预置值	SMD42	SMD52	SMD62	SMD142	SMD152	SMD162

要设置高速计数器的新当前值和新预置值，必须先设置控制字，令其第五位和第六位为 1，允许更新预置值和当前值，新当前值和新预置值写入特殊内部标志位存储区，然后执行 HSC 指令，从而将新数值传送到高速计数器。

执行 HDEF 指令前，必须将高速计数器控制字节的位设置成需要的状态，否则将采用默认设置。默认设置：复位和启动输入均为高电平有效，正交计数速率选择 4× 模式。执行 HDEF 指令后，就不能再改变计数器的设置，除非 CPU 进入停止模式。

执行 HSC 指令时，CPU 检查控制字节和有关的当前值和预置值。

（4）高速计数器的初始化步骤 高速计数器的初始化即对高速计数器设置控制字节、执行高速计数器定义指令（选择工作模式）、设定当前值和预设值、设置中断和执行高速计数器执行指令等。因为 HDEF 指令进入 RUN 模式后只能执行一次，为了减少程序运行时间优化程序结构，一般以子程序的形式进行高速计数器的初始化。当然，也可以用主程序中的程序段来实现。高速计数器在运行之前，必须要执行一次初始化子程序或初始化程序段。

高速计数器的初始化步骤如下：

1）用首次扫描时接通一个扫描周期的特殊内部存储器 SM0.1 去调用一个子程序，完成初始化操作。

2）在初始化子程序中，根据希望的控制设置控制字（SMB37、SMB47、SMB57、SMB137、SMB147、SMB157）。如选择高速计数器 1，设置 SMB47 = 16#FC，则为允许计数、写入新当前值、写入新预置值、更新计数方向为加计数，正交计数设为单倍频（1×）模式，复位和启动均设置为高电平有效。

3）执行 HDEF 指令，设置 HC 的编号（0~5），设置工作模式（0~11）。如 HC 的编号设置为 1，工作模式输入设置为 11，则为既有复位又有启动的正交计数工作模式。

4）将新的当前值写入 32 位当前值寄存器（SMD38、SMD48、SMD58、SMD138、SMD148、SMD158）。如写入 0，则清除当前值，用指令"MOVD 0，SMD48"实现。

5）将新的预置值写入 32 位预置值寄存器（SMD42、SMD52、SMD62、SMD142、SMD152、SMD162）。如执行指令 MOVD 1000，SMD52，则设置预置值为 1000。若写入预置值为 16#00，则高速计数器处于不工作状态。

6）为了捕捉当前值等于预置值的事件，将条件 CV = PV 中断事件（如选择 HC1，则为事件 13）与一个中断程序相联系。

7）为了捕捉计数方向的改变，将计数方向改变的中断事件（如选择 HC1，则为事件 14）与一个中断程序相联系。

8）为了捕捉外部信号复位，将外部信号复位中断事件（如选择 HC1，则为事件 15）与一个中断程序相联系。

9）执行全局中断允许指令（ENI），允许 HC 中断。

10）执行 HSC 指令，激活高速计数器。

11）结束子程序。

三、指令应用

某设备采用位置编码器作为检测元件，需要高速计数器进行位置值的计数，其要求如下：计数信号为 A、B 两相相位差 90° 的脉冲输入；使用外部计数器复位与启动信号，高电平有效；编码器每转的脉冲数为 2500，在 PLC 内部进行四倍频，计数开始值为 "0"，当转动一圈后，需要清除计数值进行重新计数。

1 主程序（见图 4-35）

图 4-35 主程序

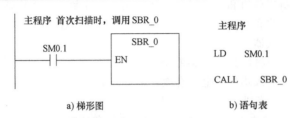

主程序 首次扫描时，调用 SBR_0

主程序

LD   SM0.1

CALL   SBR_0

a) 梯形图   b) 语句表

2 初始化的子程序（见图 4-36）

图 4-36 初始化的子程序

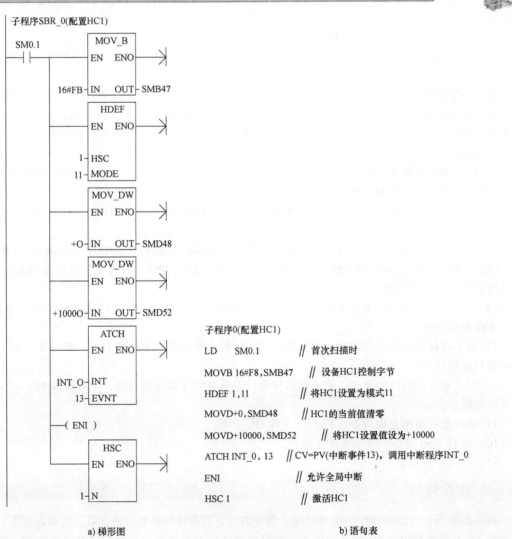

子程序0(配置HC1)

LD   SM0.1   // 首次扫描时

MOVB 16#F8,SMB47   // 设备HC1控制字节

HDEF 1,11   // 将HC1设置为模式11

MOVD+0,SMD48   // HC1的当前值清零

MOVD+10000,SMD52   // 将HC1设置值设为+10000

ATCH INT_0, 13   // CV=PV(中断事件13)，调用中断程序INT_0

ENI   // 允许全局中断

HSC 1   // 激活HC1

a) 梯形图   b) 语句表

144

3 中断程序（见图 4-37）

图 4-37 中断程序

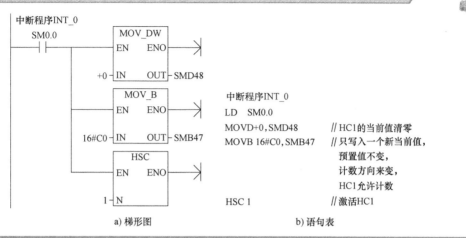

中断程序INT_0
```
LD    SM0.0
MOVD +0,SMD48    // HC1的当前值清零
MOVB 16#C0,SMB47 // 只写入一个新当前值,
                    预置值不变,
                    计数方向来变,
                    HC1允许计数
HSC 1            // 激活HC1
```

a) 梯形图   b) 语句表

第十一节 高速脉冲输出及其指令

高速脉冲输出功能是指在 PLC 中输出高速脉冲，用来驱动负载的精确控制，在运动控制中广泛应用。使用高速脉冲输出功能时，PLC 主机应选用晶体管输出型，以满足高速输出的频率要求。

一、高速脉冲输出形式

S7-200 SMART 晶体管输出型的 PLC 有高速脉冲串输出（PTO）和宽度可调脉冲输出（PWM）两种方式。

（1）PTO（Pulse Train Output，脉冲串输出） PTO 能输出一个频率可调的、占空比为 50% 的一串脉冲，如图 4-38 所示（用户可以控制脉冲周期和脉冲数），多用于带有位置控制功能的步进驱动器或伺服驱动器，将输出脉冲的个数作为位置给定值输入，以实现定位控制功能；通过改变定位脉冲的输出频率，可以改变运动的速度。

图 4-38 PTO 输出形式

（2）PWM（Pulse Width Modulation，脉冲宽度调制） PWM 能输出占空比可调的一串脉冲如图 4-39 所示（用户可以控制脉冲周期和脉冲宽度），用于直接驱动调速系统或运动控制系统的输出级，控制逆变主回路。

图 4-39 PWM 输出形式

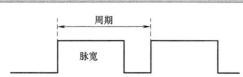

二、高速脉冲输出端子的确定

S7-200 SMART PLC 的高速脉冲输出端子不能随意选择的，必须按照系统指定的输出点 Q0.0 和 Q0.1 来选择。当 Q0.0 或 Q0.1 设置为 PTO 或 PWM 功能时，Q0.0 或 Q0.1 输出点就不能当普通的数字量输出使用，其输出波形不受输出过程映像寄存器的状态、输出强制或立即输出指令的影响。当不使用 PTO/PWM 发生器功能时，输出点 Q0.0、Q0.1 使用通用功能，输出由输出过程映像寄存器控制，输出过程映像寄存器决定输出信号波形的起始和结束状态，即决定脉冲输出波形从高电平或低电平开始和结束，使输出波形有短暂的不连续，为了减小这种不连续的有害影响，应注意以下两点：

1）可在起用 PTO 或 PWM 操作之前，将用于 Q0.0 和 Q0.1 的输出过程映像寄存器设为零。

2）PTO/PWM 输出必须至少有 10% 的额定负载，才能完成从关闭至打开以及从打开至关闭的顺利转换，即提供陡直的上升沿和下降沿。

三、脉冲输出 PLS 指令

1 PLS 指令功能

PLS 指令使 PLC 输出端产生高速脉冲，用来驱动负载实现精确控制，例如对步进电动机的控制。PLS 指令的梯形图及语句表见表 4-37。

表 4-37　PLS 指令的梯形图和语句表

指令名称	梯形图	语句表	操作数及数据类型
PLS 指令	PLS EN　ENO Q0.X	PLS Q	Q：常量（0 或 1） 数据类型：字

PLS 指令功能描述：使能有效时，检查用于脉冲输出（Q0.0 或 Q0.1）的特殊存储器位（SM），然后执行特殊存储器位定义的脉冲操作，从 Q0.0 或 Q0.1 输出高速脉冲。

2 用于脉冲输出（Q0.0 或 Q0.1）的特殊标志寄存器

每一个 PTO/PWM 发生器都对应一定数量的特殊寄存器，这些寄存器包括控制字节寄存器、状态字节寄存器和参数数值寄存器，见表 4-38 所示各功能寄存器。用它们来控制高速脉冲的输出形式和输出状态及参数值。

表 4-38　各功能寄存器

Q0.0 的寄存器	Q0.1 的寄存器	名称及功能描述
SMB66	SMB76	状态字节，在 PTO 方式下，跟踪脉冲串的输出状态
SMB67	SMB77	控制字节，控制 PTO/PWM 脉冲输出的基本功能
SMW68	SMW78	PTO/PWM 的周期值，字型，范围：2~65535，16 位无符号数
SMW70	SMW80	PWM 的脉宽值，字型，范围 0~65535，16 位无符号数
SMD72	SMD82	PTO 的脉冲数，双字型，范围：1~4294967295，32 位无符号数
SMB166	SMB176	多段管线 PTO 进行中的段的编号，8 位无符号数
SMW168	SMW178	多段管线 PTO 包络表起始字节的地址

说明：表 4-38 中 SMB67 控制 PTO/PWM 的 Q0.0，SMB77 控制 PTO/PWM 的 Q0.1，SMW68/SMW78、SMW70/SMW80、SMD72/SMD82 分别存放周期值、脉冲宽度值、脉冲数值。在多段脉冲

串操作中，执行 PLS 指令前应在 SMB166/SMB176 中填入管线的总段数，在 SMW168/SMW178 中装入包络表的起始偏移地址，并填好包络表的值。状态字节用于监视 PTO 发生器的工作。

PLS 指令从 PTO/PWM 对应的寄存器中读取数据，使程序按寄存器中的值控制 PTO/PWM 发生器。因此执行 PLS 指令前，必须设置好这些寄存器。寄存器各位的功能见表 4-39。表 4-40 作为一个快速参考，用其中的数值作为 PTO/PWM 控制字的值来实现需要的操作。

表 4-39 PTO/PWM 控制寄存器

	Q0.0	Q0.1	说　明
状态字节	SM66.4	SM76.4	PTO 包络由于增量计算错误异常终止,0:无错;1:异常终止
	SM66.5	SM76.5	PTO 包络由于用户命令异常终止,0:无错;1:异常终止
	SM66.6	SM76.6	PTO 管线溢出,0:无溢出;1:溢出
	SM66.7	SM76.7	PTO 空闲(用来指示脉冲序列输出结束),0:运行中;1:PTO 空闲
控制字节	SM67.0	SM77.0	PTO/PWM 刷新周期值,0:不刷新;1:刷新
	SM67.1	SM77.1	PWM 刷新脉冲宽度值,0:不刷新;1:刷新
	SM67.2	SM77.2	PTO 刷新脉冲计数值,0:不刷新;1:刷新
	SM67.3	SM77.3	PTO/PWM 时基选择,0:1μs; 1:1ms
	SM67.4	SM77.4	PWM 更新方法,0:异步更新;1:同步更新
	SM67.5	SM77.5	PTO 操作,0:单段操作;1:多段操作
	SM67.6	SM77.6	PTO/PWM 模式选择,0:选择 PTO　1:选择 PWM
	SM67.7	SM77.7	PTO/PWM 允许,0:禁止;1:允许
其他寄存器	SMW68	SMW78	PTO/PWM 周期时间值(范围:2~65535)
	SMW70	SMW80	PWM 脉冲宽度值(范围:0~65535)
	SMD72	SMD82	PTO 脉冲计数值(范围:1~4294967295)
	SMB166	SMB176	操作中的段数(仅用在多段 PTO 操作中)
	SMW168	SMW178	包络表的起始位置,用从 V0 开始的字节偏移量表示(仅用在多段 PTO 操作中)

表 4-40 PTO/PWM 控制字节参考

控制字节 (十六进制)	执行 PLS 指令的结果							
	启用	模式选择	PTO 段操作	PWM 更新方法	时基	脉冲数	脉冲宽度	周期
16#81	是	PTO	单段		1μs/周期			装载
16#84	是	PTO	单段		1μs/周期	装载		
16#85	是	PTO	单段		1μs/周期	装载		装载
16#89	是	PTO	单段		1ms/周期			装载
16#8C	是	PTO	单段		1ms/周期	装载		
16#8D	是	PTO	单段		1ms/周期	装载		装载
16#A0	是	PTO	多段		1μs/周期			
16#A8	是	PTO	多段		1ms/周期			
16#D1	是	PWM		同步	1μs/周期			装载
16#D2	是	PWM		同步	1μs/周期		装载	
16#D3	是	PWM		同步	1μs/周期		装载	装载
16#D9	是	PWM		同步	1ms/周期			装载
16#DA	是	PWM		同步	1ms/周期		装载	
16#DB	是	PWM		同步	1ms/周期		装载	装载

四、PTO 的应用

PTO 按照给定的脉冲个数和周期输出一串方波（占空比 50%）。PTO 可以产生单段脉冲串或者多段脉冲串，可以指定脉冲数和周期（以微秒或毫秒为增加量）。

1 周期和脉冲数

周期的范围是 50~65535μs 或 2~65535ms，为 16 位无符号数，时基有 μs 和 ms 两种，通过控制字节的第三位选择。如果设定的周期是奇数，则会引起占空比的一些失真。脉冲数的范围是 1~4294967295。

如果周期时间小于最小值，则把周期默认为最小值。如果指定脉冲数为零，则把脉冲数默认为一个脉冲。

状态字节中的 PTO 空闲位（SM66.7 或 SM76.7）为 1 时，则指示脉冲串输出完成。可根据脉冲串输出的完成调用中断程序。

2 单段管线模式

PTO 功能可输出多个脉冲串，允许脉冲串的排队，形成管线。当激活的脉冲串输出完成后，立即开始输出新的脉冲串，保证了脉冲串顺序输出的连续性。

PTO 发生器有单段管线和多段管线两种模式（也称单段流水线和多段流水线）。

单段管线是指管线中每次只能存储一个脉冲串的控制参数。一旦启动了 PTO 起始段，就必须立即为下一个脉冲串更新控制寄存器，并再次执行 PLS 指令。第二个脉冲串的属性在管线一直保持到第一个脉冲串发送完成。第一个脉冲串发送完成，紧接着就输出第二个脉冲串，重复上述过程可输出多个脉冲串。输出多个脉冲串时，如果采用单段管线模式，则编程比较复杂。

单段管线模式中的各段脉冲串可以采用不同的时间基准，但有可能造成脉冲串之间的不平稳过渡。但是，如果时间基准发生了变化或者在利用 PLS 指令捕捉到新脉冲之前，启动的脉冲串已经完成，那么脉冲串之间则可以做到平滑转换。

当管线满时，如果试图装入另一个脉冲串的控制参数，状态寄存器中的 PTO 溢出位（SM66.6 或 SM76.6）将置位。在检测到溢出后，必须手动清除这个位，以便恢复检测功能。当 PLC 进入 RUN 方式时，这个位初始化为零。

3 单段 PTO 的编程步骤

通常用一个子程序为单段操作的脉冲输出配置和初始化 PTO，从主程序调用初始化子程序。使用首次扫描内存位（SM0.1）将脉冲输出初始化为零，并调用子程序，执行初始化操作。使用子程序调用时，随后的扫描不再调用该子程序，这样会缩短扫描时间执行，程序结构更为合理。

从主程序建立初始化子程序调用后，用以下步骤建立控制逻辑，用于在初始化子程序中配置脉冲输出 Q0.0 或 Q0.1。

1）设置控制字节。将值 16#85（选择微秒增加）或值 16#8D（选择毫秒增加）写入 SMB67 或 SMB77，两个值均可启用 PTO/PWM 功能、选择 PTO 操作、设置脉冲数和周期值、以及选择时基（μs 或 ms）。

2）在 SMW68 或 SMW78 中写入一个周期的字值。

3）在 SMD72 或 SMD82 中写入脉冲计数的双字值。

4）（选项）如果希望在脉冲串输出完成后立即执行相关功能，则可以将脉冲串完成事件（中断事件 19）附加于中断子程序，为中断编程，使用 ATCH 指令并执行全局中断启用指令 ENI。

5）执行 PLS 指令，使 S7-200 SMART PLC 为 PTO 发生器编程。

6）退出子程序。

对于单段 PTO 操作，如果要修改 PTO 的周期、脉冲数，则可以在子程序或中断程序中执行：

1）根据要修改的内容，设置相应的控制字节值。

2）在 SMW68 或 SMW78 中写入新周期的一个字值。

3）在 SMD72 或 SMD82 中写入新脉冲计数的一个双字值。

4）执行 PLS 指令，使 S7-200 SMART PLC 为 PTO 发生器编程。用更新脉冲计数和脉冲时间信号波形输出开始之前，CPU 必须完成所有进行中的 PTO。

5）退出子程序或中断程序。

4 多段管线模式

1）包络表。多段管线中，CPU 在变量存储区（V）建立一个包络表。包络表中存储各个脉冲串的控制参数。多段管线用 PLS 指令启动。多段管线作业中，CPU 自动从包络表中按顺序读出每个脉冲串的控制参数，并实施脉冲串输出。当执行 PLS 指令时，包络表内容不可改变。

包络表由包络段数和各段参数构成，包络表的格式见表 4-41。

表 4-41 多段 PTO 操作的包络表格式

从包络表开始的字节偏移	包 络 段 数	说明(注：周期增量值 Δ 为整数微秒或毫秒)
0		段数(1~255)；数 0 产生一个非致命性错误，将不产生 PTO 输出
1	#1	初始周期(2~65535 时间基准单位)
3		每个脉冲的周期增量(有符号数，-32768~32767 时间基准单位)
5		脉冲数(1~4294967295)
9	#2	初始周期(2~65535 时间基准单位)
11		每个脉冲的周期增量(有符号数，-32768~32767 时间基准单位)
13		脉冲数(1~4294967295)
…	…	…

包络表每段的长度都是八个字节，由周期值（16bit）、周期增量值（16bit）和脉冲计数值（32bit）组成。包络表中的参数表征了脉冲串的特性。在包络表中周期增量可以选择 μs 或 ms，但在同一个包络表中的所有周期值必须使用同一个时间基准。

多段 PTO 操作的特点是编程简单，能够按照每个脉冲的个数自动增减周期。周期增量区的值为正值，则增加周期；周期增量区的值为负值，则减少周期；周期增量区的值为零，则周期不变。除周期增量为零外，每个输出脉冲的周期值都发生着变化。

如果在输出若干个脉冲后指定的周期增量值导致非法周期值，会产生溢出错误，则 SM66.6 或 SM76.6 被置为 1，同时停止 PTO 功能，PLC 的输出变为通用功能。另外，状态字节中的增量计算错误位（SM66.4 或 SM76.4）被置为 1。

如果要人为地终止一个正进行中的 PTO 包络，则只需要把状态字节中的用户终止位（SM66.5 或 SM76.5）置为 1。

当 PTO 包络执行时，当前启动的段的编号保存在 SMB166（或 SMB176）。

2）计算包络表中的数值。PTO 发生器的多段管线功能在实际应用中非常有用。例如，步进电动机的运动控制要求如图 4-40 所示。从 A 点到 B 点为起动加速过程，从 B 到 C 为恒速运行过程，从 C 到 D 为减速停止过程。根据控制要求列出 PTO 包络表。

步进电动机的运动控制分为三段（起动加速、恒速运行、减速停止），共需要 4000 个脉冲，即属于多段管线，需建立三段脉冲的包络表。起动和终止脉冲频率为 2kHz，最大脉冲频率为 10kHz。由于包络表中的值是用周期表示的，而不是用频率，所以需要把给定的频率值转换成周期值。起始和终止周期为 500μs，相应于最大频率的周期为 100μs。段 1：加速运行，应在约 200 个脉冲时达到

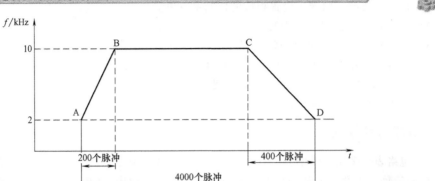

最大脉冲频率（10kHz）；段 2：恒速运行，约 4000-200-400＝3400 个脉冲；段 3：减速运行，应在约 400 个脉冲时完成。

PTO 发生器用来调整某一特定段每次脉冲周期的的周期增量值 Δ 为

$$周期增量值\ \Delta = (ECT - ICT)/Q$$

其中，ECT 为该段的结束周期；ICT 为该段的初始周期；Q 为该段中的脉冲数量。

利用上式计算出段 1 的周期增量值 Δ 为-2，段 2 的周期增量值 Δ 为 0，段 3 的周期增量值 Δ 为 1。假设包络表存放在从 VB200 开始的 V 存储器区，则包络表见表 4-42。该包络表给出了产生所要求信号波形的值，该包络表的值可以在用户程序中用指令放在 V 存储器中。

表 4-42　包络表

V 变量存储器地址	参　数　值	说　　明	
VB200	3	段数	
VW201	500	初始周期	段 1
VW203	-2	周期增量 Δ	
VD205	200	脉冲数	
VW209	100	初始周期	段 2
VW211	0	周期增量 Δ	
VD213	3400	脉冲数	
VW217	100	初始周期	段 3
VW219	1	周期增量 Δ	
VD221	400	脉冲数	

5 多段 PTO 的编程步骤

用一个子程序实现 PTO 初始化，首次扫描（SM0.1）时从主程序调用初始化子程序，执行初始化操作，步骤如下：

1）首次扫描（SM0.1）时将输出 Q0.0 或 Q0.1 复位（置 0），并调用完成初始化操作的子程序。

2）在初始化子程序中，根据控制要求设置控制字并写入 SMB67 或 SMB77 特殊存储器。如写入 16#A0（选择 μs 递增）或 16#A8（选择 ms 递增），两个数值表示允许 PTO 功能、选择 PTO 操作、选择多段操作以及选择时基（μs 或 ms）。

3）将包络表的首地址（16 位）写入在 SMW168（或 SMW178）。

4）在变量存储器 V 中，写入包络表的各参数值。一定要在包络表的起始字节中写入段数。在变量存储器 V 中建立包络表的过程也可以在一个子程序中完成，在此只需调用设置包络表的子程序。

5）设置中断事件并全局开中断。如果想在 PTO 完成后，立即执行相关功能，则须设置中断，将脉冲串完成事件（中断事件号 19）连接一中断程序。

6）执行 PLS 指令，使 S7-200 SMART PLC 为 PTO 发生器编程，高速脉冲串由 Q0.0 或 Q0.1 输出。

7）退出子程序。

五、PWM 的应用

PWM 是用来输出占空比可调的高速脉冲，用户可以控制脉冲的周期和脉冲宽度来完成特定的控制任务。

1 周期和脉冲宽度

周期和脉宽时基为 μs 或 ms，均为 16 位无符号数。周期的范围从 50～65535μs 或从 2～65535ms。若周期小于两个时基，则系统默认为两个时基。脉宽范围从 0～65535μs 或从 0～65535ms。若脉宽大于等于周期，占空比等于 100%，则输出连续接通。若脉宽等于零，占空比为 0%，则输出断开。

2 更新方式

改变 PWM 波形的方法有两种，即同步更新和异步更新。

（1）同步更新 不需改变时基时，可以用同步更新。执行同步更新时，波形的变化发生在周期的边缘，形成平滑转换。

（2）异步更新 需要改变 PWM 的时基时，则应使用异步更新。异步更新使高速脉冲输出功能被瞬时禁用，与 PWM 波形不同步，这样会引起被控设备的振动。鉴于此原因，建议尽量使用同步更新，选择一个适合于所有周期时间的时间基准。

3 PWM 的编程步骤

通常，用一个子程序为单段操作的脉冲输出配置和初始化 PWM，从主程序调用初始化子程序。使用首次扫描内存位（SM0.1）将脉冲输出初始化为 0，并调用子程序，执行初始化操作。使用子程序调用时，随后的扫描不再调用该子程序，这样会降低扫描时间执行，程序结构更为合理。

从主程序建立初始化子程序调用后，用以下步骤建立控制逻辑，用于在初始化子程序中配置脉冲输出 Q0.0 或 Q0.1。

1）用首次扫描位（SM0.1）使输出位复位为 0，并调用初始化子程序。这样可减少扫描时间，程序结构更合理。

2）在初始化子程序中设置控制字节。如将 16#D3（时基为 μs）或 16#DB（时基为 ms）写入 SMB67 或 SMB77，控制功能为允许 PTO/PWM 功能、选择 PWM 操作、设置更新脉冲宽度和周期数值以及选择时基（μs 或 ms）。

3）在 SMW68 或 SMW78 中写入一个字长的周期值。

4）在 SMW70 或 SMW80 中写入一个字长的脉宽值。

5）执行 PLS 指令，使 S7-200 为 PWM 发生器编程，并由 Q0.0 或 Q0.1 输出。

6）可为下一输出脉冲预设控制字。在 SMB67 或 SMB77 中写入 16#D2（μs）或 16#DA（ms），控制字节中将禁止改变周期值，允许改变脉宽值。以后只要装入一个新的脉宽值，不用改变控制字节，直接执行 PLS 指令就可改变脉宽值。

7）退出子程序。

六、指令应用

1 单段管线 PTO 的编程应用

有一个启动按钮接于 I0.1，停止按钮接于 I0.0。要求当按下启动按钮时，Q0.1 输出 PTO 高速脉冲，脉冲的周期为 100μs，个数为 50 000 个。若输出脉冲过程中按下停止按钮，则脉冲输出立即停止。编写单段管线 PTO 脉冲输出程序，如图 4-41 所示。

图 4-41　单段管线 PTO 脉冲输出程序

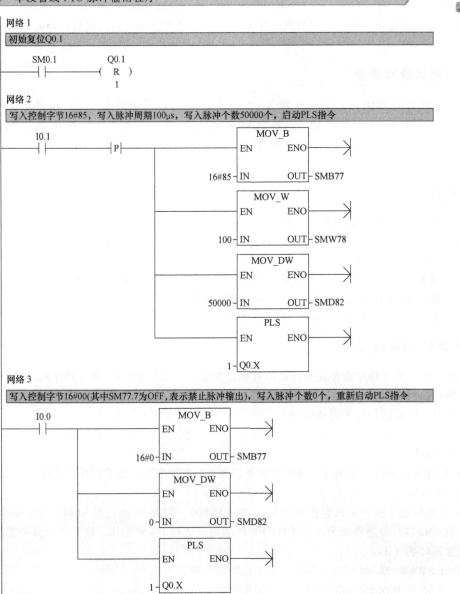

2 多段管线 PTO 的编程应用

根据多段管线 PTO 初始化和操作步骤，应该按照以下步骤进行编程：

1）编程前首先选择高速脉冲输出端子为 Q0.0，并确定 PTO 为三段管线，设置控制字节 SMB67 为 16#A0（表示允许 PTO 功能、选择 PTO 操作、选择多段操作、选择时基为 μs，不允许更新周期和脉冲数）。

2）建立三段的包络表（见表 4-42），并将包络表的首地址装入 SMW168。

3）PTO 完成调用中断程序，使 Q0.6 接通。

4）PTO 完成的中断事件号为 19。用中断调用指令 ATCH 将中断事件 19 与中断程序 INT_0 连接，并全局开中断。

5）执行 PLS 指令，退出子程序。

本例题的主程序、初始化子程序、中断程序如图 4-42 所示。

3 PWM 的编程应用

从 PLC 的 Q0.0 输出高速脉冲，其脉宽的初始值为 0.1s，周期固定为 1s，其脉宽每周期递增 0.1s，当脉宽达到设定的 0.9s 时，脉宽改为每周期递减 0.1s，直到脉宽减为零为止重新开始循环执行。

因为每个周期都有脉冲宽度变化的操作，所以要使得波形特性的变化发生在周期边沿，形成波形的平滑转换，一般的做法是将 PWM 输出反馈到一个中断输入点，如 I0.0，即把 Q0.0 接到 I0.0。当需要改变脉冲宽度时产生中断，在下一个 I0.0 的上升沿，脉冲宽度的改变将与 PWM 的新周期同步发生。

编写两个中断程序，一个中断程序实现脉宽递增，一个中断程序实现脉宽递减，并设置标志位 M0.0，在初始化操作时使其置位，执行脉宽递增中断程序，当脉宽达到 0.9s 时，使其复位，执行脉宽递减中断程序。

在子程序中完成 PWM 的初始化操作，选用输出端 Q0.0，控制字节 SMB67 设定为 16#CB（2# 11001011，允许 PWM 输出，Q0.0 为 PWM 方式，异步更新，时基为 ms，允许更新脉宽，允许更新周期）。

在 PWM 的输出形式下的典型操作是当前周期为固定值时改变脉冲宽度。在初始化子程序中设置 PWM 的初始值时，一定要先将控制字节的最低位 SM67.0 或 SM77.0 设置为 1，初始化时刷新脉冲周期时间；将 SM67.1 或 SM77.1 设置为 1，初始化时刷新脉冲宽度。即使控制要求的是周期不变化的脉冲输出，但如果在初始化中没有刷新周期时间和脉冲时间，则系统将自动定为默认值零，这样就会导致没有正常激活高速脉冲输出。

在改变脉冲宽度时，按照是否需要改变时间基准，有同步更新与异步更新两种方式。本例中，如果采用同步更新方式，则当脉冲脉宽减为零时，不能调用初始化子程序，高速 PWM 脉冲输出不

图 4-42 使用多段管线 PTO 的编程实现步进电动机的控制

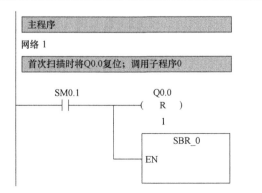

```
主程序

网络 1

首次扫描时将Q0.0复位；调用子程序0

     SM0.1          Q0.0
      | |          ( R )
                     1

              SBR_0

            EN
```

```
主程序

网络 1

LD     SM0.1
R      Q0.0,1
CALL   SBR_0
```

a）主程序

图 4-42 使用多段管线 PTO 的编程实现步进电动机的控制（续）

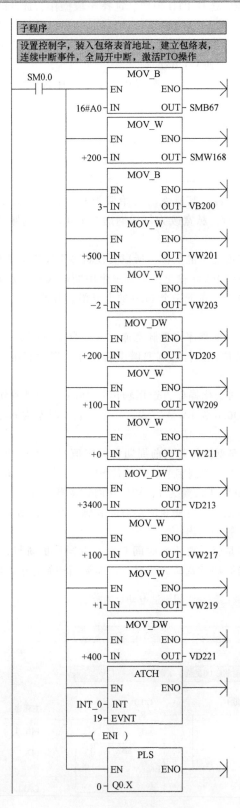

b) 初始化子程序

图 4-42　使用多段管线 PTO 的编程实现步进电动机的控制（续）

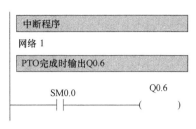

c）中断程序

能重新开始循环。因此，当高速脉冲宽度发生变化，有减至为零的情况下，实际工程应用中不能正常循环输出脉冲时，应考虑将控制字节中相关位设置为异步更新方式。

程序如图 4-43 所示。

图 4-43　PWM 的编程梯形图

主程序

网络 1

调用初始化子程序；如果脉冲宽度等于零，重新调用初始化子程序，再次启动PWM

```
    SM01              SBR_0
    ─┤├────────────┤EN
    SMW70
    ─┤==I├─
     +0
```

网络 2

脉宽大于等于0.9s时将M0.0复位

```
    SMW70            M0.0
    ─┤>=I├───────────( R )
     VW0              1
```

网络 3

如果I0.0=1，并且M0.0=1时，连接中断事件0，并在I0.0上升沿时响应中断，执行中断程序INT_0，实现脉宽递增

```
    I0.0   M0.0         ATCH
    ─┤├────┤├──────┤EN     ENO├─→
                INT_0─┤INT
                    0─┤EVNT
```

网络 4

如果I0.0=1，并且M0.0=0时，连接中断事件0，并在I0.0上升沿时响应中断，执行中断程序INT_1，实现脉宽递减

```
    I0.0   M0.0         ATCH
    ─┤├────┤/├──────┤EN     ENO├─→
                INT_1─┤INT
                    0─┤EVNT
```

a）主程序

图 4-43　PWM 的编程梯形图（续）

初始化子程序

网络 1

将标志位M0.0置1；写入控制字；写入初始脉冲宽度；写入固定周期时间；开中断；激活高速PWM脉冲，从Q0.0输出；设置脉宽比较值900ms

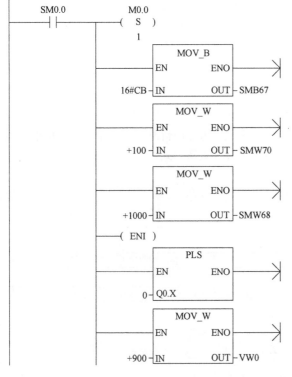

b) 初始化子程序

中断程序INT_0

网络 1

当脉宽没有增加到900ms时，每周期脉宽递增100ms；激活高速PWM脉冲，从Q0.0输出；禁止中断事件0

中断程序INT_1

网络 1

当脉宽 增加到900ms时，将每周期脉宽递减100ms；激活高速PWM脉冲，从Q0.0输出；禁止中断事件0

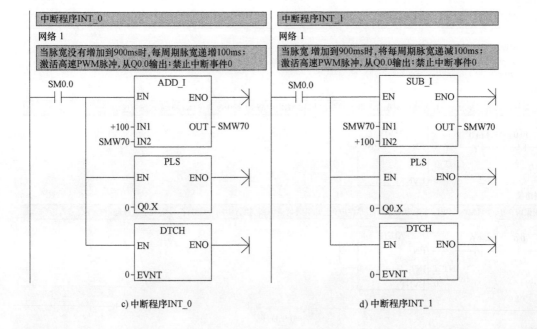

c) 中断程序INT_0

d) 中断程序INT_1

第十二节 功能指令综合应用实例

实例 1 彩灯的闪烁控制

1 控制要求

利用四则运算指令中的乘法指令控制八位彩灯的双数灯逐盏点亮。当接通 PLC 电源后，输出彩灯按照二、四、六、八位进行逐次点亮。

2 操作步骤

（1）根据控制要求，首先确定 I/O 的个数，进行 I/O 的分配（本实例只需要八个输出点，见表 4-43）

表 4-43 I/O 分配表

输出继电器	功 能
QB0	控制八个彩灯

（2）根据控制要求分析，设计并绘制 PLC 系统接线原理图（见图 4-44）

图 4-44 PLC 系统接线原理图

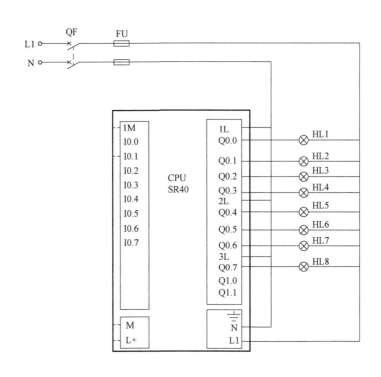

（3）程序设计（见图 4-45）

（4）程序输入与调试 把图 4-45 所示程序传入 PLC 中，将 QB0 输出端子分别和指示灯相连接。接通电源，每隔 0.5s 双数灯二、四、六、八就逐次点亮。

图 4-45　梯形图

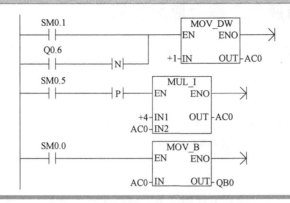

实例 2　四路抢答器控制

1　控制要求

设有四组抢答器，共有四位选手，一位主持人，主持人控制一个开始按钮和一个复位按钮。当主持人按下开始按钮后，选手开始抢答，抢答正常的选手指示灯亮并用数码管显示序号，其他按钮不起作用。如果主持人未按下开始按钮，就有选手抢答，则认为犯规，犯规指示灯闪烁，同时选手序号在数码管上显示。若主持人按下开始按钮，在 10s 内无人抢答，则系统超时指示灯亮，此题作废选手不能再抢答。所有出现的情况，只有主持人按下系统复位按钮后，才能重新开始。

2　操作步骤

（1）根据控制要求，首先确定 I/O 的个数，进行 I/O 的分配（本实例需要 6 个输入点，13 个输出点，见表 4-44）

表 4-44　PLC 的 I/O 配置

输入设备		输入继电器	输出设备		输出继电器
代号	功能		代号	功能	
SB1	开始按钮	I0.0	HL1	无人抢答灯	Q0.0
SB2	复位按钮	I0.1	HL2	犯规指示灯	Q0.1
SB3	1 组按钮	I0.2	HL3	1 组指示灯	Q0.2
SB4	2 组按钮	I0.3	HL4	2 组指示灯	Q0.3
SB5	3 组按钮	I0.4	HL5	3 组指示灯	Q0.4
SB6	4 组按钮	I0.5	HL6	4 组指示灯	Q0.5
				七段码显示 a 段	Q1.0
				七段码显示 b 段	Q1.1
				七段码显示 c 段	Q1.2
				七段码显示 d 段	Q1.3
				七段码显示 e 段	Q1.4
				七段码显示 f 段	Q1.5
				七段码显示 g 段	Q1.6

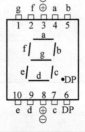

（2）根据控制要求分析，设计并绘制 PLC 系统接线原理图（见图 4-46）

（3）程序设计　带数码管显示的四路抢答器的 PLC 梯形图程序如图 4-47 所示。

图 4-46 PLC 系统接线原理图

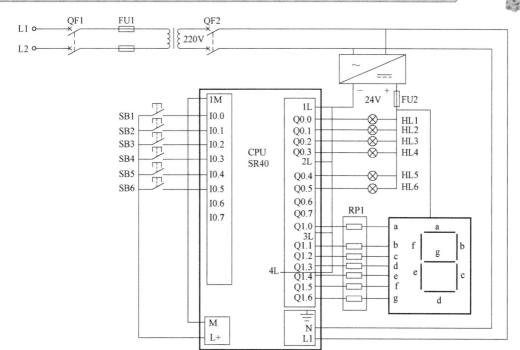

图 4-47 四路抢答器的 PLC 梯形图程序

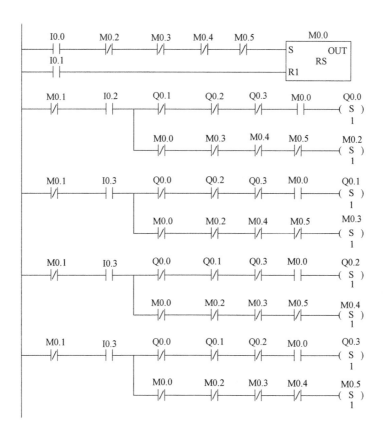

图 4-47　四路抢答器的 PLC 梯形图程序（续）

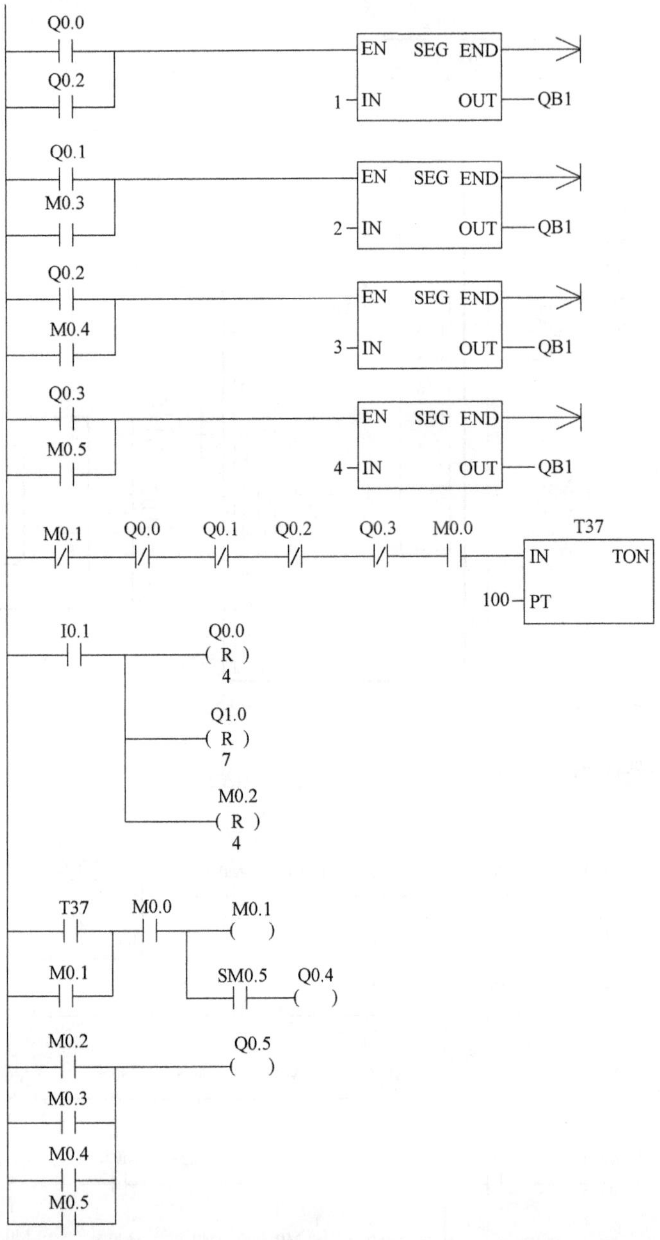

（4）程序输入与调试　熟练地操作编程软件，能正确将编制的程序输入 PLC；按照被控设备的要求进行调试、修改，达到设计要求。

实例 3　花样喷泉控制

1　控制要求

在很多公园、广场、旅游景点或建筑前面会有一些喷泉，并配有五颜六色的灯光和音乐，为群众休闲提供了良好的环境。下面介绍一种常见的喷泉的 PLC 控制方式，如图 4-48 所示。

图 4-48 中，从里向外分别为 1#喷头（中间）、2#喷头、3#喷头、4#喷头。

图 4-48 喷泉示意图

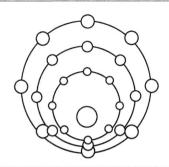

按下起动按钮，喷泉控制装置开始工作；按下停止按钮，喷泉装置停止工作。喷泉的工作方式有两种，通过方式选择开关来选择。

1）方式一：开始工作时，1#喷头喷水 3s，接着 2#喷头喷水 3s，然后 3#喷头喷水 3s，最后 4#喷头喷水 20s；重复上述过程，直至按下停止。

2）方式二：开始工作时，1#、3#喷头喷水 5s，接着 2#、4#喷头喷水 5s，停 2s，如此交替运行60s，然后四组喷头全喷水 20s；重复上述过程，直至按下停止。

2 操作步骤

（1）根据控制要求，首先确定 I/O 的个数，进行 I/O 的分配（本实例需要三个输入点，四个输出点，见表 4-45）

表 4-45 PLC 的 I/O 配置

输 入 设 备			输 出 设 备		
代号	功能	输入继电器	代号	功能	输出继电器
SA	方式选择开关	I0.0	KM1	控制 1#喷头	Q0.0
SB1	停止	I0.1	KM2	控制 2#喷头	Q0.1
SB2	起动	I0.2	KM3	控制 3#喷头	Q0.2
			KM4	控制 4#喷头	Q0.3

（2）根据控制要求分析，设计并绘制 PLC 系统接线原理图（见图 4-49）

图 4-49 PLC 系统接线原理图

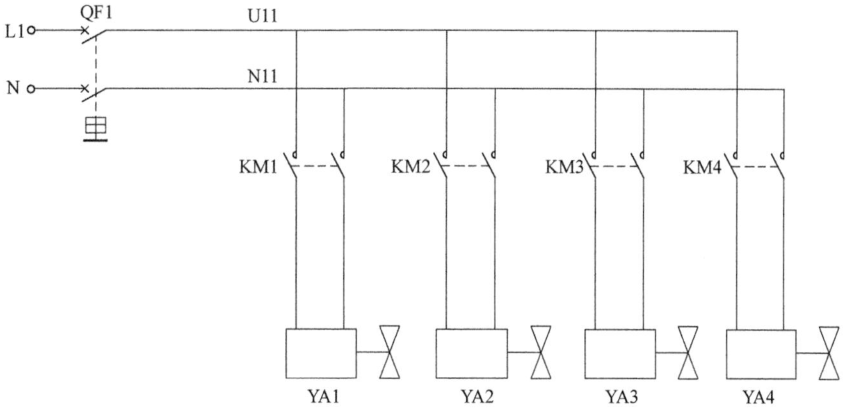

a）PLC系统接线原理图1

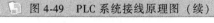

图 4-49　PLC 系统接线原理图（续）

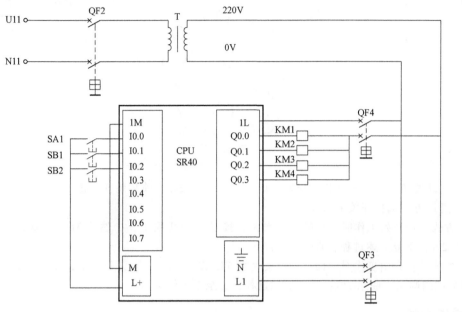

b) PLC系统接线原理图2

（3）程序设计　梯形图程序如图 4-50 所示。

图 4-50　喷泉的 PLC 梯形图程序

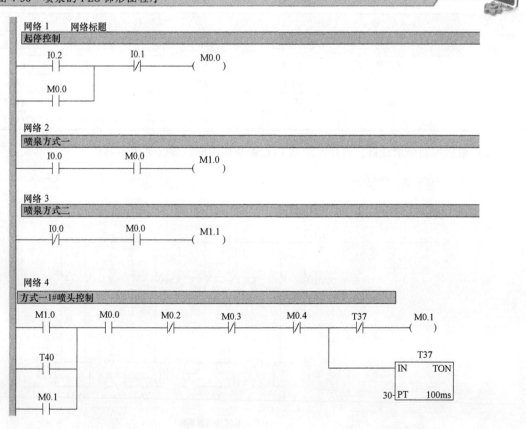

162

图 4-50 喷泉的 PLC 梯形图程序（续）

网络 5

方式一2#喷头控制

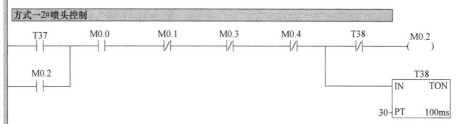

网络 6

方式一3#喷头控制

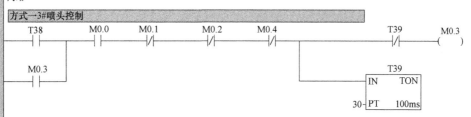

网络 7

方式一4#喷头控制

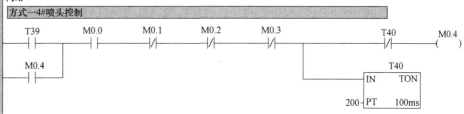

网络 8

方式二中循环时间

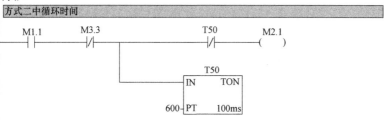

网络 9

方式二1#、3#喷头

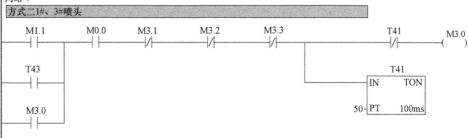

零基础学西门子 S7-200 SMART PLC

图 4-50 喷泉的 PLC 梯形图程序（续）

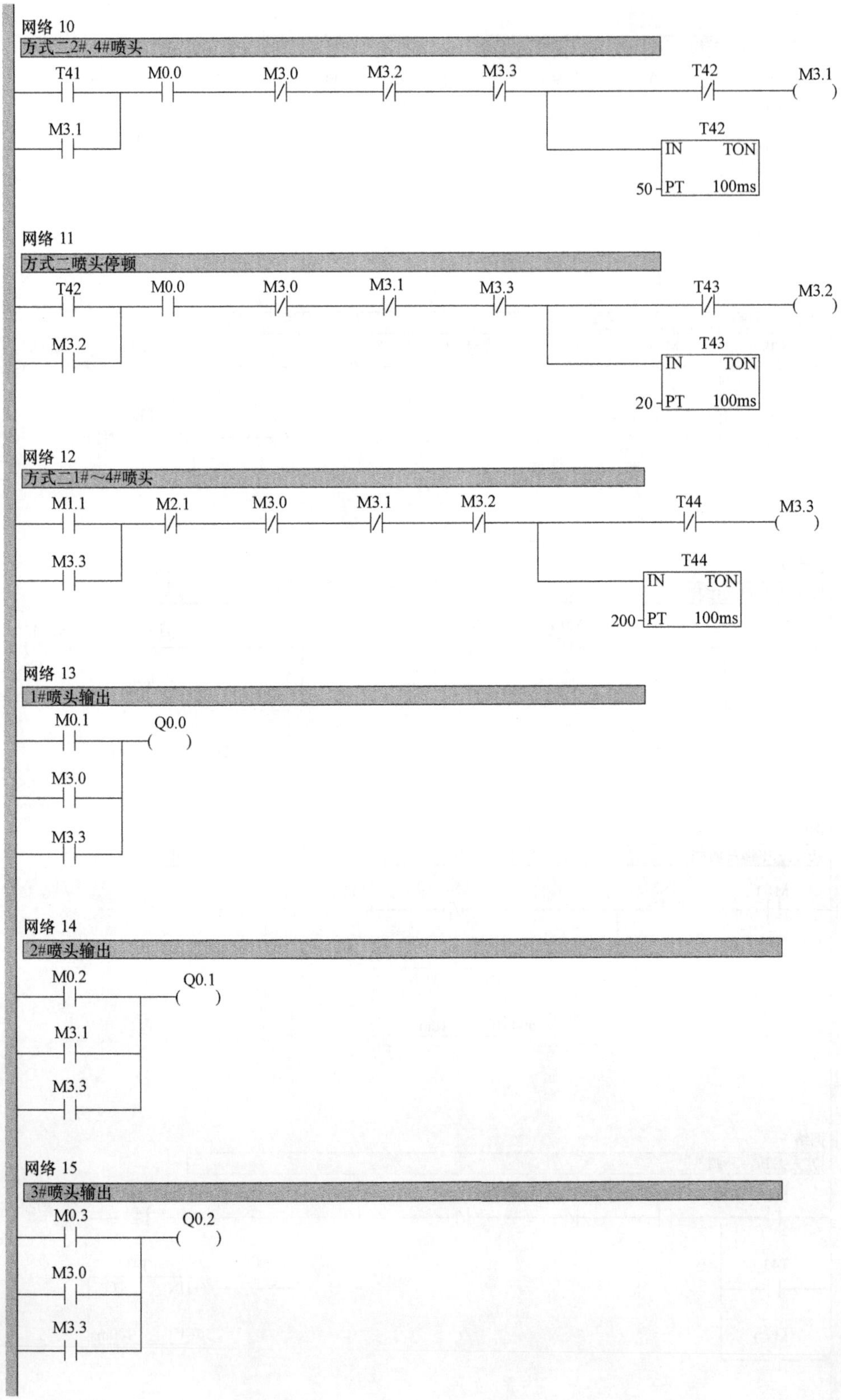

网络 10

方式二2#、4#喷头

```
  T41      M0.0     M3.0     M3.2     M3.3              T42      M3.1
──┤├──────┤├──────┤/├──────┤/├──────┤/├───────┬──────┤/├─────( )
  M3.1                                          │                T42
──┤├─                                           │            ┌─IN    TON
                                                │            │
                                                └──────── 50──┤PT  100ms
```

网络 11

方式二喷头停顿

```
  T42      M0.0     M3.0     M3.1     M3.3              T43      M3.2
──┤├──────┤├──────┤/├──────┤/├──────┤/├───────┬──────┤/├─────( )
  M3.2                                          │                T43
──┤├─                                           │            ┌─IN    TON
                                                │            │
                                                └──────── 20──┤PT  100ms
```

网络 12

方式二1#～4#喷头

```
  M1.1     M2.1     M3.0     M3.1     M3.2              T44      M3.3
──┤├──────┤/├──────┤/├──────┤/├──────┤/├───────┬──────┤/├─────( )
  M3.3                                          │                T44
──┤├─                                           │            ┌─IN    TON
                                                │            │
                                                └──────── 200─┤PT  100ms
```

网络 13

1#喷头输出

```
  M0.1       Q0.0
──┤├────┬───( )
  M3.0  │
──┤├────┤
  M3.3  │
──┤├────┘
```

网络 14

2#喷头输出

```
  M0.2       Q0.1
──┤├────┬───( )
  M3.1  │
──┤├────┤
  M3.3  │
──┤├────┘
```

网络 15

3#喷头输出

```
  M0.3       Q0.2
──┤├────┬───( )
  M3.0  │
──┤├────┤
  M3.3  │
──┤├────┘
```

164

图 4-50 喷泉的 PLC 梯形图程序（续）

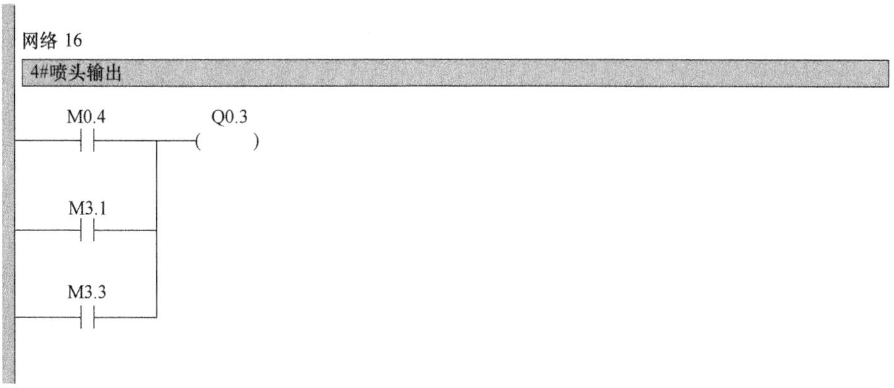

网络 16

4#喷头输出

```
  M0.4          Q0.3
  ─┤├─          ─(   )

  M3.1
  ─┤├─

  M3.3
  ─┤├─
```

（4）程序输入与调试　熟练地操作编程软件，能正确将编制的程序输入 PLC；按照被控设备的要求进行调试、修改，达到设计要求。

实例 4　PLC 与步进电动机的运动控制

1　控制要求

设计一个简单的步进电动机正反转 PLC 控制系统。按下正转起动按钮 SB1，步进电动机正转；按下反转起动按钮 SB2，步进电动机以相同的转速反转，并转过相同的角度；按下停止按钮 SB3，步进电动机停转。

2　操作步骤

（1）根据控制要求，进行 I/O 地址通道分配　分析控制要求可知，正转起动按钮 SB1、反转起动按钮 SB2 及停止按钮 SB3 属于控制信号，作为 PLC 的输入量分配接线端子；驱动器属于被控对象，作为 PLC 的输出量分配接线端子。对输入量/输出量（I/O）进行地址分配，见表 4-46。

表 4-46　I/O 地址通道分配

输 入 量			输 出 量		
名称	字母代号	地址	名称	字母代号	地址
正转起动按钮	SB1	I0.0	驱动器步进脉冲	PU+	Q0.0
反转起动按钮	SB2	I0.1	驱动器方向控制	DR+	Q0.1
停止按钮	SB3	I0.2			

（2）根据控制要求分析，设计并绘制 PLC 控制系统电气原理图（见图 4-51）

1）YKA2404MC 型驱动器介绍。图 4-52a 所示为 YKA2404MC 型驱动器。其工作电压为 DC12 ~ 40V，额定电流为 4.0A，采用单电源供电，适配外径尺寸为 42 ~ 86mm 的各种型号的二相混合式步进电动机。

2）YKA2404MC 步进电动机驱动器的接线。YKA2404MC 步进电动机驱动器的指示灯和接线端子如图 4-52b 所示，驱动器接线图如图 4-51 所示。如把 5V 直流电源脉冲加至 PU+端与 PU-端，即把控制器（如 PLC 或单片机等）输出的脉冲信号送至步进电动机驱动器，则步进电动机驱动器就按此脉冲的频率去控制步进电动机的转速。DR+端与 DR-端子用来控制步进电动机的转动方向，两端子未加上 5V 的直流电压，则步进电动机转动方向为正转；两端子上加上 5V 的直流电压，则步进电动机转动方向变为反转。MF 用来控制步进电动机制动。

图 4-51　PLC控制步进系统原理图

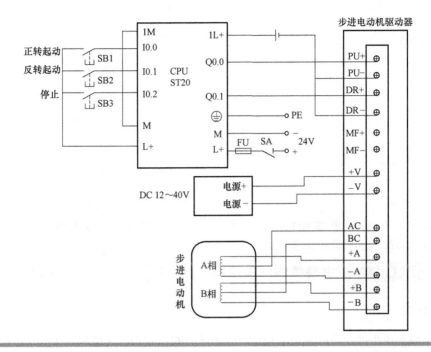

图 4-52　驱动器介绍

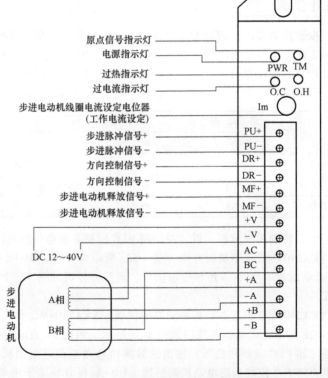

a) 驱动器外形图　　　　b) 驱动器的指示灯和接线端子

YKA2404MC 步进电动机驱动器的细分设定开关 D2 设置为 OFF，即 PU−端为步进脉冲信号端，DR−端为方向控制信号端。即驱动器的 PU−端和 DR−端与电源的负极连接，驱动器的 PU＋端和 DR＋端应该分别与 PLC 的 Q0.0 和 Q0.1 连接。这样，＋5V 的步进脉冲信号由 Q0.0 端输出通过 PU＋端输入驱动器，＋5V 的方向控制脉冲信号由 Q0.1 端输出通过 DR＋端输入驱动器。

（3）材料准备　根据接线原理图，列出需要的所有材料清单，见表 4-47。

1）选择元器件时，主要考虑元器件的数量、型号及额定参数，驱动器与步进电机应相互匹配。

2）检测元器件的质量好坏。

3）PLC 的选型要合理，在满足要求下尽量减少 I/O 的点数，以降低硬件的成本。

表 4-47　材料清单

序号	分类	名　　称	型 号 规 格	数量	备注
1	工具	电工工具	自定	1 套	
2	器材	万用表	MF47 型	1 块	
3		可编程序控制器	S7-200/226 SMART PLC DC/DC/DC	1 台	
4		计算机	自定	1 台	
5		S7-200 SMART PLC 编程软件	STEP 7-Micro/WIN SMART V2.5 SP3	1 套	
6		配电盘	500mm×600mm	1 块	
7		导轨	C45	0.5m	
8		自动断路器	DZ47-63/2P D15	1 只	
			DZ47-63/2P D10	1 只	
9		步进驱动器	YKA2404MC	1 个	
10		两相混合式步进电机	自定	1 台	
12		12~40V 直流电源	自定	1 个	
13		直流 24V/5V 电源	自定	1 个	
14		按钮	LA4-3H	1 只	
15		端子排	D-20	1 根（20 节）	
16		主令开关	LS2-2	1 只	
4-9		熔断器	RT28-32	1 只	
19	耗材	铜塑线	BVR/1.5mm²	10m	主电路
20		铜塑线	BVR/0.5mm²	25m	控制电路
21		紧固件	螺钉（型号自定）	若干	
22		线槽	25mm×35mm	若干	
23		号码管		若干	

（4）电路安装与接线　根据控制要求与电路原理图选择安装所需要的材料，并按照工艺要求进行安装与接线。这里重点介绍步进电动机驱动器使用注意事项。

1）不要将电源接反，输入电压不要超过 DC40V。

2）输入控制信号电平为 5V，当高于 5V 时需要接限流电阻。

3）YKA2404MC 驱动器采用特殊的控制电路，故必须使用 6 出线或者 8 出线步进电动机。

4）驱动器温度超过 70℃时停止工作，故障 O.H 指示灯亮，直到驱动器温度降到 50℃驱动器自动恢复工作。出现过热保护请加装散热器。

5）过电流（电流过大或电压过小）时故障指示灯 O.C 灯亮，请检查步进电动机接线及其他短路故障或是否电压过低；若是步进电动机接线及其他短路故障，则排除后需要重新上电恢复。

6）驱动器通电时绿色指示灯 PWR 亮。

7）过零点时，TM 指示灯在脉冲输入时亮。

（5）PLC 程序设计　编写思路：正转运行时 Q0.0 输出脉冲，Q0.1 为 OFF；反转运行时 Q0.0 输出脉冲，Q0.1 为 ON；停止运行时 Q0.0 停止输出脉冲，Q0.1 为 OFF。由于步进电动机正、反转的转速相同，并转过相同的角度。因此，步进电动机正转和反转所需要的脉冲串的脉冲周期和脉冲数一样，即步进电动机正、反转所需要的脉冲串的控制参数一样。由于只需要输出两个脉冲串，可以采用单段 PTO 编程实现控制即可。图 4-53 所示为采用 PLC 脉冲输出指令设计的步进电动机正反转 PLC 控制梯形图。

图 4-53　步进电动机正反转 PLC 控制梯形图

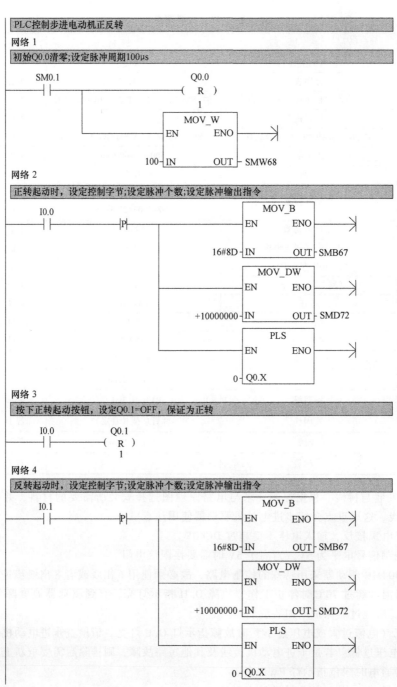

图 4-53　步进电动机正反转 PLC 控制梯形图（续）

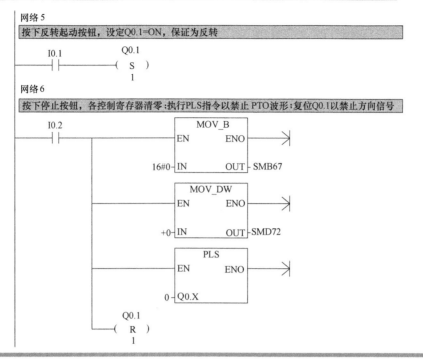

（6）程序录入与调试

1）建立计算机与 PLC 通信联系。

2）编译、下载程序。

3）设置步进驱动器参数。

① 设定细分数。参照表 4-48，使用步进驱动器上的细分设定开关来设定细分数。在系统频率允许的情况下，尽量选用高细分数。

表 4-48　YKA2404MC 步进电动机驱动器细分设定表

细分数	1	2	4	5	8	10	20	25	40	50	100	200	200	200	200	200
D6	ON	OFF	ON	OFF	ON	OFF	ON	OFF	ON	OFF	ON	OFF	ON	OFF	ON	OFF
D5	ON	ON	OFF	OFF	ON	ON	OFF	OFF	ON	ON	OFF	OFF	ON	ON	OFF	OFF
D4	ON	ON	ON	ON	OFF	OFF	OFF	OFF	ON	ON	ON	ON	OFF	OFF	OFF	OFF
D3	ON	ON	ON	ON	ON	ON	ON	ON	OFF	OFF	OFF	OFF	OFF	OFF	OFF	OFF
D2	ON,双脉冲：PU 为正向步进脉冲信号，DR 为反向步进脉冲信号 OFF,单脉冲：PU 为步进脉冲信号，DR 为方向控制信号															
D1	无效															

② 设定步进电动机工作电流。使用步进驱动器上的电机线圈电流设定电位器来设定步进电动机的工作电流。顺时针旋转电位器，工作电流减小；逆时针旋转电位器，工作电流增大。

4）运行与调试程序。

① 按下正转起动按钮 SB1，Q0.0 输出脉冲，步进电动机以设定的脉冲周期和个数来正转运行。

② 按下反转起动按钮 SB2，Q0.1 输出脉冲，步进电动机以设定的脉冲周期和个数来反转运行。

③ 按下停止按钮 SB3，步进电动机停止运行。

第一节 S7-200 SMART PLC PPI 通信及应用

1 PPI 协议

　　PPI 协议是点对点接口的一个主/从协议。主站向从站发送申请，从站进行响应，从站不发信息，不初始化信息，只是等待主站的要求并对要求做出响应。主站设备通过由 PPI 协议管理的共享连接与从站设备通信。PPI 通信协议不限制能够与任何一台从站设备通信的主站设备数量，但在硬件上整个网络中安装的主站设备必须少于 32 台。PPI 协议是 S7-200 SMART PLC 最基本的通信方式，通过自身的通信口（PORT0、PORT1）支持 PPI 通信协议，网络中的所有 S7-200 SMART PLC 都默认为从站。

　　S7-200 SMART CPU 之间的 PPI 网络通信只需要两条简单的指令，它们是网络读（NETR）和网络写（NETW）指令，具体介绍见表 5-1。在网络读写通信中，只有主站需要调用 NETR/NETW 指令，从站只需编程处理数据缓冲区（取用或预备数据）。实现 PPI 网络读写通信，可有两种方法：①使用 NETR/NETW 指令实现编程；②使用 Micro/WIN 中的指令向导中的 NETR/NETW 向导。PPI 网络上的所有站点都应当有各自不同的网络地址，所有 PLC 的通信速率必须相同，否则通信不成功。

表 5-1　网络通信指令

指令	梯 形 图	指　令	功　能	数据类型及操作数
网络读指令	NETR EN　ENO TBL PORT	NETR TBL,PORT	当使能输入 EN 有效时，通过 PORT 指定的通信口（主站上的 0 或 1），根据 TBL 指定的表中的定义读取远程装置的数据	数据类型：字节 TBL：VB、MB、*VD、*AC、*LD PORT：0 或 1 的常数
网络写指令	NETW EN　ENO TBL PORT	NETW TBL,PORT	当使能输入 EN 有效时，通过 PORT 指定的通信口（主站上的 0 或 1），根据 TBL 指定的表中的定义将数据写入远程设备中去	数据类型：字节 TBL：VB、MB、*VD、*AC、*LD PORT：0 或 1 的常数

2 网络读写指令

　　网络读写指令可以向远程站发送或接收 16 个字节的信息，在 CPU 内可同时激活 8 条指令。网络读写指令是通过 TBL 参数来指定的。功能框图中 TBL 处的字节是数据表的起始地址，可以由用户自己定，但起始字节定好后，后面的字节就要连接使用，形成列表，每字节都有具体的任务。表 5-2 所示为数据表（TBL）格式。

　　错误代码见表 5-3 所示。

　　SMB30 和 SMB130 分别是 S7-200 SMART PLC PORT-0 及 PORT-1 通信口的控制字节，各位的意义见表 5-4。

表 5-2 数据表格式

字节	bit7				bit0
0	D	A	E	0	错误代码
1	远程站地址				
2					
3	远程站的数据指针(I、Q、M、V)				
4					
5					
6	信息字节总数				
7	信息字节 0				
8	信息字节 1				
…	…				
22	信息字节 15				

注：D 表示操作完成状态，0 = 未完成；1 = 已完成。
A 表示操作有效否，0 = 无效；1 = 有效。
E 错误信息，0 = 无错；1 = 有错。

表 5-3 错误代码

错误代码	表 示 意 义
0	没有错误
1	远程站响应超时
2	接收错误：奇偶校验错，响应时帧或校验错
3	离线错误：相同的站地址或无效的硬件引发冲突
4	队列溢出错误：同时激活超过八条网络读写指令
5	通信协议错误：没有使用 PPI 协议而调用网络读写指令
6	非法参数
7	远程站正在忙
8	第七层错误：违反应用协议
9	错误信息：数据地址或长度错误
10	保留

表 5-4 SMB30 和 SMB130 各位控制字节的意义

bti7	bit6	bit5	bit4	bit3	bit2	bit1	bit0
p	p	d	b	b	b	m	m

pp:校验选择		d:每个字符的数据位		mm:协议选择	
00 = 不校验		0 = 8 位		00 = PPI/从站模式	
01 = 偶校验		1 = 7 位		01 = 自由口模式	
10 = 不校验				10 = PPI/主站模式	
11 = 奇校验				11 = 保留(未用)	

bbb:自由口波特率	(单位:Baud)	
000 = 38400	011 = 4800	110 = 115.2k
001 = 19200	100 = 2400	111 = 57.6k
010 = 9600	101 = 1200	注:查看 CPU 版本

3 网络通信硬件

S7-200 SMART PLC 支持的 PPI、PROFIBUS-DP 和自由口通信模式都是建立在 RS 485 的硬件基础上，为了保证足够的传输距离和通信速率，建议使用西门子制造的网络电缆和网络连接器，图 5-1 所示为网络电缆和网络连接器。

图 5-1 网络电缆和网络连接器

电缆的两个末端必须有终端和偏置

开关位置=On
接通终端和偏置

开关位置=Off
未接通终端和偏置

开关位置=On
接通终端和偏置

裸线套：约12mm(1/2英寸)必须接触所有的金属丝

开关位置=On：接通终端和偏置

开关位置=Off：未接通终端和偏置

B　390Ω
TxD/RxD+
A　220Ω
TxD/RxD−
　390Ω

网络连接器

针#
6
3
8
5
1

电缆屏蔽层

B
TxD/RxD+
A
TxD/RxD−
电缆屏蔽层
B
TxD/RxD+
A
TxD/RxD−

针#
6
3
8
5
1

电缆屏蔽层

172

实例1　两台 S7-200 SMART PLC 的 PPI 通信

1　控制要求

两台 S7-200 SMART PLC 通过 PORT0 口实现 PPI 通信，功能是由 A 机（2 号主站）的 IB0 控制 B 机（3 号从站）的 QB0，由 B 机的 IB0 控制 A 机的 QB0。

2　操作步骤

（1）网络配置和 I/O 的分配

PPI 协议是 S7-200 SMART PLC 比较简单的一种通信方式，图 5-2 所示为两台 S7-200 SMART PLC 实现 PPI 通信的网络配置图，I/O 分配见表 5-5。

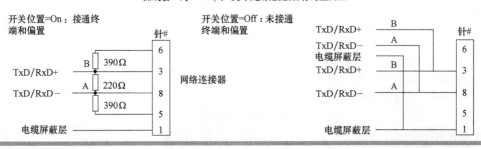
图 5-2 网络配置图

装有STEP7 Micro/WIN SMART V2.5 的个人计算机　　S7-200 SMART CPU 主站2　　S7-200 SMART CPU 从站3

表 5-5　I/O 分配

2 号主站 (S7-200 SMART)	3 号从站 (S7-200 SMART)
2 号站 IB0 控制 3 号站 QB0	3 号站 IB0 控制 2 号站 QB0

（2）通信端口设置

在输入程序之前先进行通信端口设置，步骤如下：

1）打开 STEP7 Micro/WIN SMART V2.5 编程软件，如图 5-3 所示，选中"系统块"，打开"通讯端口"。

2）设置 PLC 端口 0 的地址为"3"，选择波特率为"9.6 千波特"，如图 5-4 所示。然后把系统参数下载都 CPU 中，如图 5-5 所示。用同样的方法设置另一个 CPU，端口 0 的地址为"2"，波特率

为 "9.6 千波特"，同样把参数下载到 CPU 中。

图 5-3 编程软件界面

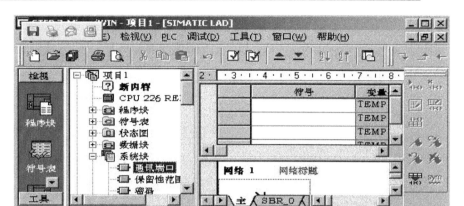

图 5-4 设置通信端口

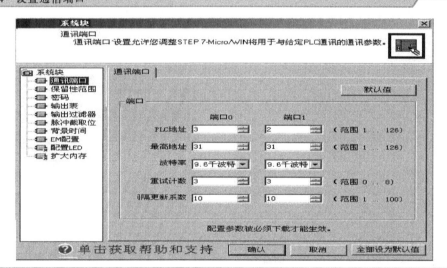

图 5-5 下载参数

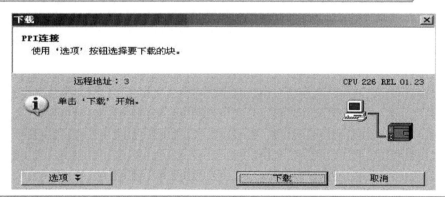

3）利用网络插头及网络线把 A 机和 B 机端口 0 连接，利用软件搜索，如图 5-6 所示。

图 5-6 PPI 网络中的 S7-200 SMART PLC 站

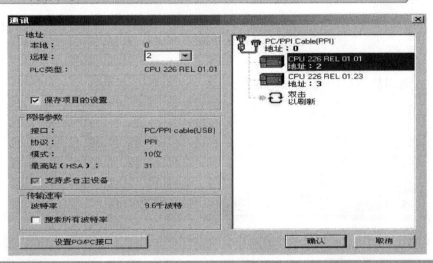

（3）梯形图程序

图 5-7 所示为 A 机主站梯形图程序，在主站中输入此梯形图程序。

图 5-7 A 机主站梯形图程序

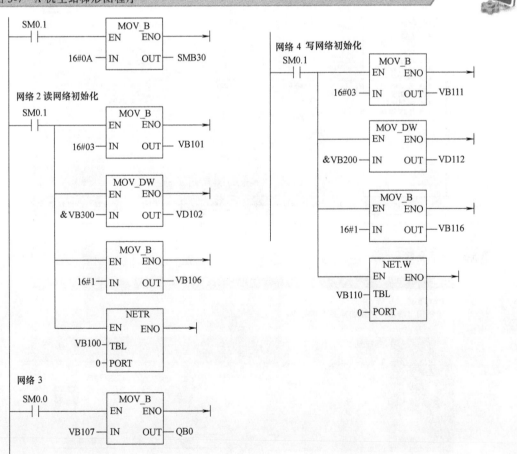

图 5-8 所示为 B 机从站梯形图程序，在从站中输入此梯形图程序。

图 5-8　B 机从站梯形图程序

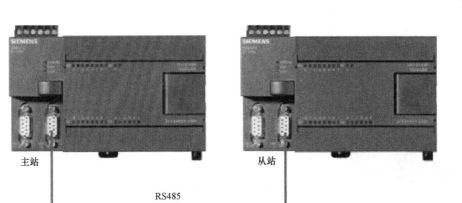

175

（4）接线与调试

用一根 RS 485 通信线连接主站和从站的 PORT 0 端口，如图 5-9 所示；然后分别接通主站或从站的输入端 IB0 观察主站或从站的输出端 QB0 的状态，直到调试成功。

图 5-9　S7-200 SMART PLC PPI 通信连接图

实例 2　S7-200 SMART PLC 指令向导编程的 PPI 通信

1　控制要求

本实例要求将主站的 I1.0～I1.7 的状态映射到从站的 Q0.0～Q0.7，将从站的 I1.0～I1.7 的状态映射到主站的 Q0.0～Q0.7。

2　操作步骤

（1）NETR/NETW 指令向导设置

1）启动 STEP 7-Micro/WIN 编程软件，在指令树中，单击"向导"找到"NETR/NETW"指令向导并双击打开，如图 5-10 所示，选择配置网络读/写操作为"2"。

图 5-10   NETR/NETW 指令向导设置 1

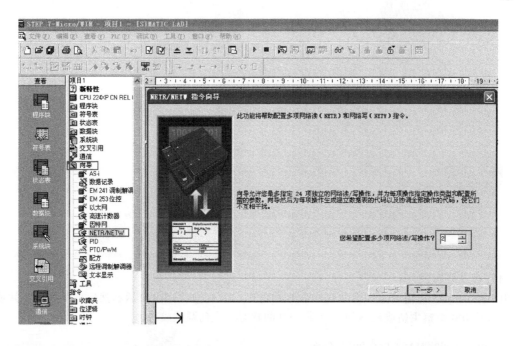

2）单击图 5-10 中的"下一步"按钮，选择 PLC 的通信端口 0，子程序名称默认为"NET-EXE"如图 5-11 所示。

图 5-11   NETR/NETW 指令向导设置 2

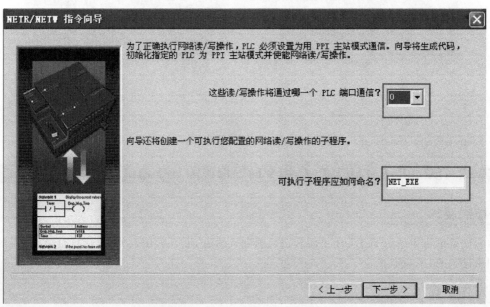

3）单击图 5-11 中的"下一步"按钮，出现"网络读/写操作第 1 项"界面，如图 5-12 所示。在第一项操作设为"NETR"网络读操作；读取字节数为"1"；远程 PLC 地址设为"6"；数据传输设为本地存储"VB307 至 VB307"、远程读取地址"VB200 至 VB200"。

图 5-12 NETR/NETW 指令向导设置 3

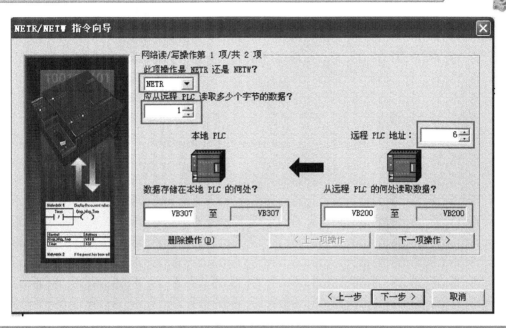

4）单击图 5-12 中的"下一步"按钮，进入"网络读/写操作第 2 项"界面，如图 5-13 所示，设置网络为"NETW"写操作；读取字节数为"1"；远程地址设为"6"；数据本地传输地址为"VB207 至 VB207"、远程读取地址为"VB200 至 VB200"。

图 5-13 NETR/NETW 指令向导设置 4

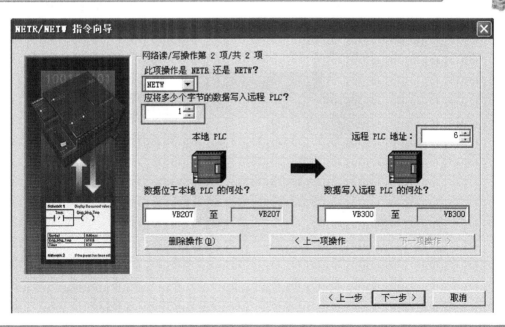

5）单击图 5-13 中的"下一步"按钮，出现分配存储区界面，如图 5-14 所示，采用建议地址为"VB19 至 VB37"即可，单击"下一步"进入完成配置向导的组态，如图 5-15 所示。

图 5-14　NETR/NETW 指令向导设置 5

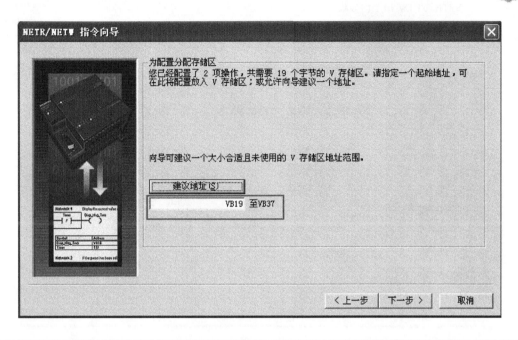

图 5-15　NETR/NETW 指令向导设置 6

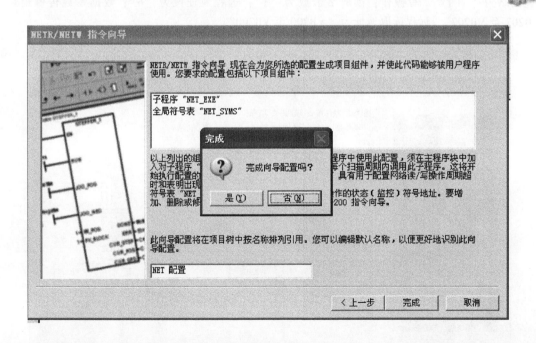

（2）编写梯形图程序

1）主站梯形图程序如图 5-16 所示。主站程序编写完毕后，把程序下载到主站 PLC 中。

图 5-16 主站梯形图程序

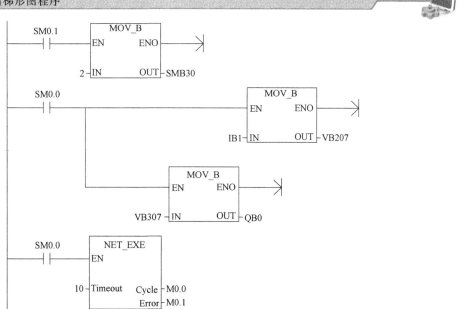

2）从站梯形图程序。从站程序编写完毕后，把程序下载到从站 PLC 中去。

首先打开编程软件，并双击"系统块"，将 PLC 端口 0 设置为"6"，如图 5-17 所示。然后单击"确认"，进入软件编辑区编辑程序，从站梯形图程序如图 5-18 所示。

图 5-17 系统块参数设置

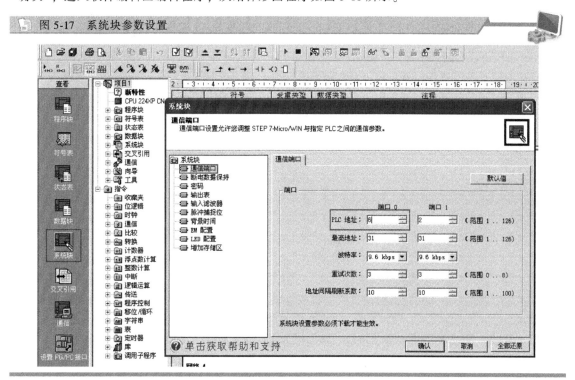

（3）接线与调试

用一根 RS 485 通信线连接主站和从站的 PORT0 端口，然后分别接通主站或从站的输入端 IB1 观察主站或从站的输出端 QB0 的状态，直到调试成功。

图 5-18 从站梯形图程序

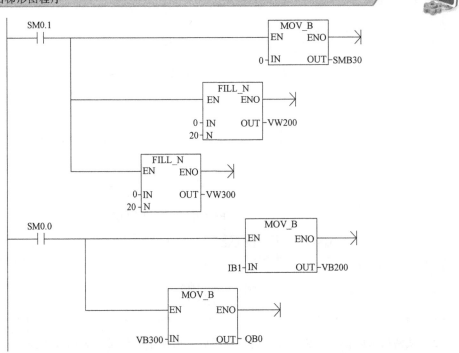

第二节 S7-200 SMART PLC 与变频器的 USS 协议通信

USS 通信协议是西门子 Micro Master 变频器与 PLC 之间的协议，在使用 USS 指令之前，应先对编程软件添加 USS 协议库，然后可以对驱动器进行控制并读写参数。

使用 USS 通信协议时，程序中会用到 USS-INIT 和 USS-CTRL 两条指令。

（1）USS-INIT 指令　用于初始化或改变 USS 的通信参数，如图 5-19 所示。

图 5-19　USS-INIT 指令

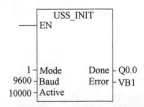

在实际应用中一般采用边沿触发指令或特殊继电器 SM0.1，在一个扫描周期内使 EN 有效，来激活该指令。

1）"Mode"可选择不同的通信协议：输入值为 1，指定 Port 0 为 USS 协议并使能该协议；输入值为 0，指定 Port 为 PPI 并且禁止 USS 协议，本实例设置为 1。

2）"Baud"设置波特率：一般可设置为 1200、2400、4800、9600、19200、38400、57600 或115200，本实例设置为 9600。

3）"Active"指示驱动号激活：此参数所要激活的变频器的站点号，可以是单台，也可以是多台，但不能超过 32 台。本实例激活 16 号变频器，设定值为 10000。其站点号的具体计算见表 5-6。

表 5-6 站点号的计算表

D31	D30	D29	D28	…	D19	D18	D17	D16	…	D3	D2	D1	D0
0	0	0	0	…	0	0	0	1	…	0	0	0	0

其中，D0~D31 代表有 32 台变频器，如果激活哪台变频器，就使该位置 1，本实例激活 16 号变频器，设置为 00010000（此格式为 16 进制数，四位为一组）。

4）"Done"用于指示指令执行情况，指令执行完毕后，此位置 1。

5）"Error"用于生成一个含有指令执行情况信息的一个字节。

（2）USS-CTRL 指令 用于控制激活 Micro Master 变频器，如图 5-20 所示。

图 5-20 USS-CTRL 指令

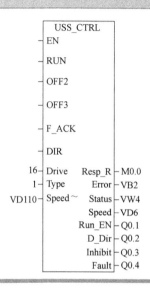

1）"EN"必须始终保持接通，以启动 USS-CTRL 指令，在实际应用中采用 SM0.0 触点。

2）"RUN"指示变频器是接通（1）或是断开（0）。当 RUN 位接通时，Micro Master 变频器收到一个命令，以指定的速度和方向运行。为了使变频器运行，必须满足以下条件：

① 该变频器必须在 USS-INIT 中激活；

② 输入参数 OFF2 和 OFF3 必须设定为 0；

③ 输出参数 Fault 和 Inhibit 必须为 0。

当 RUN 断开时，发送 Micro Master 变频器一个命令，电动机降速直至停止。OFF2 位用来允许 Micro Master 变频器斜坡减至停止。OFF3 位用来命令 Micro Master 变频器快速停止。

3）"F-ACK"用来确定一个故障。当该位从 0 变为 1 时，变频器清除故障，Fault 位，恢复为 0。

4）"DIR"用来设置变频器的运动方向。0 为逆时针方向；1 为顺时针方向。

5）"Drive"有 USS-CTRL 命令指定变频器地址，有效地址为 0~31。

6）"Type"变频器类型，3 系列为 0；4 系列为 1。

7）"Speed-sp"是速度设定值，用全速度的百分比表示，范围是-200%~200%，该值为负时变频器反方向旋转。

8）"Resp_R"是从站应答确认信号。主站从 USS 从站收到有效的数据后，此位将为"1"，便接通一个程序扫描周期，并更新以下的所有数据：

9）"Error"是一个错误代码。0=无出错。其他错误代码请参考 Status：驱动装置的状态字。此状态字直接来自变频器的状态字，表示了当时的实际运行状态，详细的状态字信息意义请参考相应的变频器手册。

10）"Status"是变频器返回的状态字的原始值。

11）"Speed"是变频器返回的实际运转速度值，实数。

12）"Run_EN"是运行状态指示，表示运行为 1，表示停止为 0。

13）"D_Dir"指示变频器的运转方向。

14）"Inhibit"表示变频器禁止位的状态指示（0＝未禁止，1＝禁止状态）。禁止状态下变频器无法运行，要清除禁止状态，故障位必须复位，并且 RUN，OFF2 和 OFF3 都为 0。

15）"Fault"故障指示位（0＝无故障，1＝有故障）。表示驱动装置处于故障状态，驱动装置上会显示故障代码（如果有显示装置）。要复位故障报警状态，必须先消除引起故障的原因，然后用 F_ACK 或者变频器的端子或操作面板复位故障状态。

使用 USS 协议的步骤

1）安装指令库后在 STEP 7-Micro/WIN32 指令树的/指令/库/USS PROTOOL 文件夹中将出现八条指令，用它们来控制变频器的运行和变频器参数的读写操作，这些子程序是西门子公司开发的用户不需要关注这些指令的内部结构，只需要在程序中调用即可。

2）调用 USS-INIT 初始化改变 USS 的通信参数，只需要调用一次即可，在用户程序中每一个被激活的变频器只能用一条 USS-CTRL 指令。

3）为 USS 指令库分配 V 存储区。在用户程序中调用 USS 指令后，用鼠标单击指令树中的程序块图标，在弹出的菜单中执行库内存命令，为 USS 指令库使用的 397 个字节的 V 存储区指定起始地址。注意：USS 指令库中指定了 V 存储区范围，在程序中就不能使用这些 V 地址。

4）用变频器的操作面板设置变频器的通信参数，使之与用户程序中所用的波特率和从站地址相一致。

5）连接 CPU 和变频器之间的通信电缆，为了提高看干扰能力最好采用屏蔽电缆。一端是 D 型 9 针阳性插头连接在 PORT 0 端口，另一端接在变频器的 14 脚和 15 脚。

实例 3 S7-200 SMART PLC 与变频器的 USS 协议通信

1 控制要求

利用 S7-200 SMART PLC 通过 USS 通信协议来控制西门子 MM420 变频器，实现电动机正反转控制，并能自动加减速，停车时采用自由停车和快速停车。

2 操作步骤

（1）I/O 分配

根据控制要求，首先确定 I/O 的个数，进行 I/O 的分配。本案例需要七个输入点，一个 Port 0 端口，见表 5-7。

表 5-7 PLC 的 I/O 配置

输入设备		输入继电器	输入设备		输入继电器
代号	功能		代号	功能	
SB1	起动按钮	I0.0	SB5	运转方向控制	I0.4
SB2	停止按钮	I0.1	SB6	加速按钮	I0.5
SB3	快速停止按钮	I0.2	SB7	减速按钮	I0.6
SB4	故障清除	I0.3			
输出继电器		输出继电器		通信端口	
Q0.1	运行指示	Q0.3	变频器禁止位状态	PORT 0	
Q0.2	正反指示	Q0.4	变频器故障位指示		

（2）根据控制要求分析，设计并绘制 PLC 系统接线原理图（见图 5-21）

设计电路原理图时，应具备完善的保护功能，绘制原理图要完整规范。

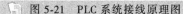
图 5-21 PLC 系统接线原理图

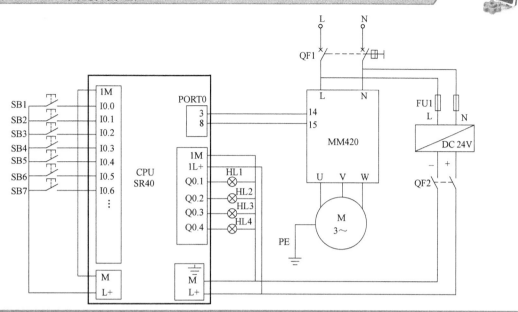

（3）材料准备

根据接线原理图，列出需要的所有材料清单，见表 5-8。

1）选择元件时，主要考虑元件的数量、型号及额定参数。

2）检测元器件的质量好坏。

3）PLC 的选型要合理，在满足要求下尽量减少 I/O 的点数，以降低硬件的成本。

表 5-8 材料清单

序号	分类	名　称	型号规格	数量	备注
1	工具	电工工具		1 套	
2		万用表	MF47 型	1 块	
3		可编程序控制器	S7-200 SMART CPU224	1 台	
4		计算机	自定	1 台	
5		S7-200 SMART 编程软件	STEP 7-Micro/WIN SMART V2.5 SP3	1 套	
6		配电盘	500mm×600mm	1 块	
7		导轨	C45	0.3m	
8	器材	自动断路器	DZ47-63/2P D20 DZ47-63/2P D5	各 1 只	
9		熔断器	RT28-32	2 只	
10		变频器	MM420	1 台	
11		三相异步电动机	型号自定	1 台	
12		24V 开关电源	型号自定	1 个	
13		按钮	LA4-3H	3 个	
14		端子排	D-20	1 根(20 节)	
15		铜塑线	BVR/2.5mm^2	10m	主电路
16		铜塑线	BVR/1mm^2	25m	控制电路
17	耗材	紧固件	螺钉(型号自定)	若干	
18		线槽	25mm×35mm	若干	
19		号码管		若干	

（4）安装与接线

1）将所有元件装在一块配电板上，做到布局合理、安装牢固、符合安装工艺规范。

2）根据接线原理图配线，做到接线正确、牢固、美观。

3）对于 PLC 和变频器的接地应按照规定和接地标准进行接地，应避免使用共同的接地线。

4）对于 PLC 与变频器安装于同一操作柜中时，应尽可能使 PLC 与变频器的电线分开。

5）变频器控制线尽量采用屏蔽线或双绞线以提高抗干扰的能力。

6）接线时一定要注意 L/N 接单相输入电源；U、V、W 接电动机。

（5）程序设计

变频器 USS 通信开环控制的梯形图程序，如图 5-22 所示。

图 5-22　变频器 USS 通信开环控制的梯形图

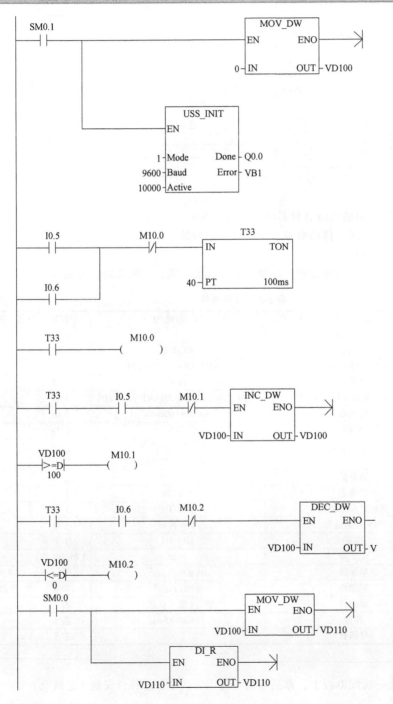

图 5-22 变频器 USS 通信开环控制的梯形图（续）

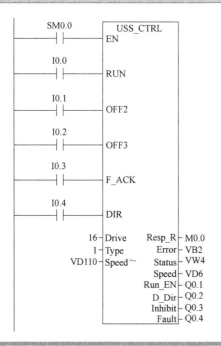

（6）变频器参数设置

变频器的操作步骤省略（可参照变频器的使用说明书），这里只列出需要设置的参数，见表 5-9。变频器参数设置前先进行电路检查是否正确，然后接通电源进行参数初始化恢复出厂值。

表 5-9　变频器参数设置

参 数 号	出 厂 值	设 置 值	说 明
P0010	0	30	恢复出厂值
P970	0	1	
P0003	1	1	设用户访问级为标准级
P0700	2	5	通过 COM 链路的 USS 设置
P1000	2	5	频率选择通过 COM 链路的 USS 设置
P0003	1	2	设用户访问级为扩展级
P2010	6	6	USS 波特率为 9600
P2011	0	16	站点号
P2000	1	50Hz	设置串行连接参考频率
P2009	0	1	允许 USS 规格化
P0003	1	1	设用户访问级为标准级

（7）程序输入与调试

熟练的操作编程软件，能正确将编制的程序输入 PLC；按照被控设备的要求进行调试、修改，达到设计要求。

第三节　S7-200 SMART PLC 的以太网通信及应用

工业以太网（IE）是遵循国际标准 IEEE802.3，采用 TCP/IP 协议，可以将自动化系统连接到企业内部互联网、外部互联网和因特网实现远程数据交换。可实现单元级、管理级的网络与控制网络的数据共享，通信数据量大、距离长。在技术上，工业以太网是一种基于屏蔽同轴电缆、双绞电缆而建立的电气网络，或一种基于光纤电缆的光网络。

1 典型工业以太网的组成

1）通信介质。西门子工业以太网可以使用工业快速连接双绞线、光纤和无线以太网传输。双绞线 FC 配合西门子 TP RJ45 接头使用，连接长度可达 100m，如图 5-23 所示。

图 5-23　FC 与 TP RJ45 接头

2）具有集成以太网接口的 PLC，例如 S7-200 SMART、S71200、S7-1500 等西门子 PLC。

3）交换机。当两个以上的设备进行通信时，需要使用交换机来实现网络连接。例如，西门子 CSM1277 是四端口交换机。

4）中继器和集线器。中继器又称转发器用来增加网络的长度；集线器又是多端口的中继器，是将接收到的信号进行整形和中继放大。

2 设备的网络连接

S7-200 SMART CPU 的以太网接口是标准的 RJ45 口，以太网是一种差分（多点）网络，最多可有 32 个网段、1024 个节点。以太网可实现高速（高达 100Mbit/s）长距离（铜缆最远约为 1.5km；光纤最远约为 4.3km）数据传输。S7-200 SMART CPU 以太网接口可通过直线连接或用交换机连接方式与其他设备通信连接。

（1）直线连接　当一个 S7-200 SMART CPU 与一个编程设备或一个 HMI 或另外一个 PLC 通信时，可采用网线直接连接两个设备，如图 5-24 所示。

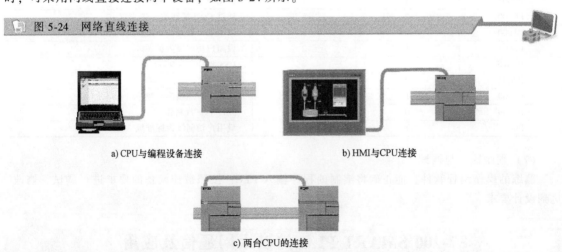

图 5-24　网络直线连接

a) CPU与编程设备连接　　　　b) HMI与CPU连接

c) 两台CPU的连接

（2）交换机连接　当两个以上的设备进行通信时，可以使用安装在机架上的 CSM1277 四端口以太网交换机来连接多个 CPU 和 HMI 设备，如图 5-25 所示。

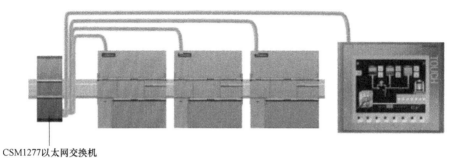

图 5-25　以太网通信交换机配置图

CSM1277以太网交换机

3　GET/PUT 通信指令

（1）GET/PUT 指令　GET 和 PUT 指令适用于通过以太网连接进行的 S7-200 SMART CPU 之间的通信。

1）GET 指令用于从远程 CPU 读取数据，可从远程站读取最多 222 个字节的信息。

2）PUT 指令用于将数据写入远程设备，可向远程站写入最多 212 个字节的信息。

（2）GET/PUT 指令梯形图　图 5-26 所示为 PUT/GET 指令梯形图，指令中相关参数的有效操作数见表 5-10。

图 5-26　PUT/GET 指令

表 5-10　指令中相关参数的有效操作数

输入/输出	数据类型	操作数
TABLE	BYTE	IB、QB、VB、MB、SMB、SB、*VD、*LD、*AC

（3）使用指令编程注意事项

1）应用该指令时可采用单向编程，即用于单向编程的通信方式，只需在通信发起方（客户端）调用 GET/PUT 指令组态编程，无需在伙伴方（服务器端）组态编程，只对伙伴方（服务器）进行读写操作。

2）程序中可以有任意数量的 GET 和 PUT 指令，但在同一时间最多只能激活共 16 个 GET 和 PUT 指令。例如，在给定的 CPU 中可以同时激活八个 GET 和八个 PUT 指令，或六个 GET 和十个 PUT 指令。

3）当执行 GET 或 PUT 指令时，CPU 与 GET 或 PUT 表中的远程 IP 地址建立以太网连接。该 CPU 可同时保持最多八个连接。连接建立后，该连接将一直保持到在 CPU 进入 STOP 模式为止。

4）所有与同一 IP 地址直接相连的 GET/PUT 指令，CPU 采用单一连接。例如，远程 IP 地址为 192.168.2.10，如果同时启用三个 GET 指令，则会在一个 IP 地址为 192.168.2.10 的以太网连接上按顺序执行这些 GET 指令。

实例 4　S7-200 SMART PLC 之间的 GET/PUT 通信

1　控制要求

扫一扫看视频

通信实例

本实例要求将 PLC1 中输入端 I1.0~I1.7 的状态输出到 PLC2 中的 Q0.0~Q0.7，将 PLC2 的 I1.0~I1.7 的状态读到 PLC1 中的 Q0.0~Q0.7。

2　操作步骤

（1）硬件通信连接

本实例需要两台 S7-200 SMART PLC，一台装有 STEP7-Micro/WIN SMART 编程软件的 PC 机、一台以太网交换机 CSM1277 及三根 RJ45 网线。如图 5-27 所示通信硬件连接图，一根 RJ45 网线一端连接到计算机的端口，再把另一端连接到以太网交换机的一个端口上，第二根和第三根网线分别连接到 PLC1 和 PLC2 的以太网端口与交换机上。

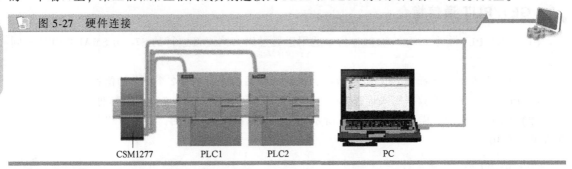

图 5-27　硬件连接

CSM1277　PLC1　PLC2　PC

（2）设置 PLC 和编程计算机的 IP 地址

硬件连接后，为两台 PLC 和编程计算机分配同一网段的 IP 地址。PLC1 的 IP 地址为 192.168.2.2，PLC2 的 IP 地址为 192.168.2.3，计算机的 IP 地址为 192.168.2.1。

（3）利用 GET/PUT 指令向导通信组态

1）打开项目树下"向导"文件，双击打开"GET/PUT"，弹出如图 5-28 所示的 GET/PUT 向导对话框。

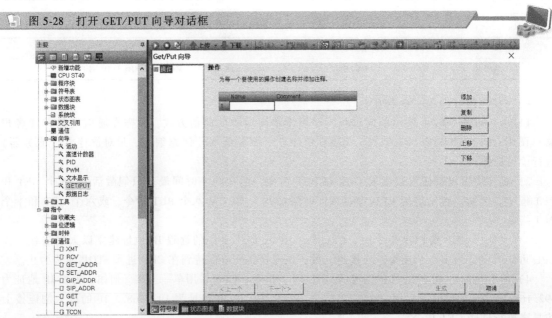

图 5-28　打开 GET/PUT 向导对话框

2）添加需要的操作。在 GET/PUT 向导对话框中，添加所需要的操作并创建名称注释。单击"添加"按钮，分配网络操作，并修改第一个操作名称为"GET"，注释为"PLC1 读 PLC2"，该操作实现将 PLC2 的 IB0 的状态读入到 PLC1 的 QB0 中。继续单击"添加"按钮，分配第二个网络操作，并修改操作名称为"PUT"，注释为"PLC1 写 PLC2"，该操作实现将 PLC1 的 IB0 的状态写入到 PLC2 的 QB0 中，如图 5-29 所示。

图 5-29　添加需要的操作

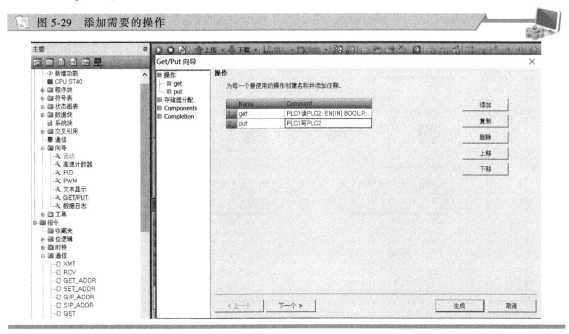

3）定义 GET/PUT 操作。GET 和 PUT 指令操作由数据表控制，GET/PUT 向导可为创建的每个 GET 或 PUT 操作创建一个数据表。具体定义方法如下：

① 定义 GET 操作。单击"GET/PUT 向导"对话框中"操作"下的"GET"选项，设置该操作的相关参数，如图 5-30 所示，类型为"GET"，传送字节为"1"，远程 CPU 的 IP 地址为"192.168.2.3"，本地地址为"QB0"，远程地址为"IB0"。

图 5-30　设置 GET 操作参数

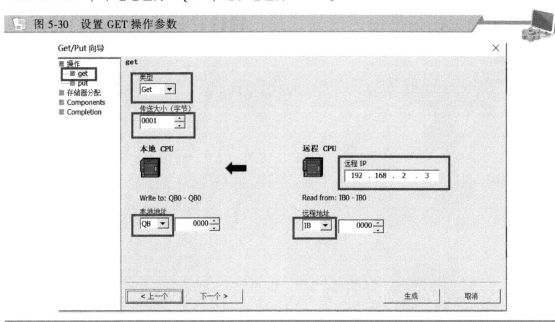

② 定义 PUT 操作。单击 "GET/PUT 向导" 对话框中 "操作" 下的 "PUT" 选项, 设置该操作的相关参数, 如图 5-31 所示, 类型为 "Put", 传送字节为 "1", 远程 CPU 的 IP 地址为 "192. 168. 2. 3", 本地地址为 "IB0", 远程地址为 "QB0"。

图 5-31　定义 PUT 操作参数

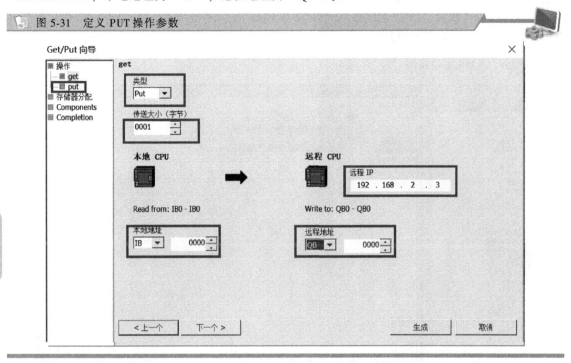

4) 分配存储器地址。在 "GET/PUT 向导" 对话框中单击 "存储器分配"。所组态的每个网络操作都需要 20 字节的 V 存储器。必须在 V 存储器中为该组态指定起始地址。单击 "建议" 按钮时, 向导可建议一个起始地址, 如图 5-32 所示。注意: 如果使用重叠地址, 向导在显示一则警告后, 允许进入下一步。

图 5-32　分配存储器地址

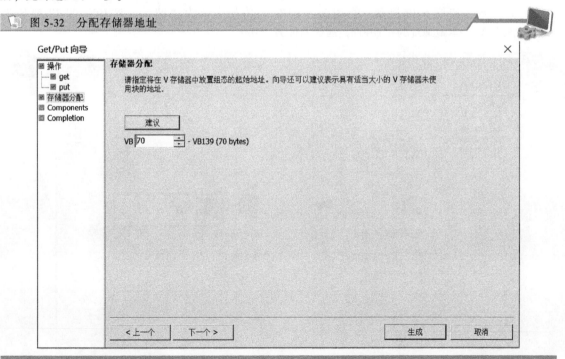

5）生成项目组件。在"Get/Put 向导"对话框中，单击"组件"（Components），出现如图 5-33 所示的项目组件，项目组件包括一个网络读写子程序 NET_EXE，一个数据块和一个符号表。

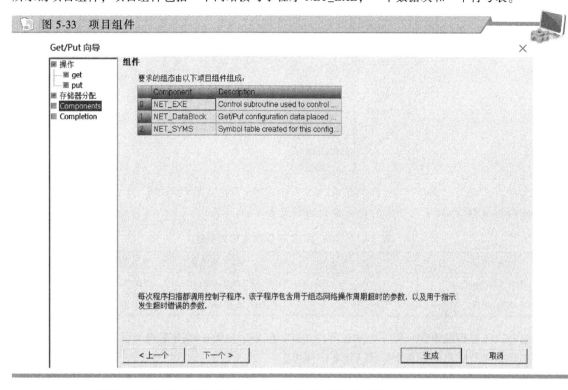

图 5-33　项目组件

6）完成向导组态。根据向导组态条目，以上所示程序代码将由"Get/Put 向导"生成，并使其可供程序使用。单击"生成"（Generate）按钮完成向导组态，此时由向导生成的项目组件添加到项目中，在主程序中生成一个向导子程序文件夹，如图 5-34 所示，使用时在主程序块中调用执行子程序 NET_EXE。

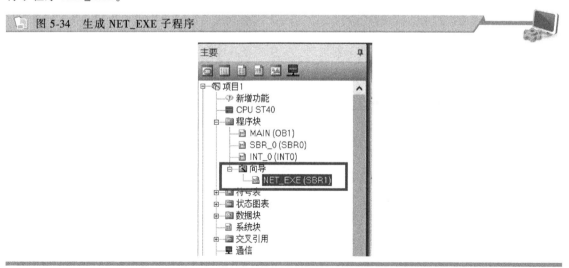

图 5-34　生成 NET_EXE 子程序

（4）编写程序与下载

NET_EXE 子程序用于初始化 GET/PUT 操作的执行。要启用程序内部的网络通信，需要在本地客户机 PLC1 中程序块中编写一条命令来调用执行子程序 NET_EXE，使用 SM0.0 触点在每个扫描周期调用该子程序。NET_EXE 子程序将依次执行已组态的 GET 和 PUT 操作。执行全部已组态的操作后，子程序将触发循环输出，表示完成一个循环。

1）PLC1（本地客户机）程序。如图 5-35 所示的梯形图是在 PLC1 主程序中条用子程序，程序编写完后，进行项目编译及下载到 PLC1 中。

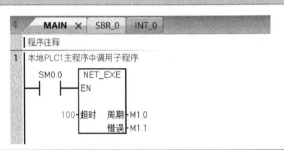

图 5-35　PLC1 中程序

程序中的 NET_EXE 子程序中的相关参数解释见表 5-11。

表 5-11　NET_EXE 子程序的相关参数

输入/输出	操作数
超时（Timeout）	IW、QW、VW、MW、SMW、SW、T、C、LW、AC、AIW、*VD、*AC、*LD、常数
周期、错误	I、Q、M、S、SM、T、C、V、L

2）PLC2（远程服务器）程序。本任务中 PLC2 作为远程服务器不需要编写任何程序，只进行硬件组态后，进行项目编译及下载到 PLC2 中即可。

（5）运行调试

1）确保两台 PLC 处于运行状态。

2）将 PLC1 中的 IB0 状态数据写入 PLC2 中 QB0，观察状态指示。

3）读取 PLC2 的 IB0 状态数据到 PLC1 中 QB0，观察状态指示。

第四节　基于以太网的开放式用户通信

开放式用户通信（OUC）提供了一种机制，可使程序通过以太网发送和接收消息。常用的通信方式有 TCP 、UDP 和 ISO-on-TCP 三种，下面主要介绍 TCP 和 UDP 通信。

1　基于以太网的 TCP 通信

传输控制协议（TCP）是一个因特网核心协议。在通过以太网通信的主机上运行的应用程序之间，TCP 提供了可靠、有序并能够进行错误校验的消息发送功能。TCP 能保证接收和发送的所有字节内容和顺序完全相同。TCP 协议在主动设备（发起连接的设备）和被动设备（接受连接的设备）之间创建连接，一旦连接建立，任一方均可发起数据传送。

2　基于以太网的 UDP 通信

用户数据报协议（UDP）使用一种简单无连接传输模型。UDP 协议中没有握手机制，因此协议的可靠性仅等同于底层网络。无法确保对发送、定序或重复消息提供保护。对于数据的完整性，UDP 还提供了校验和，并且通常用不同的端口号来寻址不同函数。

3　OUC 指令

STEP 7-Micro/WIN SMART 开放式用户通信（OUC）指令分为 OUC 指令块和 OUC 指令库文件

中的 "OPEN User Communication" 库指令，建议使用库指令。库文件中的 "OPEN User Communication" 库指令提供以下八条指令，如图 5-36 所示，本节只介绍 TCP 和 UDP 相关的指令。注意：在使用开放式用户通信库指令时，还需要手动分配 50 个字节的全局 V 存储器，可以指定该库使用的 V 存储器的地址。

图 5-36 库指令

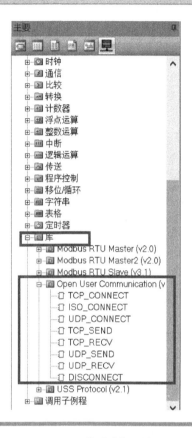

扫一扫看视频

TCP 与 UDP 概述

193

（1）TCP_CONNECT 指令 TCP_CONNECT 指令用于通过 TCP 协议创建与另一台设备的连接，如图 5-37 所示的指令梯形图，表 5-12 为 TCP_CONNECT 指令的相关参数说明。

图 5-37 TCP_CONNECT 指令

表 5-12　TCP_CONNECT 指令的参数说明

参数	声明	数据类型	描　述
EN	IN	BOOL	使能输入。将 EN 输入设置为 TRUE 以调用指令,直到指令完成(直到 Done 或 Error 置位)。仅当程序置位 EN 并且调用指令时,CPU 才会更新输出
Req	IN	BOOL	如果 Req＝TRUE,则 CPU 启动连接操作;如果 Req＝FALSE,则输出显示连接的当前状态
Active	IN	BOOL	TRUE＝主动连接,FALSE＝被动连接。Active 输入用于指定连接指令是创建主动客户端连接(Active＝TRUE)还是创建被动服务器连接(Active＝FALSE)。在主动连接中,本地 CPU 启动到远程设备的通信。在被动连接中,本地 CPU 等待远程设备启动通信。对于开放式用户通信,S7-200 SMART CPU 支持八个主动连接和八个被动连接
ConnID	IN	WORD	CPU 使用连接 ID(ConnID)为其他指令标识该连接。ConnID 范围为 0～65534,每个连接必须具有唯一的 ConnID
IPaddr1 … IPaddr4	IN	BYTE	这些是 IP 地址的四个八位字节。IPaddr1 是 IP 地址的最高有效字节,IPaddr4 是 IP 地址的最低有效字节,例如 IP 地址 192.168.2.3,设置如下:IPaddr1＝192,IPaddr2＝68,IPaddr3＝2,IPaddr4＝3
RemPort	IN	WORD	RemPort 是远程设备上的端口号。远程端口号范围为 1～49151。建议采用的端口号范围为 2000～5000;对于被动连接,CPU 会忽略远程端口号(可以将其设置为零)
LocPort	IN	WORD	LocPort 是本地设备上的端口号。本地端口号范围为 1～49151。建议采用的端口号范围为 2000～5000;对于被动连接,本地端口号必须唯一
Done	OUT	BOOL	当连接操作完成且没有错误时,指令置位 Done 输出,其他输出才有效
Busy	OUT	BOOL	当连接操作正在进行时,指令置位 Busy 输出
Error	OUT	BOOL	当连接操作完成但发生错误时,Error 置位输出,所有其他输出均无效
Status	OUT	BYTE	如果 Error 置位输出,则 Status 输出会显示错误代码;如果 Busy 或 Done 置位输出,则 Status 为零(无错误)

图 5-38 所示为 TCP_CONNECT 指令参数设置举例。指令中用 SM0.0 常开触点使参数 EN 和 Active 始终接通,从而使该 CPU 主动建立 TCP 连接。建立连接远程设备 CPU 的 IP 地址为 192.168.2.3,远程端口 RemPort 设置为 2001,本地端口 LocPORT 设置为 2000,连接标识符 ConnID 为 1,当启动请求信号参数 Req 为上升沿,即 M0.1 上升沿时,启动建立连接任务。

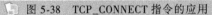

图 5-38　TCP_CONNECT 指令的应用

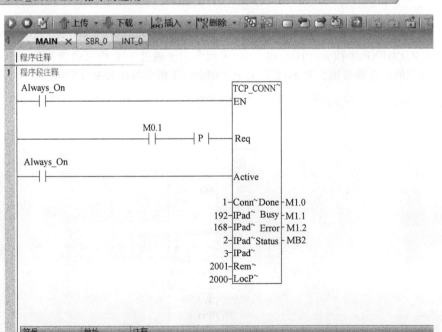

扫一扫看视频

TCP 连接指令

（2）TCP_SEND 发送数据指令 TCP_SEND 指令是通过现有连接（ConnID）传输来自请求的缓冲区位置（DataPtr）的请求的字节数（DataLen）。如图 5-39 所示的指令梯形图，表 5-13 为 TCP_SEND 指令的相关参数说明。

📖 图 5-39 TCP_SEND 指令

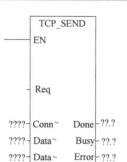

扫一扫看视频

TCP 发送数据指令

表 5-13 TCP_SEND 指令的参数

参数	声明	数据类型	描 述
EN	IN	BOOL	使能输入
Req	IN	BOOL	如果 Req=TRUE，则 CPU 启动发送操作；如果 Req=FALSE，则输出显示发送操作的当前状态
ConnID	IN	WORD	连接 ID（ConnID）是此发送操作所用连接的编号。TCP_CONNECT 操作选择的 ConnID
DataLen	IN	WORD	DataLen 是要发送的字节数（1~1024）
DataPtr	IN	DWORD	DataPtr 是指向待发送数据的指针，这是指向 I、Q、M 或 V 存储器的 S7-200 SMART PLC 指针（如 &VB100）
Done	OUT	BOOL	当发送操作完成且没有错误时，指令置位 Done 输出
Busy	OUT	BOOL	当发送操作正在进行时，指令置位 Busy 输出
Error	OUT	BOOL	当发送操作完成但发生错误时，指令置位 Error 输出
Status	OUT	BYTE	如果指令置位 Error 输出，则 Status 输出会显示错误代码；如果指令置位 Busy 或 Done 输出，则 Status 为零（无错误）

图 5-40 所示为 TCP_SEND 指令参数设置举例。指令中 EN 使能输入，当 Req 输入设置为 TRUE 时执行 TCP_SEND，程序会将用户存储器中发送缓冲区的起始地址为 VB3000 中的 10 字节的数据发送到连接 ConnID 为 1 的远程设备中。

📖 图 5-40 TCP_SEND 指令参数设置举例

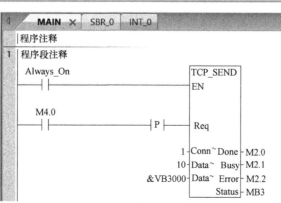

（3）TCP_RECV 接收数据指令 TCP_RECV 指令通过现有连接接收来自连接 ID 的客户机发送的数据。如图 5-41 所示的指令梯形图，表 5-14 为 TCP_RECV 指令的相关参数说明。

图 5-41 TCP_RECV 指令梯形图

扫一扫看视频

TCP 接收数据指令

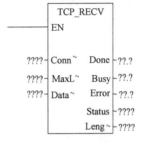

表 5-14 TCP_RECV 指令的参数说明

参数	声明	数据类型	描 述
EN	IN	BOOL	使能输入
ConnID	IN	WORD	连接 ID（ConnID）是此接收操作所用连接的编号（连接过程中定义）
MaxLen	IN	WORD	MaxLen 是要接收的最大字节数（如 DataPtr 中缓冲区的大小（1~1024））
DataPtr	IN	WORD	DataPtr 是指向接收数据存储位置的指针，这是指向 I、Q、M 或 V 存储器的 S7-200 SMART PLC 指针（如 &VB100）
Done	OUT	BOOL	当接收操作完成且没有错误时，指令置位 Done 输出；当指令置位 Done 输出时，Length 输出有效
Busy	OUT	BOOL	当接收操作正在进行时，指令置位 Busy 输出
Error	OUT	BOOL	当接收操作完成但发生错误时，指令置位 Error 输出
Status	OUT	BYTE	如果指令置位 Error 输出，则 Status 输出会显示错误代码；如果指令置位 Busy 或 Done 输出，则 Status 为零（无错误）
Length	OUT	WORD	Length 是实际接收的字节数。仅当指令置位 Done 或 Error 输出时，Length 才有效。如果指令置位 Done 输出，则指令接收整条消息。如果指令置位 Error 输出，则消息超出缓冲区大小（MaxLen）并被截短

图 5-42 所示为 TCP_RECV 指令参数设置举例。指令中 M4.2 接通 EN 使能输入，接收远程设备数据，接收缓冲区的起始地址为 VB2000。接收最大的字节数为 10 个字节。

图 5-42 TCP_RECV 指令参数设置举例

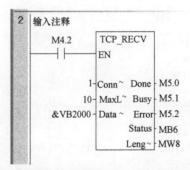

（4）DISCONNECT 终止所有协议的连接指令 DISCONNECT 指令用于终止现有通信连接。程序通过将 Req 输入设置为 TRUE 来调用 DISCONNECT 指令时，DISCONNECT 指令启动连接终止操作。

建议 Req 输入使用上升沿触发器。如图 5-43 所示的指令梯形图，表 5-15 为 TCP_RECV 指令的相关参数说明。

图 5-43   TCP_RECV 指令梯形图

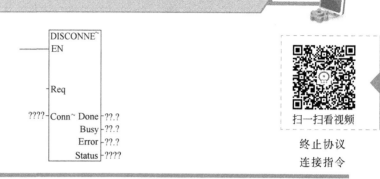

扫一扫看视频

终止协议
连接指令

表 5-15   TCP_RECV 指令的参数说明

参数	声明	数据类型	描 述
EN	IN	BOOL	使能输入
Req	IN	BOOL	如果 Req=TRUE,CPU 启动断开连接操作
ConnID	IN	WORD	CPU 使用连接 ID(ConnID)标识要终止的连接(连接过程中定义)
Done	OUT	BOOL	当断开连接操作完成且没有错误时,指令置位 Done 输出
Busy	OUT	BOOL	当断开连接操作正在进行时,指令置位 Busy 输出
Error	OUT	BOOL	当断开连接操作完成但发生错误时,指令置位 Error 输出
Status	OUT	BYTE	如果指令置位 Error 输出,则 Status 输出会显示错误代码;如果指令置位 Busy 或 Done 输出,则 Status 为零(无错误)

图 5-44 所示为 DISCONNECT 指令参数设置举例。指令中 EN 使能输入，当请求 Req 触发时，终止连接 ConnID 的连接。

图 5-44   DISCONNECT 指令的应用举例

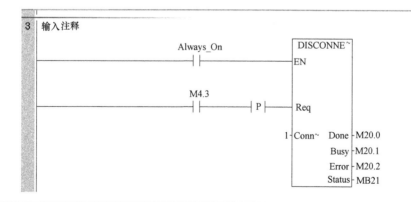

（5）UDP_CONNECT 创建 UDP 连接指令   UDP_CONNECT 指令使用 UDP 协议创建被动连接。指令只需要连接 ID 和本地端口号即可创建连接。一个 UDP 连接可以将消息发送到任意数量的其他设备，因为 IP 地址和远程端口会随每个 UDP_SEND 指令一起提供。仅当需要多个本地端口时，才需要多个 UDP 连接。所有本地端口号必须唯一。如图 5-45 所示的指令梯形图，表 5-16 为 UDP_CONNECT 指令的相关参数说明。

图 5-45　UDP_CONNECT 指令梯形图

扫一扫看视频

UDP 连接指令

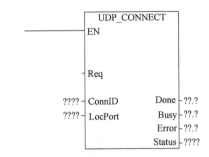

表 5-16　UDP_CONNECT 指令的参数

参数	声明	数据类型	描　述
EN	IN	BOOL	使能输入
Req	IN	BOOL	如果 Req = TRUE，则 CPU 启动连接操作；如果 Req = FALSE，则输出显示连接的当前状态
ConnID	IN	WORD	CPU 使用连接 ID（ConnID）为其他指令标识该连接。可能的 ConnID 范围为 0～65534
LocPort	IN	WORD	LocPort 是本地设备上的端口号，本地端口号范围为 1～49151
Done	OUT	BOOL	当连接操作完成且没有错误时，指令置位 Done 输出
Busy	OUT	BOOL	当连接操作正在进行时，指令置位 Busy 输出
Error	OUT	BOOL	当连接操作完成但发生错误时，指令置位 Error 输出
Status	OUT	BYTE	如果指令置位 Error 输出，则 Status 输出会显示错误代码；如果指令置位 Busy 或 Done 输出，则 Status 为零（无错误）

图 5-46 所示为 UDP_CONNECT 指令参数设置举例。指令 EN 使能输入，在请求 Req 上升沿触发时，启动 UDP 连接，连接标识符设置为 2，本地端口 LocPort 为 2000。

图 5-46　UDP_CONNECT 指令参数设置举例

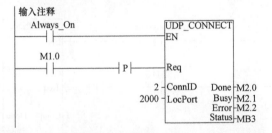

（6）UDP_SEND 发送用于 UDP 连接的数据指令　UDP_SEND 指令将来自请求的缓冲区位置（DataPtr）的请求的字节数（DataLen）传输到通过 IP 地址（IPaddr1-IPaddr4）和端口（RemPort）指定的设备。该指令仅用于 UDP 协议和通过 UDP_CONNECT 创建的连接。如图 5-47 所示的指令梯形图，表 5-17 为 UDP_CONNECT 指令的相关参数说明。

图 5-48 所示为 UDP_SEND 指令参数设置举例。指令 EN 使能输入，在请求 Req 上升沿触发时，程序会将用户存储器中发送缓冲区的起始地址为 VB1000 中的 10 字节的数据发送到连接 ConnID 为 2，IP 地址为 192.168.2.2 的远程设备中。

图 5-47　UDP_SEND 指令梯形图

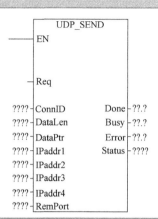

扫一扫看视频

UDP 发送数据指令

表 5-17　UDP_CONNECT 指令的参数说明

参数	声明	数据类型	描　述
EN	IN	BOOL	使能输入
Req	IN	BOOL	如果 Req = TRUE, 则 CPU 启动发送操作; 如果 Req = FALSE, 则输出显示发送操作的当前状态
ConnID	IN	WORD	连接 ID(ConnID) 是此发送操作所用连接的编号(连接过程中通过 UDP_CONNECT 定义)
DataLen	IN	WORD	DataLen 是要发送的字节数(1~1024)
DataPtr	IN	DWORD	DataPtr 是指向待发送数据的指针, 这是指向 I、Q、M 或 V 存储器的 S7-200 SMART PLC 指针(如 &VB100)
IPaddr1 … IPaddr4	IN	BYTE	这些是 IP 地址的四个八位字节。IPaddr1 是 IP 地址的最高有效字节, IPaddr4 是 IP 地址的最低有效字节
RemPort	IN	WORD	RemPort 是远程设备上的端口号, 远程端口号范围为 1~49151
Done	OUT	BOOL	当连接操作完成且没有错误时, 指令置位 Done 输出
Busy	OUT	BOOL	当连接操作正在进行时, 指令置位 Busy 输出
Error	OUT	BOOL	当连接操作完成但发生错误时, 指令置位 Error 输出
Status	OUT	BYTE	如果指令置位 Error 输出, 则 Status 输出会显示错误代码; 如果指令置位 Busy 或 Done 输出, 则 Status 为零(无错误)

图 5-48　UDP_SEND 指令参数设置举例

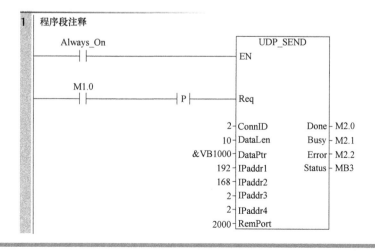

（7）UDP_RECV 接收用于 UDP 连接的数据指令　UDP_RECV 指令通过现有连接接收来自连接 ID 的数据。该指令仅用于 UDP 协议以及通过 UDP_CONNECT 创建的连接。如图 5-49 所示的指令梯形图，表 5-18 为 UDP_RECV 指令的相关参数说明。

图 5-49　UDP_RECV 指令梯形图

扫一扫看视频

UDP 接收数据指令

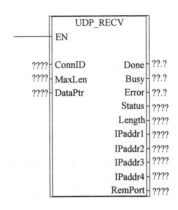

表 5-18　UDP_RECV 指令的参数

参数	声明	数据类型	描述
EN	IN	BOOL	使能输入
ConnID	IN	WORD	CPU 将连接 ID（ConnID）用于此接收操作（连接过程中定义）
MaxLen	IN	WORD	MaxLen 是要接收的最大字节数（如 DataPt 中缓冲区的大小（1～1024））
DataPtr	IN	DWORD	DataPtr 是指向接收数据存储位置的指针，这是指向 I、Q、M 或 V 存储器的 S7-200 SMART PLC 指针（如 &VB100）
Done	OUT	BOOL	当接收操作完成且没有错误时，指令置位 Done 输出；当指令置位 Done 输出时，Length 输出有效
Busy	OUT	BOOL	当接收操作正在进行时，指令置位 Busy 输出
Error	OUT	BOOL	当接收操作完成但发生错误时，指令置位 Error 输出
Status	OUT	BYTE	如果指令置位 Error 输出，则 Status 输出会显示错误代码；如果指令置位 Busy 或 Done 输出，则 Status 为零（无错误）
Length	OUT	WORD	Length 是实际接收的字节数。仅当指令置位 Done 或 Error 输出时，Length 才有效。如果指令置位 Done 输出，则指令接收整条消息。如果指令置位 Error 输出，则消息超出缓冲区大小（MaxLen）并被截短
IPaddr1 … IPaddr4	OUT	BYTE	这些是发送消息的远程设备 IP 地址的四个八位字节。IPaddr1 是 IP 地址的最高有效字节，IPaddr4 是 IP 地址的最低有效字节
RemPort	OUT	WORD	RemPort 是发送消息的远程设备的端口号

图 5-50 所示为 UDP_RECV 指令参数设置举例。指令中接通 EN 使能输入，接收远程设备数据，接收缓冲区的起始地址为 VB2000。接收的最大字节数为 20 个。

图 5-50　UDP_RECV 指令参数设置举例

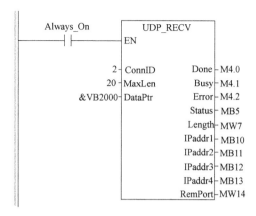

实例 5　S7-200 SMART PLC 之间的 TCP 通信

1　控制要求

将作为客户端的 PLC（IP 地址为 192.168.0.10）中 VB0 的数据传送到作为服务器端的 PLC（IP 地址为 192.168.0.11）的 VB2000 中。

2　操作步骤

（1）客户端编程

1）设置客户端 IP 地址。单击打开项目树中的系统块弹出系统块窗口，如图 5-51 所示，在通信选项中设置以太网 IP 地址为 192.168.0.10。

图 5-51　设置客户端 IP 地址

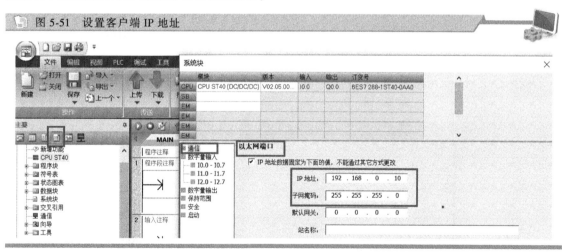

2）建立 TCP 连接。在主程序段 1 中调用 TCP_CONNECT 指令建立 TCP 连接，如图 5-52 所示。设置连接伙伴地址为 192.168.0.11，远端端口为 2001，本地端口为 5000，连接标识 ID 为 1。利用 SM0.0 使能 Active，设置为主动连接。

3）调用发送数据指令 TCP_SEND。在主程序段 2 中调用发送指令 TCP_SEND，如图 5-53 所示。通过该指令将以 VB0 为起始，数据长度为 DataLen 长度的一个字节的数据发送到连接 ID 为 1 指定的远程设备。利用 1Hz 的时钟上升沿触发发送请求。

图 5-52　调用 TCP_CONNECT 指令

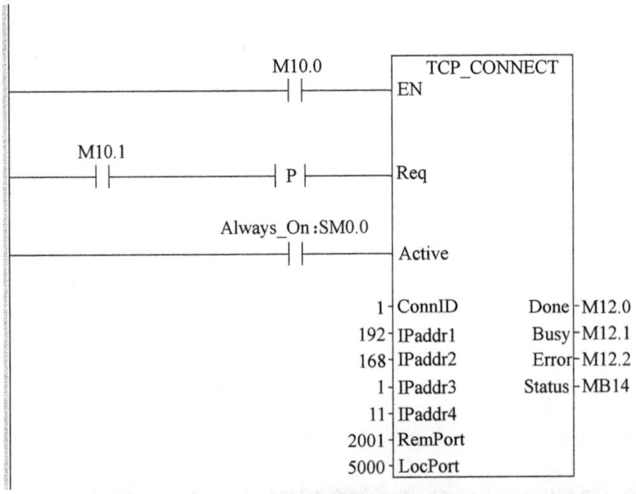
M10.0
TCP_CONNECT
EN
M10.1
P
Req
Always_On:SM0.0
Active
1 ConnID
192 IPaddr1
168 IPaddr2
1 IPaddr3
11 IPaddr4
2001 RemPort
5000 LocPort
Done M12.0
Busy M12.1
Error M12.2
Status MB14

图 5-53　调用发送数据指令 TCP_SEND

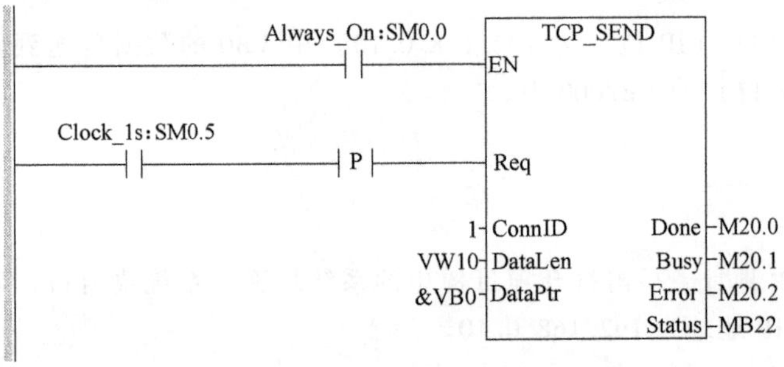
Always_On:SM0.0
TCP_SEND
EN
Clock_1s:SM0.5
P
Req
1 ConnID
VW10 DataLen
&VB0 DataPtr
Done M20.0
Busy M20.1
Error M20.2
Status MB22

4）终止通信连接。在主程序段 3 中通过调用 DISCONNECT 指令终止指定 ID 的连接，如图 5-54 所示。

图 5-54　调用 DISCONNECT 指令

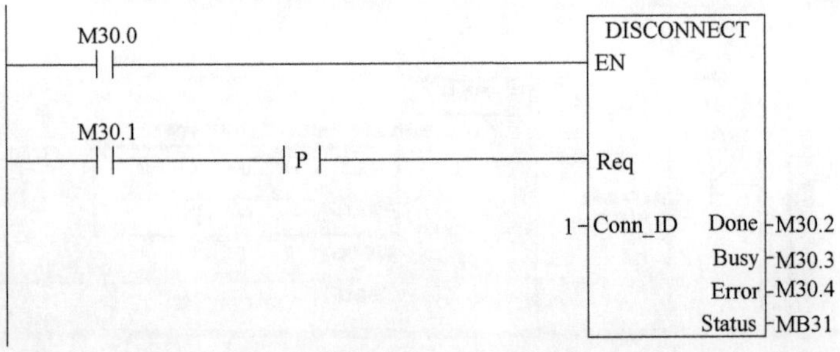
M30.0
DISCONNECT
EN
M30.1
P
Req
1 Conn_ID
Done M30.2
Busy M30.3
Error M30.4
Status MB31

5）分配库存储区。开放式用户通信库需要使用 50 个字节的 V 存储器，用户需手动分配。在指令树的程序中，以鼠标右键单击“程序块”，在弹出的快捷菜单中选择“库存储器”，在弹出的选项卡中单击“建议地址”来自动分配库存储器，如图 5-55 所示。

（2）服务器端编程

1）设置服务器端 IP 地址。设置服务器端 IP 地址为 192.168.0.11，如图 5-56 所示。

图 5-55　分配库存储器地址

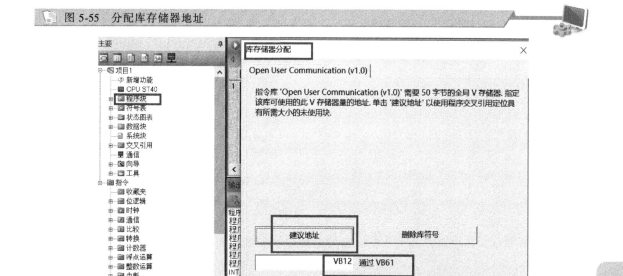

图 5-56　设置服务器端 IP 地址

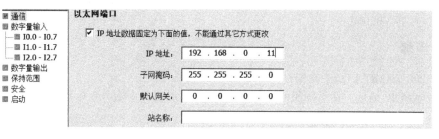

2) 建立 TCP 连接。在主程序段 1 中调用 TCP_CONNECT 指令建立 TCP 连接, 如图 5-57 所示。设置连接伙伴地址为 192.168.0.10, 远端端口为 5000, 本地端口为 2001, 连接标识 ID 为 1。利用 SM0.0 常闭点使能 Active, 设置为被动连接。

图 5-57　建立 TCP 连接

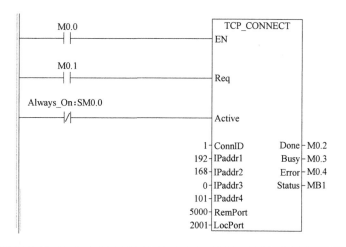

3）接收数据。在主程序段 2 中调用 TCP_RECV 指令接收指定 ID 连接的数据，如图 5-58 所示。接收的缓冲区长度为 MaxLen，数据接收缓冲区以 VB2000 为起始。

图 5-58　接收数据

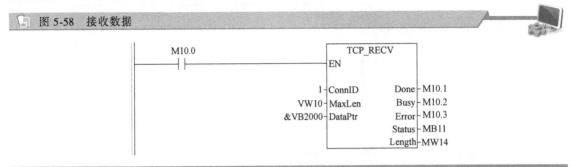

（3）调试监控

联机进行调试，其中客户端的 VW10 是发送的数据长度，服务器端的 VW10 是接收的数据长度。

实例 6　S7-200 SMART PLC 之间的 UDP 通信

1　控制要求

将 PLC_1（IP 地址为 192.168.0.10）中 VB1000 的数据传送到 PLC_2（IP 地址为 192.168.0.11）的 VB2000 中。

2　操作步骤

（1）S7-200 SMART PLC_1 侧编程

1）设置本机 IP 地址。在系统块中设置 PLC_1 的 IP 地址为 192.168.0.10，如图 5-59 所示。

图 5-59　设置 PLC_1 的 IP 地址

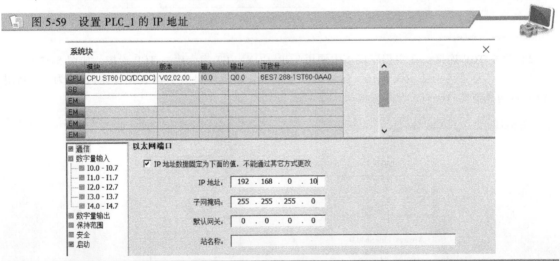

2）编写程序。

① 调用 UDP_CONNECT 指令。在主程序段 1 中调用 UDP_CONNECT 指令，如图 5-60 所示。建立 ID 为 1 的 UDP 连接，设置本地端口号为 2000，ConnID：连接标识符，LocPort：本地端口号。

② 调用发送数据指令 UDP_SEND。在主程序段 2 中调用 UDP_SEND 指令，如图 5-61 所示，该指令将从 VB1000 开始的 100 个字节，传输到通过 IP 地址 192.168.0.11 和端口 2001 指定的远程设备。利用 1Hz 的时钟上升沿触发发送请求。如果远程设备未接收到发送的信息，则不会报错。

图 5-60　调用 UDP_CONNECT 指令

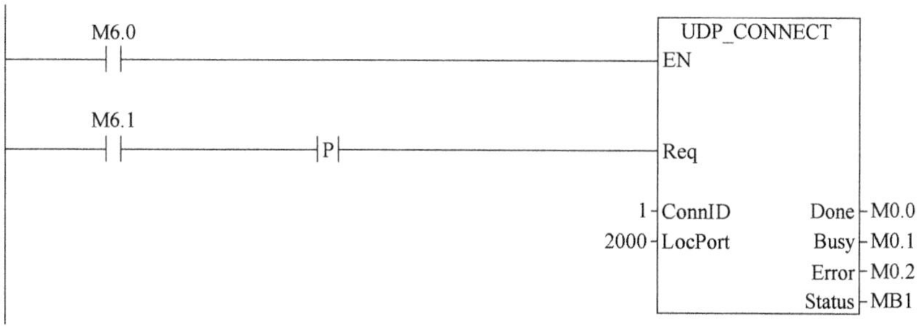

图 5-61　调用发送数据指令 UDP_SEND

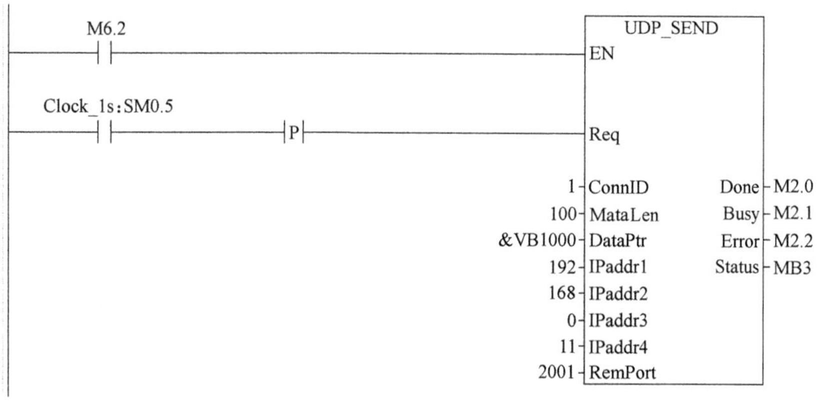

③ 终止通信连接。在主程序段 3 中通过调用 DISCONNECT 指令终止指定 ID 的连接，如图 5-62 所示。

图 5-62　终止通信连接

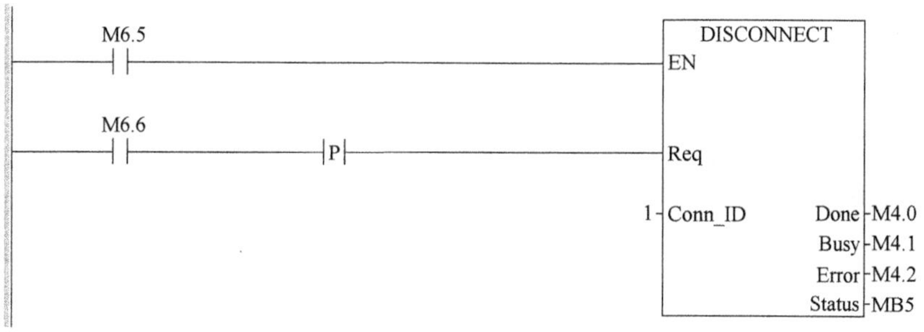

3）分配库存储器。开放式用户通信库需要使用 50 个字节的 V 存储器，用户需手动分配。在指令树的程序中，以鼠标右键单击"程序块"，在弹出的快捷菜单中选择"库存储器"，并对库存储器进行分配，如图 5-63 所示。

（2）PLC_2 侧编程

1）在系统块中设置 PLC_2 的 IP 地址为 192.168.0.11（见图 5-64）。

2）编写程序。

① 建立 UDP 连接。在主程序段 1 中建立 UDP 连接，如图 5-65 所示。建立 ID 为 1 的 UDP 连接，设置本地端口号为 2001。

图 5-63　分配库存储器

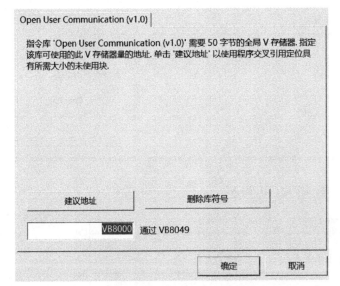

图 5-64　设置 PLC_2 的 IP 地址

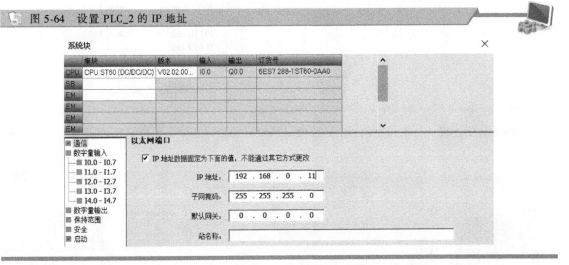

图 5-65　调用 UDP_CONNECT

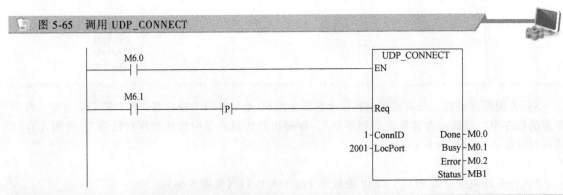

② 调用接收数据指令 UDP_RECV。在主程序段 2 中调用 UDP_RECV 指令，如图 5-66 所示。该指令将远程设备传送来的数据传送到 VB2000 中。

图 5-66 调用接收数据指令

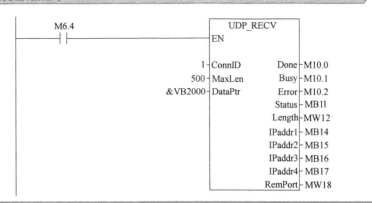

③ 终止通信连接。在主程序段 3 中通过调用 DISCONNECT 指令终止指定 ID 的连接，如图 5-67 所示。

207

图 5-67 终止通信连接

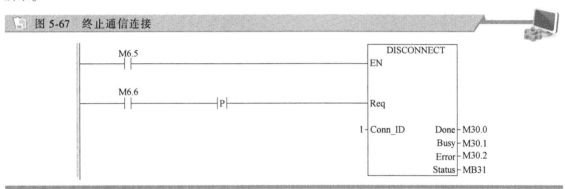

（3）联机调试

连接两台 PLC，建立 UDP 通信连接进行调试，调试运行结果如图 5-68 所示。

图 5-68 调试运行结果示意图

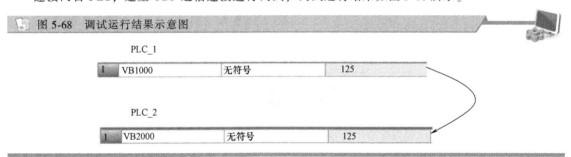

第六章 常用扩展模块

第一节 扩展模块介绍

当主机的 I/O 点数不够用或需要进行特殊功能的控制时，通常要进行 I/O 的扩展。I/O 扩展包括 I/O 点数的扩展和功能模块的扩展。不同的 CPU 有不同的扩展规范，它主要受 CPU 的寻址能力限制。

一、S7-200 系列 CPU 的数字量 I/O 扩展模块

常用的数字量扩展模块有三类，即输入扩展模块、输出扩展模块、输入/输出扩展模块。S7-200 系列 PLC 数字量 I/O 扩展模块见表 6-1。

表 6-1 S7-200 系列 PLC 数字量 I/O 扩展模块

类 型	型 号	输入点数/类型	输出点数/类型
输入扩展模块	EM 221	8 输入/24VDC 光电隔离	
	EM 221	8 输入/120/230VAC	
输出扩展模块	EM 222		8 输出/DC 24V 晶体管型
	EM 222		8 输出/继电器型
	EM 222		8 输出/AC120/230V 晶闸管型
输入/输出扩展模块	EM 223	4 输入/24VDC 光电隔离	4 输出/DC 24V 晶体管型
	EM 223	4 输入/24VDC 光电隔离	4 输出/继电器型
	EM 223	8 输入/24VDC 光电隔离	8 输出/DC 24V 晶体管型
	EM 223	8 输入/24VDC 光电隔离	8 输出/继电器型
	EM 223	16 输入/24VDC 光电隔离	16 输出/DC 24V 晶体管型
	EM 223	16 输入/2 入 4VDC 光电隔离	16 输出/继电器型

二、S7-200 系列 CPU 的模拟量扩展模块

当需要完成某些特殊功能的控制任务时，CPU 主机可以连接扩展模块，利用这些扩展模块进一步完善 CPU 的功能。常用的扩展模块有两类，即模拟量扩展模块、特殊功能模块。模拟量扩展模块有模拟量输入扩展模块、模拟量输出扩展模块、模拟量输入/输出扩展模块等，型号与用途见表 6-2。

表 6-2 模拟量扩展模块型号及用途

分 类	型 号	I/O 规格	功能及用途
模拟量输入扩展模块	EM231	AI4×12 位	4 路模拟输入，12 位 A/D 转换
		AI4×热电偶	4 路热电偶模拟输入
		AI4×RTD	4 路热电阻模拟输入
模拟量输出扩展模块	EM232	AQ2×12 位	2 路模拟输出
模拟量输入/输出扩展模块	EM235	AI4/AQ1×12	4 路模拟输入，1 路模拟输出，12 位转换

1 模拟量输入模块

模拟量输入在过程控制中的应用很广，如常用的温度、压力、速度、流量、酸碱度、位移的各种工业检测都是对应于电压、电流的模拟量值，再通过一定运算（PID）后，控制生产过程达到一定的目的。模拟量输入电平大多是从传感器通过变换后得到的，模拟量的输入信号为 4~20mA 的电流信号或 1~5V、-10~10V、0~10V 的直流电压信号。而 PLC 只能接收数字量信号，为实现模拟量控制，必须先对模拟量进行模-数（A-D）转换，将模拟信号转换成 PLC 所能接收的数字信号。模拟量输入单元一般由滤波、A-D 转换器、光耦合器隔离等组成，其原理框图如图 6-1 所示。

图 6-1 模拟量输入单元框图

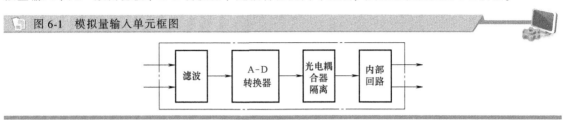

图 6-2 所示为 EM231 模拟量模块，其模块主要有滤波、A-D 转换器、光电耦合器隔离、内部电路组成。当输入信号通过滤波、运算放大器的放大和量程变换后，转换成 A-D 转换器能够接收的电压范围，经过 A-D 转换器后的数字量信号，再经光电耦合器隔离后进入 PLC 的内部电路。根据 A-D 转换的分辨率不同，模拟量输入单元能提供 8 位、10 位、12 位或 16 位等准确度的各种位数的数字量信号并传送给 PLC 以进行处理。

图 6-2 EM231 模拟量输入模块

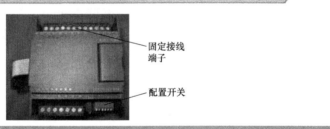

固定接线端子

配置开关

2 模拟量输出模块

模拟量输出模块是将中央处理器的二进制数字信号转换成 4~20mA 的电流输出信号或 0~10V、1~5V 的电压输出信号，提供给执行机构，以满足生产过程现场连续信号的控制要求。模拟量输出单元一般由光电耦合器隔离、D-A 转换器和信号转换等组成，其原理框图如图 6-3 所示。图 6-4 所示为 EM232 模拟量输出模块，一般具有两路或四路模拟量输出通道。

图 6-3 模拟量输出单元原理框图

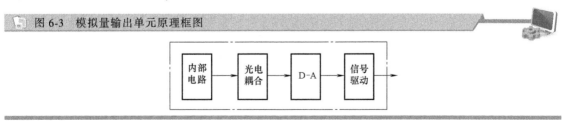

3 模拟量输入/输出模块

图 6-5 所示为 EM235 模拟量输入/输出模块，具有四个模拟量输入通道、一路模拟量输出通道。

图 6-4 EM232 模拟量输出模块

图 6-5 EM235 模拟量输入/输出模块

该模块的模拟量输入功能同 EM231 模拟量输入模块, 技术参数也基本相同。电压输入范围有所不同, 单极性为 0~10V、0~5V、0~1V、0~500mV、0~100mV、0~50mV; 双极性为 ±10V、±5V、±2.5V、±1V、±500mV、±250mV、±100mV、±50mV、±25mV。

该模块的模拟量输出功能同 EM232 模拟量输出模块, 技术参数也基本相同。

4 模拟量模块的接线

1) CPU 224 XP 本身集成模拟量接线。CPU 224 XP 本身集成有两路电压输入和一路模拟量输出, 接线方法如图 6-6 所示。

两路电压输入接线分别为 A+和 M、B+和 M, 此时只能输入 ±10V 电压信号。一路模拟量输出信号, 如果是电流输出则将负载接在 I 和 M 端子之间, 如果是电压输出则将负载接在 V 和 M 端子之间。

图 6-6 CPU 224 XP 集成模拟量接线图

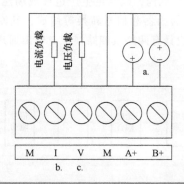

2) 模拟量输入模块 EM231、模拟量输出模块 EM232 和模拟量输入/输出模块 EM235 等模块的应用接线图如图 6-7 所示。

图 6-7 接线图

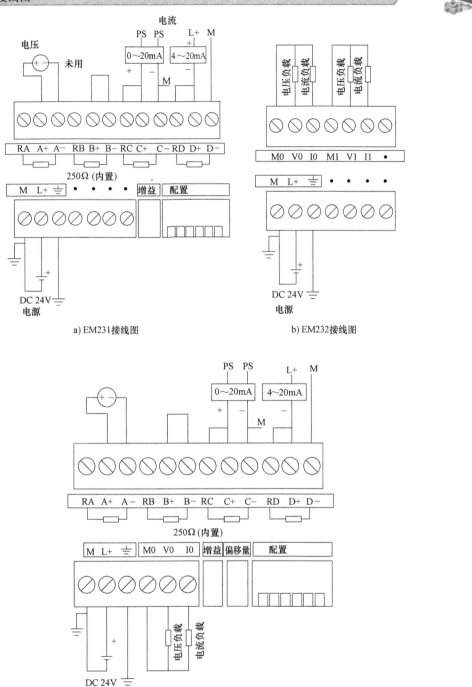

a) EM231接线图　　b) EM232接线图

c) EM235接线图

三、特殊功能模块

S7-200 系列 PLC 主机的特殊功能模块有多种类型，如 EM253 位置控制模块、EM277 Profibus-DP 模块、EM241 调制解调器模块、CP243-1 工业以太网模块、CP243-2 AS-I 接口模块等，如图 6-8 所示。

图 6-8　特殊模块实物图

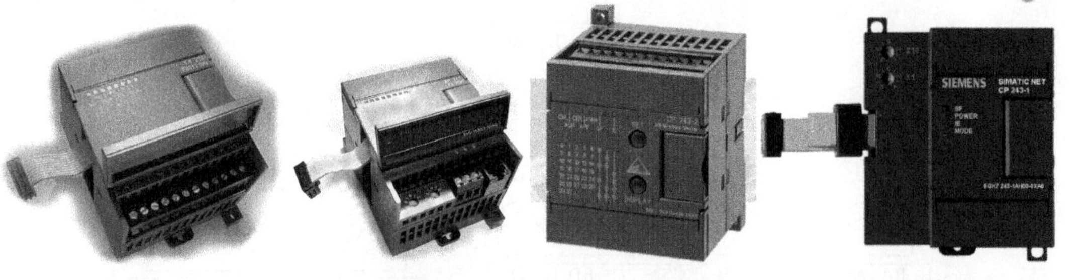

a) EM253模块　　b) EM241模块　　c) CP243-2模块　　d) CP243-1模块

四、S7-200 SMART CPU 的信号板扩展模块

信号板模块直接安装在 SR/ST CPU 本体正面，无需占用电控柜空间，安装、拆卸方便快捷。对于少量的 I/O 点数扩展及更多通信端口的需求，S7-200 SMART CPU 常用的信号板模块见表 6-3。

表 6-3　S7-200 SMART CPU 常用的信号板

名　　称	型号规格	说　　明
数字量 I/O 信号板	SB DT04 2DI/2DO	数字量 I/O 扩展，支持两路数字量输入和两路数字量晶体管输出
模拟量输入信号板	SB AE01 1AI	模拟量 I/O 扩展，支持一路模拟量输入，精度为 12 位
模拟量输出信号板	SB AQ01 1AO	模拟量 I/O 扩展，支持一路模拟量输出，准确度为 12 位
通信信号板	SB CM01 RS232/RS485	RS232 或 RS485 串行通信接口
时钟信号板	SB BA01	实时时钟保持支持普通的 CR1025 纽扣电池，能断电保持时钟运行约一年

第二节　扩展模块的应用

一、I/O 点数扩展和编址

S7-200 系列 CPU22X 系列的每种主机所提供的本机 I/O 点的 I/O 地址是固定的，进行扩展时，可以在 CPU 右边连接多个扩展模块，每个扩展模块的组态地址编号取决于各模块的类型和该模块在 I/O 链中所处的位置。输入与输出模块的地址不会冲突，模拟量控制模块地址也不会影响数字量。编址方法与原则如下：

1）同类型输入或输出的模块按顺序进行编制。

2）数字量模块总是保留以八位（一个字节）递增的过程映象寄存器空间。如果模块没有给保留字节中每一位提供相应的物理点，那些未用位不能分配给 I/O 链中的后续模块。对于输入模块，这些保留字节中未使用的位会在每个输入刷新周期中被清零。

3）模拟量 I/O 点总是以两点递增的方式来分配空间。如果 CPU 或模块在为物理 I/O 点分配地址时未用完一个字节，则那些未用的位也不能分配给 I/O 链中的后续模块。

例如，某一控制系统选用 CPU224，系统所需的输入/输出点数为数字量输入 24 点、数字量输出 20 点、模拟量输入 6 点和模拟量输出 2 点。

本系统可有多种不同模块的选取组合，并且各模块在 I/O 链中的位置排列方式也可能有多种，如图 6-9 所示为其中的一种模块连接形式。表 6-4 所示为其对应的各模块的编址情况。

图 6-9 模块连接形式

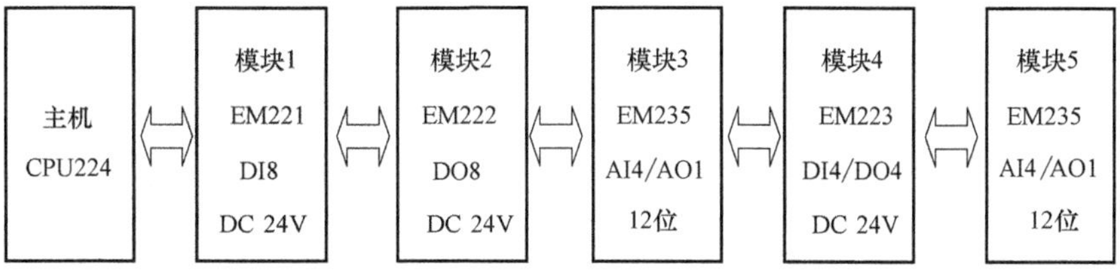

表 6-4 各模块的编址

主机 I/O		模块 1I/O	模块 2I/O	模块 3I/O		模块 4I/O		模块 5I/O	
I0.0	Q0.0	I2.0	Q2.0			I3.0	Q3.0	AIW8	AQW4
I0.1	Q0.1	I2.1	Q2.1			I3.1	Q3.1	AIW10	
I0.2	Q0.2	I2.2	Q2.2	AIW0	AQW0	I3.2	Q3.2	AIVV12	
I0.3	Q0.3	I2.3	Q2.3	AIW2		I3.3	Q3.3	AJW14	
I0.4	Q0.4	I2.4	Q2.4	AIW4					
I0.5	Q0.5	I2.5	Q2.5	AIW6					
I0.6	Q0.6	I2.6	Q2.6						
I0.7	Q0.7	I2.7	Q2.7						
I1.0	Q1.0								
I1.1	Q1.1								
I1.2									
I1.3									
I1.4									
I1.5									

二、模拟量扩展模块的应用

1 模拟量输入/输出映像寄存器

　　S7-200 系列 PLC 的模拟量输入电路是将外部输入的模拟量信号（电流或电压）转换成一个字长（16 位）的数字量（0~32000）存入模拟量输入映像寄存器区域，可以用区域标识符（AI）、数据长度（W）和模拟通道的起始地址读取这些量，其格式为 AIW［起始字节地址］。因为模拟输入量为一个字长（16 位），即两个字节，且从偶数字节开始存放，所以必须从偶数字节地址读取这些值，如 AIW0、AIW2、AIW4 等。模拟量输入值为只读数据。

　　S7-200 系列 CPU 的模拟量输出电路是将模拟量输出映像寄存器区域的一个字长（16 位）的数字量（0~32000）转换为模拟量信号（电流或电压）输出，可用区域标识符（AQ）、数据长度（W）和模拟通道的起始地址存储这些量，其格式为 AQW［起始字节地址］。因为模拟输出量为一个字长（16 位），即两个字节，且从偶数字节开始存放，如 AQW0、AQW2、AQW4 等。模拟量输出值是只写数据。

　　对模拟量输入/输出是以两个字（W）为单位分配地址，每路模拟量输入/输出占用一个字（两个字节）。如果有三路模拟量输入，则需分配四个字（AIW0、AIW2、AIW4、AIW6），其中没有被使用的字 AIW6 不可被占用或分配给后续模块。如果有一路模拟量输出，则需分配两个字（AQW0、AQW2），其中没有被使用的字 AQW2，不可被占用或分配给后续模块。

　　模拟量输入/输出的地址编号范围根据 CPU 的型号不同而有所不同，CPU222 为 AIW0~AIW30/AQW0~AQW30，CPU224/226 为 AIW0~AIW62/AQW0~AQW62。

2 PLC 模拟量扩展模块的应用

　　在工业控制中，某些输入量（如压力、温度、流量、转速等）是模拟量，某些执行机构（如电动调节阀、变频器等）要求 PLC 输出模拟信号。模拟量首先被传感器和变送器转换为标准量程的电流或电压，例如直流 4～20mA、1～5V 或 0～10V 等。PLC 用 A-D 转换器将它们转换成数字量。带正负号的电流或电压在 A-D 转换后用二进制补码表示。D-A 转换器将 PLC 的数字输出量转换为模拟电压或电流，再去控制执行机构。模拟量 I/O 模块的主要任务就是实现 A-D 转换（模拟量输入）和 D-A 转换（模拟量输出），如图 6-10 所示。

图 6-10 工程量与模拟量、数字量转化

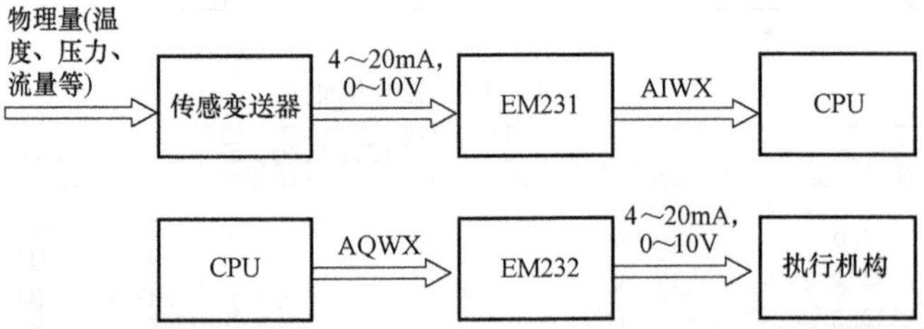

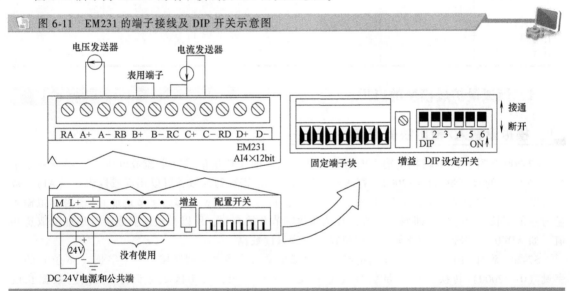

（1）模拟量输入模块 EM231 的应用

1）EM231 模块接线。通过 A-D 模块，S7-200 系列 CPU 可以将外部的模拟量（电流或电压）转换成一个字长（16 位）的数字量（0～32000）。

图 6-11 所示为 EM231 的端子接线及 DIP 开关示意图。

图 6-11 EM231 的端子接线及 DIP 开关示意图

2）EM231 模块的配置和校准。使用 EM231 和 EM235 输入模拟量时，首先要进行模块的配置和校准。通过调整模块中的 DIP 开关，可以设定输入模拟量的种类（电流、电压）以及模拟量的输入范围、极性，见表 6-5。

表 6-5 EM231 选择模拟量输入范围的开关表

单极性			满量程输入	分辨率	双极性			满量程输入	分辨率
SW1	SW2	SW3			SW1	SW2	SW3		
ON	OFF	ON	0～10V	2.5mV	OFF	OFF	ON	±5V	2.5mV
	ON	OFF	0～5 V	1.25mV		ON	OFF	±2.5V	1.25mV
	ON	OFF	0～20mA	5μA					

注：双极性信号就是信号在变化的过程中要经过"零"，单极性不过"零"。由于模拟量转换为数字量是有符号整数，所以双极性信号对应的数值会有负数。在 S7-200 系列 PLC 中，单极性模拟量输入/输出信号的数值范围是 0～32000，双极性模拟量信号的数值范围是 -32000～+32000。

设定模拟量输入类型后，需要进行模块的校准，此操作需通过调整模块中的"增益调整"电位器实现。校准调节影响所有的输入通道。即使在校准以后，如果模拟量多路转换器之前的输入电路元件值发生变化，从不同通道读入同一个输入信号，那么其信号值也会有微小的不同。校准输入的步骤如下：

① 切断模块电源，用 DIP 开关选择需要的输入范围；

② 接通 CPU 和模块电源，使模块稳定 15min；

③ 用一个变送器、一个电压源或电流源，将零值信号加到模块的一个输入端；

④ 读取该输入通道在 CPU 中的测量值；

⑤ 调节模块上的 OFFSET（偏置）电位器，直到读数为零或需要的数字值；

⑥ 将一个工程量的最大值（或满刻度模拟量信号）接到某一个输入端子，调节模块上的 GAIN（增益）电位器，直到读数为 32000 或需要的数字值；

⑦ 必要时重复上述校准偏置和增益的过程。

如果输入电压范围是 0~10V 的模拟量信号，则对应的数字量结果应为 0~32000；电压为 0V 时，数字量不一定是 0，可能有一个偏置值，如图 6-12 所示。

图 6-12 模拟量输入与数字量输出关系

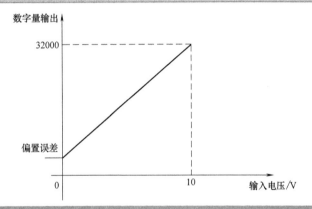

3）输入模拟量的读取。每个模拟量占用一个字长（16 位），其中数据占 12 位。依据输入模拟量的极性，数据字格式有所不同，如图 6-13 所示。

图 6-13 模拟量输入数据格式

对于单极性数据格式（0~10V、0~5V），其最大值为 $2^{15}-2^3=32760$，差值为 $32760-32000=760$，可以通过调偏差/增益系统完成。

模拟量转换为数字量的 12 位读数是左对齐的。对单极性格式，最高位为符号位，最低三位是测量准确度位，即 A-D 转换是以 8 为单位进行的；对双极性格式，最低四位为转换准确度位，即 A-D 转换是以 16 为单位进行的。

215

模拟量输入模块有两个参数容易混淆，即模拟量转换的分辨率和模拟量转换的精度（误差）。分辨率是 A-D 模拟量转换芯片的转换精度，即用多少位的数值来表示模拟量。若 S7-200 系列 PLC 模拟量模块的转换分辨率是 12 位，则能够反映模拟量变化的最小单位是满量程的 $1/2^{12}$，即 $1/4096$。模拟量转换的精度除了取决于 A-D 转换的分辨率，还受到转换芯片的外围电路的影响。在实际应用中，输入的模拟量信号会有波动、噪声和干扰，内部模拟电路也会产生噪声、漂移，这些都会对转换的最后精度造成影响。这些因素造成的误差要大于 A-D 芯片的转换误差。

在读取模拟量时，利用数据传送指令 MOV_W，可以从指定的模拟量输入通道将其读取到内存中，然后根据极性，利用移位指令或整数除法指令将其规格化，以便于处理数据值部分。

（2）模拟量输出模块 EM232 的应用

1）EM232 模块接线。通过 D-A 模块，S7-200 系列 CPU 把一个字长（16 位）的数字量（0~32000）按比例转换成电流或电压。图 6-14 所示为模拟量输出 EM232 端子接线及内部结构。

图 6-14　模拟量输出 EM232 端子接线及内部结构

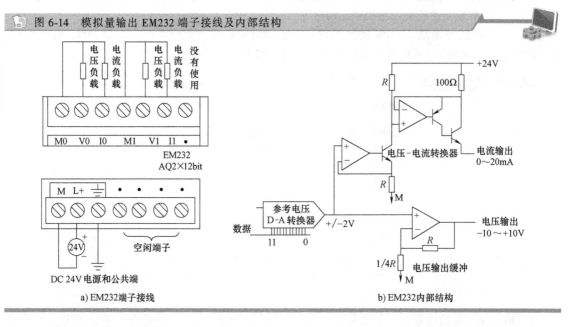

a) EM232端子接线　　　　　　　　　　　b) EM232内部结构

2）模拟量的输出。模拟量的输出范围为 $-10~+10V$ 和 $0~20mA$（由接线方式决定），对应的数字量分别为 $-32000~+32000$ 和 $0~32000$。

如图 6-15 所示模拟量数据输出值是左对齐的。对于单极性格式最高有效位是符号位，0 表示正值；对于双极性格式，最低四位是四个连续的 0，在转换为模拟量输出值时将自动屏蔽，而不会影响输出信号值。

图 6-15　模拟量数据输出

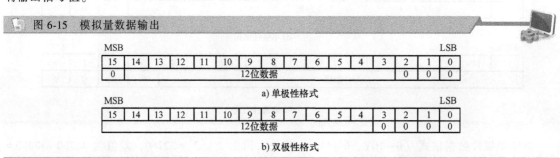

a) 单极性格式

b) 双极性格式

（3）模拟量数据的处理

1）模拟量输入信号的整定。通过模拟量输入模块转换后的数字信号直接存储在 S7-200 系列 PLC 的模拟量输入存储器 AIW 中。这种数字量与被转换的结果之间有一定的函数对应关系，但在数值上并不相等，必须经过某种转换才能使用。这种将模拟量输入模块转换后的数字信号在 PLC 内部按一定函数关系进行转换的过程称为模拟量输入信号的整定。

模拟量输入信号的整定通常需要考虑以下几个问题：

① 模拟量输入值的数字量表示方法。模拟量输入值的数字量表示方法即模拟量输入模块数据的位数是多少，是否从数据字的第 0 位开始。若不是，则应进行移位操作使数据的最低位排列在数据字的第 0 位上，以保证数据的准确性。如 EM231 模拟量输入模块，在单极性信号输入时，模拟量的数据值是从第三位开始的，因此数据整定的任务是把该数据字右移三位。

② 模拟量输入值的数字量表示范围。该范围由模拟量输入模块的转换准确度决定。如果输入量的范围大于模块可能表示的范围，则可以使输入量的范围限定在模块表示的范围内。

③ 系统偏移量的消除。系统偏移量是指在无模拟量信号输入情况下由测量元件的测量误差及模拟量输入模块的转换死区所引起的，具有一定数值的转换结果。消除这一偏移量的方法是在硬件方面进行调整（如调整 EM231 中偏置电位器）或使用 PLC 的运算指令消除。

④ 过程量的最大变化范围。过程量的最大变化范围与转换后的数字量最大变化范围应有一一对应的关系，这样就可以使转换后的数字量精确地反映过程量的变化。如用 0~0FH 反映 0~10V 的电压与用 0~FFH 反映 0~10V 的电压相比较，后者的灵敏度或精确度显然要比前者高得多。

⑤ 标准化问题。从模拟量输入模块采集到的过程量都是实际的工程量，其幅度、范围和测量单位都不同，在 PLC 内部进行数据运算之前，必须将这些值转换为无量纲的标准格式。

⑥ 数字量滤波问题。电压、电流等模拟量常常会因为现场干扰而产生较大波动。这种波动经 A-D 转换后亦反映在 PLC 的数字量输入端。若仅用瞬时采样值进行控制计算，将会产生较大误差，因此有必要进行滤波。

工程上的数字滤波方法有平均值滤波、去极值平均滤波以及惯性滤波法等。

2）模拟量输出信号的整定。在 PLC 内部进行模拟量输入信号处理时，通常把模拟量输入模块转换后的数字量转换为标准工程量，经过工程实际需要的运算处理后，可得出上下限报警信号及控制信息。报警信息经过逻辑控制程序可直接通过 PLC 的数字量输出点输出，而控制信息需要暂存到模拟量存储器 AQWX 中，经模拟量输出模块转换为连续的电压或电流信号输出到控制系统的执行部件，以便进行调节。模拟量输出信号的整定就是要将 PLC 的运算结果按照一定的函数关系转换为模拟量输出寄存器中的数字值，以备模拟量输出模块转换为现场需要的输出电压或电流。

已知在某温度控制系统中由 PLC 控制温度的升降。当 PLC 的模拟量输出模块输出 10V 电压时，要求系统温度达到 500℃，现 PLC 的运算结果为 200℃，则应向模拟量输出存储器 AQWX 写入的数字量为多少？这就是一个模拟量输出信号的整定问题。

显然，解决这一问题的关键是要了解模拟量输出模块中的数字量与模拟量之间的对应关系，这一关系通常为线性关系。如 EM232 模拟量输出模块输出的 0~10V 电压信号对应的内部数字量为 0~32000。上述运算结果 200℃所对应的数字量可用简单的算术运算程序得出。

例如，某管道水的压力是 0~1MPa，通过变送器转化成 4~20mA 输出，经过 EM231 的 A-D 转化，0~20mA 对应数字量范围是 0~32000，当压力大于 0.8MPa 时指示灯亮。

工程量与模拟量、模拟量与数字量的对应关系如图 6-16 所示。

0.8MPa 时的电流值为 $X=[(20-4)\times(0.8-0)/(1-0)]+4$；

0.8MPa 时的信号量是 $X=16.8$mA；

对应的数字量是 $N=[(32000-0)\times(16.8-0)/(20-0)]+0$；

0.8MPa 时的数字量是 $N=26880$。

PLC 程序如图 6-17 所示。

（4）使用模拟量模块时的注意事项

1）模拟量模块有专用的扁平电缆与 CPU 通信，并通过此电缆由 CPU 向模拟量模块提供 DC5V 的电源。此外，模拟量模块必须外接 DC24V 电源。

图 6-16　工程量与模拟量、模拟量与数字量的对应关系

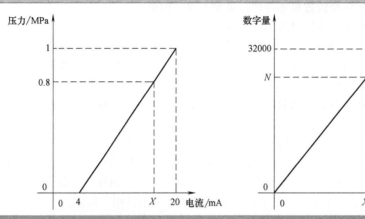

图 6-17　PLC 程序

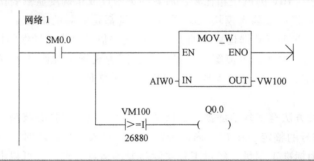

2）每个模拟量模块能同时输入/输出电流或者电压信号。当模拟量模块的输入点/输出点有信号输入或者输出时，LED 指示灯不会亮，这点与数字量模块不同，因为西门子模拟量模块上的指示灯没有与电路相连。

3）一般电压信号比电流信号容易受干扰，应优先选用电流信号。电压型的模拟量信号，由于输入端的内阻很高（S7-200 系列 PLC 的模拟量模块为 10MΩ），极易引入干扰。一般电压信号是用在控制设备柜内的电位器设置，或者距离非常近、电磁环境好的场合。电流型信号不容易受到传输线沿途的电磁干扰，因而在工业现场获得广泛的应用。电流信号可以传输比电压信号远得多的距离。

4）对于模拟量输出模块，电压型和电流型信号的输出信号的接线不同，各自的负载接到各自的端子上。

5）模拟量输出模块总是要占据两个通道的输出地址。即便有些模块（EM235）只有一个实际输出通道，它也要占用两个通道的地址。在编程计算机和 CPU 实际联机时，使用 Micro/WIN 的菜单命令"PLC→信息（Information）"，可以查看 CPU 和扩展模块的实际 I/O 地址分配。

第七章 常用机床电气的PLC改造实例

实例1 CA6140普通车床的PLC控制

1 CA6140车床的控制要求

车床是一种应用极为广泛的金属切削机床，能够车削外圆、内圆、端面、螺纹、切断及割槽等，并可以装上钻头或铰刀进行钻孔和铰孔等加工。图7-1所示为机械加工中应用较为广泛的CA6140型卧式车床，它主要由床身、主轴箱、进给箱、溜板箱、刀架、卡盘、尾架、丝杠和光杠等部分组成。

图 7-1 CA6140 型卧式车床

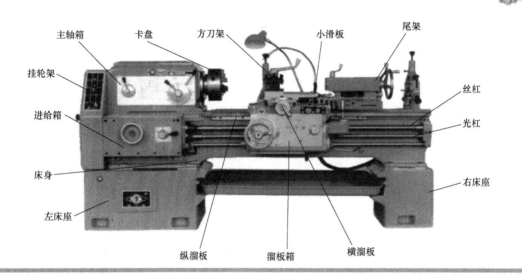

图7-2所示为CA6140车床的电路图，车床共有三台电动机。

1）主轴电动机M1：带动主轴旋转和刀架作进给运动，由交流接触器KM控制，热继电器FR1做过载保护，FU1及断路器QF做短路保护。

2）冷却泵电动机M2：输送切削液，由交流接触器KM2控制，热继电器FR2作过载保护，FU2作短路保护。

3）刀架快速移动电动机M3：拖动刀架的快速移动，由交流接触器KM3控制。由于刀架移动是短时工作，用点动控制，未设过载保护，FU2兼作短路保护。

CA6140车床辅助控制有刻度照明灯、工作照明灯。

2 CA6140车床电气控制电路分析

（1）主电路分析

CA6140卧式车床的电源由钥匙开关SB控制，将SB向右旋转，再扳动断路器QF将三相电源引入。电气控制电路中共有三台电动机：M1为主轴电动机，带动主轴旋转和刀架做进给运动；M2为冷却泵电动机，用来输送冷却液；M3为刀架快速移动电动机，用来拖动刀架快速移动，其控制和保护见表7-1。

图 7-2　CA6140 车床的电路图

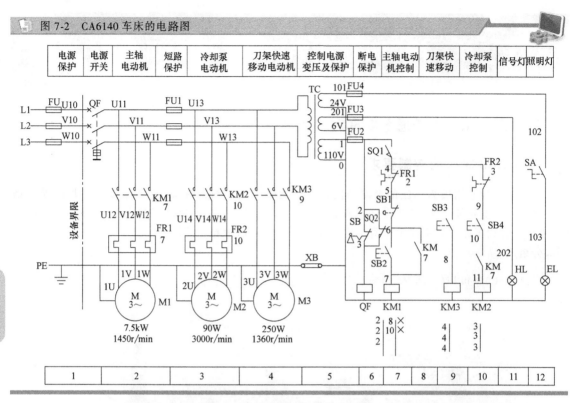

表 7-1　主电路的控制和保护电器

名称及代号	作　用	控制电器	过载保护电器	短路保护电器
主轴电动机 M1	带动主轴旋转和刀架作进给运动	交流接触器 KM1	热继电器 FR1	低压断路器 QF
冷却泵电动机 M2	供应冷却液	交流接触器 KM2	热继电器 FR2	熔断器 FU1
快速移动电动机 M3	拖动刀架快速移动	交流接触器 KM3	无	熔断器 FU1

（2）控制电路分析

控制电路通过控制变压器 TC 输出的 110V 交流电压供电，由熔断器 FU2 做短路保护。在正常工作时，行程开关 SQ1 的常开触点闭合。当打开床头皮带罩后，SQ1 的常开触点断开，切断控制电路电源，以确保人身安全。钥匙开关 SB 和行程开关 SQ2 在车床正常工作时是断开的，QF 的线圈不通电，断路器 QF 能合闸。当打开配电壁龛门时，SQ2 闭合，QF 线圈获电，断路器 QF 自动断开，切断车床的电源。

1）主轴电动机 M1 的控制。

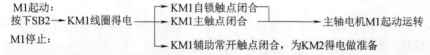

M1起动：

按下SB2→KM1线圈得电 ─┬→ KM1自锁触点闭合
　　　　　　　　　　　　├→ KM1主触点闭合 ────→ 主轴电机M1起动运转
　　　　　　　　　　　　└→ KM1辅助常开触点闭合，为KM2得电做准备

M1停止：

按下SB1→KM1线圈失电→KM触点复位断开→M1失电停转

2）冷却泵电动机 M2 的控制。主轴电动机 M1 和冷却泵电动机 M2 在控制电路中实现顺序控制，只有当主轴电动机 M1 起动后，KM1 的常开触点闭合，合上旋钮开关 SB4，交流接触器 KM2 吸合，冷却泵电动机 M2 才能起动。当 M1 停止运行或断开旋钮开关 SA1 时，M2 停止运行。

3）刀架快速移动电动机 M3 的控制。刀架快速移动电动机 M3 的起动是由安装在进给操作手柄顶端的按钮 SB3 控制的，它与交流接触器 KM3 组成点动控制环节。将操作手柄扳到所需移动的方向，按下 SB3，KM3 得电吸合，电动机 M3 起动运转，刀架沿指定的方向快速移动。刀架快速移动电动机 M3 是短时间工作，故未设过载保护。

（3）照明与信号电路分析

控制变压器 TC 的二次侧输出 24V 和 6V 电压，分别作为车床低压照明和指示灯的电源。EL 为车床的低压照明灯，由开关 SA 控制，FU4 做短路保护；HL 为电源指示灯，FU3 做短路保护。

3 用 PLC 改造 CA6140 车床

（1）PLC 控制系统的主电路接线图

图 7-3 所示为 CA6140 车床 PLC 改造的主电路图。

图 7-3 CA6140 车床 PLC 改造的主电路图

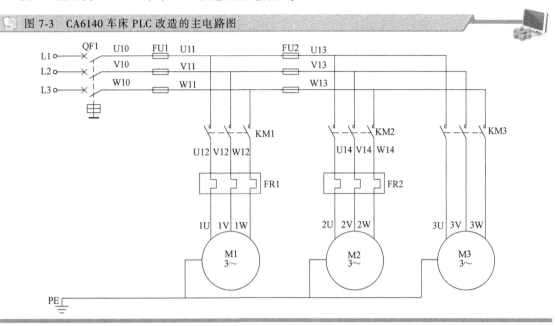

（2）PLC 控制系统的 I/O 接线

1）分配 PLC 的 I/O 地址通道。根据控制要求，首先确定 I/O 的个数，进行 I/O 的分配。本实例需要十个输入点，六个输出点，见表 7-2。

表 7-2 PLC 的 I/O 配置

输 入 设 备			输 出 设 备		
代号	功能	输入继电器	代号	功能	输出继电器
SB	钥匙开关	I0.0	QF	QF 的线圈	Q0.0
SB1	停止 M1	I0.1	KM1	控制 M1	Q0.1
SB2	起动 M1	I0.2	KM2	控制 M2	Q0.2
SA1	起动 M2	I0.3	KM3	控制 M3	Q0.3
SB3	控制 M3	I0.4	HL	刻度照明	Q0.4
SA2	照明灯开关	I0.5	EL	工作照明	Q0.5
SQ1	传动带罩防护开关	I0.6			
SQ2	电气箱防护开关	I0.7			
FR1	M1 过载保护	I1.0			
FR2	M2 过载保护	I1.1			

2）PLC 控制系统的 I/O 接线图。根据控制要求分析，设计并绘制 PLC 控制系统的 I/O 接线原理图，如图 7-4 所示。

图 7-4　PLC 控制系统 I/O 接线图

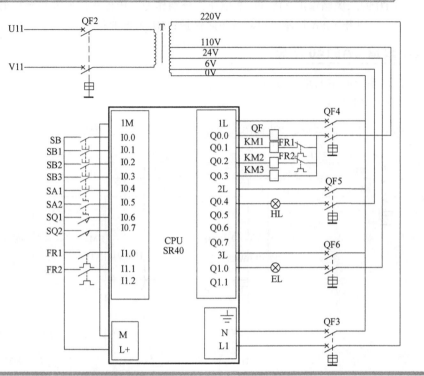

（3）安装与接线

1）将所有元件装在一块配电板上，做到布局合理、安装牢固、符合安装工艺规范。

2）根据接线原理图配线，做到接线正确、牢固、美观。

3）I/O 线和动力线应分开走线，并保持距离。数字量信号一般采用普通电缆就可以；模拟信号线和高速信号线应采用屏蔽电缆，并做好接地要求。

4）安装 PLC 应远离强干扰源，并可靠的接地，最好和强电的接地装置分开，接地线的截面积应大于 $2mm^2$，接地点与 PLC 的距离应小于 50cm。

（4）程序设计

C6140A 车床的 PLC 梯形图程序，如图 7-5 所示。

（5）程序输入与调试

熟练的操作编程软件，能正确将编制的程序输入 PLC；按照被控设备的要求进行调试、修改，达到设计要求。

1）通电前使用万用表检查电路的正确性，确保通电成功。

2）调试程序先对程序进行模拟调试，对系统各种工作要求和方式都要逐一检查，不能遗漏，直到符合控制要求。

3）现场调试中，接入实际的信号和负载时，应充分考虑各种可能的情况，做到认真、仔细、全面地完成现场调试。

4）注意人身和设备的安全。

实例 2　X62W 万能铣床的 PLC 控制

1　X62W 万能铣床的控制要求

万能铣床是一种通用的多用途机床，它可以用圆柱铣刀、圆片铣刀、角度铣刀、成型铣刀及端

图 7-5 PLC 梯形图程序

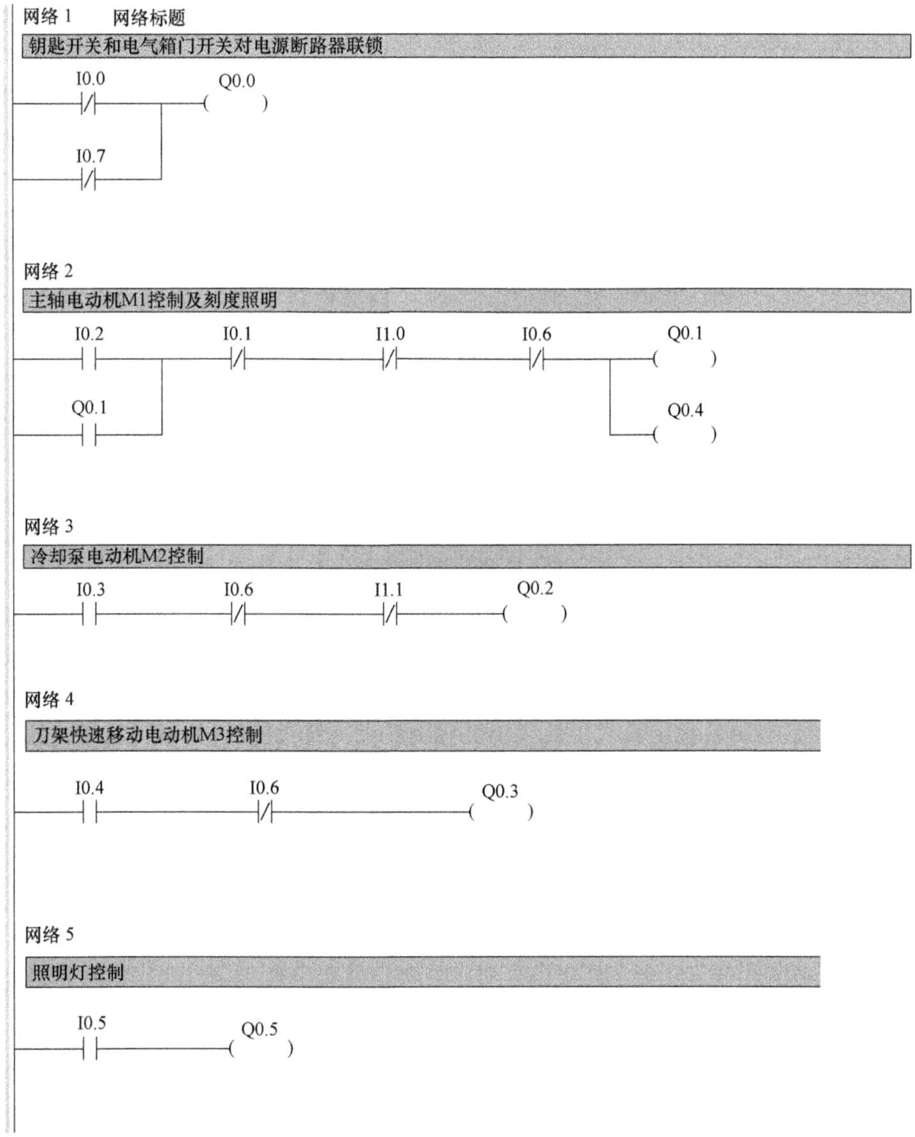

网络 1　　网络标题

钥匙开关和电气箱门开关对电源断路器联锁

```
   I0.0              ( Q0.0 )
───┤/├───────┬──────(     )

   I0.7       │
───┤/├───────┘
```

网络 2

主轴电动机 M1 控制及刻度照明

```
   I0.2      I0.1      I1.0      I0.6          ( Q0.1 )
───┤├────┬───┤/├───────┤/├───────┤/├──────┬───(     )
         │                              │
   Q0.1  │                              │     ( Q0.4 )
───┤├────┘                              └───(     )
```

网络 3

冷却泵电动机 M2 控制

```
   I0.3      I0.6      I1.1          ( Q0.2 )
───┤├────────┤/├───────┤/├──────────(     )
```

网络 4

刀架快速移动电动机 M3 控制

```
   I0.4              I0.6          ( Q0.3 )
───┤├───────────────┤/├───────────(     )
```

网络 5

照明灯控制

```
   I0.5          ( Q0.5 )
───┤├────────────(     )
```

223

面铣刀等刀具对各种零件进行平面、斜面、螺旋面及成型表面的加工，还可以加装万能铣头、分度头和圆形工作台等机床附件来扩大加工范围。

常用的万能铣床有两种，一种是 X62W 型卧式万能铣床，铣头水平方向放置；另一种是 X52K 型立式万能铣床，铣头垂直方向放置。

X62W 万能铣床主要由底座、床身、悬梁、主轴、刀杆支架、工作台、回转盘、横溜板和升降台等组成如图 7-6 所示。其主要运动形式及控制要求如下。

（1）主运动

X62W 万能铣床的主运动是主轴带动铣刀的旋转运动。

铣削加工有顺铣和逆铣两种加工方式，所以要求主轴电动机能正反转，但考虑到大多数情况下一批或多批工件只用一个方向铣削，在加工过程中不需要变换主轴旋转的方向，因此用组合开关来控制主轴电动机的正反转。

图 7-6　X62W 万能铣床外形结构

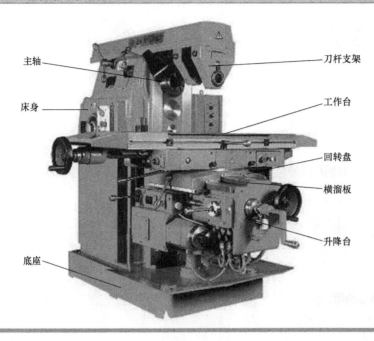

主轴
床身
底座

刀杆支架
工作台
回转盘
横溜板
升降台

铣削加工是一种不连续的切削加工方式，为减小振动，主轴上装有惯性轮，但这样造成主轴停车困难，为此主轴电动机采用电磁离合器制动以实现准确停车。

铣削加工过程中需要主轴调速，采用改变变速箱的齿轮传动比来实现，主轴电动机不需要调速。

（2）进给运动

进给运动是指工件随工作台在前后、左右和上下六个方向上的运动以及随圆形工作台的旋转运动。

铣床的工作台要求有前后、左右和上下六个方向上的进给运动和快速移动，所以要求进给电动机能正反转。为扩大加工能力，在工作台上可加装圆形工作台，圆形工作台的回转运动是由进给电动机经传动机构驱动的。

为保证机床和刀具的安全，在铣削加工时，任何时刻工件都只能有一个方向的进给运动，因此采用了机械操作手柄和行程开关相配合的方式实现六个运动方向的联锁。

为防止刀具和机床的损坏，要求只有主轴旋转后才允许有进给运动和进给方向的快速移动；同时为了减小加工件的表面粗糙度，要求进给停止后主轴才能停止或同时停止。

进给变速采用机械方式实现，进给电动机不需要调速。

（3）辅助运动

辅助运动包括工作台的快速运动及主轴和进给的变速冲动。

工作台的快速运动是指工作台在前后、左右和上下六个方向之一上的快速移动。它是通过快速移动电磁离合器的吸合，改变机械传动链的传动比实现的。

为保证变速后齿轮能良好啮合，主轴和进给变速后，都要求电动机做瞬时点动，即变速冲动。

2　X62W 万能铣床电气控制电路分析

X62W 万能铣床的电路图如图 7-7 所示，它分为主电路、控制电路和照明电路三部分。

（1）主电路分析

主电路共有三台电动机，其控制和保护见表 7-3。

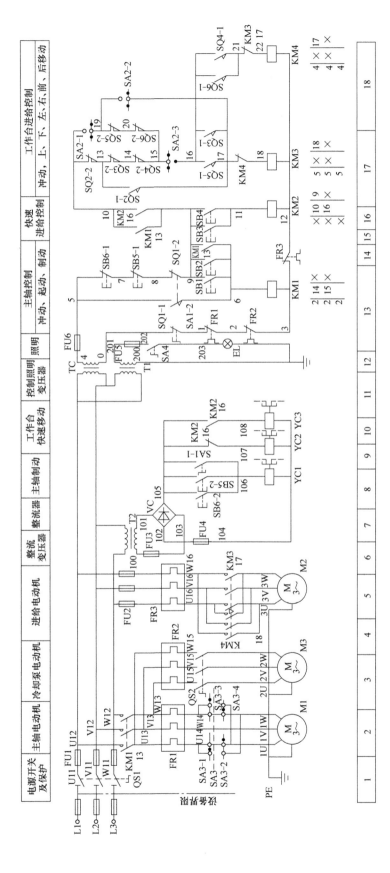

图 7-7 X62W 万能铣床的电路图

表 7-3　主电路的控制与保护电器

名称及代号	功　能	控制电器	过载保护电器	短路保护电器
主轴电动机 M1	拖动主轴带动铣刀旋转	接触器 KM1 和组合开关 SA	热继电器 FR1	熔断器 FU1
进给电动机 M2	拖动进给运动和快速移动	接触器 KM3 和 KM4	热继电器 FR3	熔断器 FU1
冷却泵电动机 M3	供应冷却液	手动开关 QS2	热继电器 FR2	熔断器 FU1

（2）控制电路分析

控制电路的电源由控制变压器 TC 输出 110V 电压供电。

1）主轴电动机 M1 的控制。为方便操作，主轴电动机 M1 采用两地控制方式，一组起动按钮 SB1 和停止按钮 SB5 安装在工作台上，另一组起动按钮 SB2 和停止按钮 SB6 安装在床身上。主轴电动机 M1 的控制包括起动控制、制动控制、换刀控制和变速冲动控制，具体见表 7-4。

表 7-4　主轴电动机 M1 的控制

控制要求	控制作用	控制过程
起动控制	起动主轴电动机 M1	选择好主轴的转速和转向，按下起动按钮 SB1 或 SB2，接触器 KM1 得电吸合并自锁，M1 起动运转，同时 KM1 的辅助常开触点（9-10）闭合，为工作台进给电路提供电源
制动控制	停车时使主轴迅速停转	按下停止按钮 SB5（或 SB6），其常闭触点 SB5-1 或 SB6-1（13 区）断开，接触器 KM1 线圈断电，KM1 的主触点分断，电动机 M1 断电做惯性运转；常开触点 SB5-2 或 SB6-2（8 区）闭合，电磁离合器 YC1 通电，M1 制动停转
换刀控制	更换铣刀时将主轴制动，以方便换刀	将转换开关 SA1 扳向换刀位置，其常开触点 SA1-1（8 区）闭合，电磁离合器 YC1 得电将主轴制动；同时常闭触点 SA1-2（13 区）断开，切断控制电路，铣床不能通电运转，确保人身安全
变速冲动控制	保证变速后齿轮能良好啮合	变速时先将变速手柄向下压并往外拉出，转动变速盘选定所需转速后，将手柄推回。此时冲动开关 SQ1（13 区）短时受压，主轴电动机 M1 点动，手柄推回原位后，SQ1 复位，M1 断电，变速冲动结束

2）进给电动机 M2 的控制。铣床的工作台要求有前后、左右和上下六个方向上的进给运动和快速移动，并且可在工作台上安装附件圆形工作台，进行对圆弧或凸轮的铣削加工。这些运动都是由进给电动机 M2 拖动。

① 工作台前后、左右和上下六个方向上的进给运动。工作台的前后和上下进给运动由一个手柄控制，左右进给运动由另一个手柄控制。手柄位置与工作台运动方向的关系见表 7-5。

表 7-5　控制手柄的位置与工作台运动方向的关系

控制手柄	手柄位置	行程开关动作	接触器动作	电动机 M2 转向	传动链搭合丝杠	工作台运动方向
左右进给手柄	左	SQ5	KM3	正转	左右进给丝杠	向左
	中			停止		停止
	右	SQ6	KM4	反转	左右进给丝杠	向右
上下和前后进给手柄	上	SQ4	KM4	反转	上下进给丝杠	向上
	下	SQ3	KM3	正转	上下进给丝杠	向下
	中			停止		
	前	SQ3	KM3	正转	前后进给丝杠	向前
	后	SQ4	KM4	反转	前后进给丝杠	向后

下面以工作台的左右移动为例分析工作台的进给。左右进给操作手柄与行程开关 SQ5 和 SQ6 联动，有左、中、右三个位置，其控制关系见表 7-5。当手柄扳向中间位置时，行程开关 SQ5

和 SQ6 均未被压合，进给控制电路处于断开状态；当手柄扳向左（或右）位置时，如图 7-8 所示，手柄压下行程开关 SQ5（或 SQ6），同时将电动机的传动链和左右移动丝杠相连。控制过程如下：

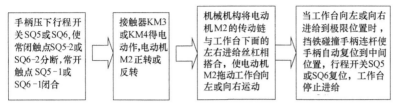

图 7-8　左右进给图

工作台的上下和前后进给由上下和前后进给手柄控制，如图 7-9 所示，其控制过程与左右进给相似，这里不再一一分析。通过以上分析可见，两个操作手柄被置定于某一方向后，只能压下四个行程开关 SQ3、SQ4、SQ5、SQ6 中的一个开关，接通电动机 M2 正转或反转电路，同时通过机械机构将电动机的传动链与三根丝杠（左右丝杠、上下丝杠、前后丝杠）中的一根（只能是一根）丝杠相搭合，拖动工作台沿选定的进给方向运动，而不会沿其他方向运动。

图 7-9　上下与前后进给手柄

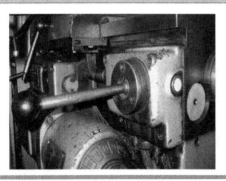

② 左右进给与上下前后进给的联锁控制。在控制进给的两个手柄中，当其中的一个操作手柄被置定在某一进给方向后，另一个操作手柄必须置于中间位置，否则将无法实现任何进给运动。这是因为在控制电路中对两者实行了联锁保护。如当把左右进给手柄扳向左时，若又将另一个进给手柄扳到向下进给方向，则行程开关 SQ5 和 SQ3 均被压下，触点 SQ5-2 和 SQ3-2 均分断，断开了接触器 KM3 和 KM4 的通路，电动机 M2 只能停转，保证了操作安全。

③ 进给变速时的瞬时点动。和主轴变速时一样，进给变速时，为使齿轮进入良好的啮合状态，也要进行变速后的瞬时点动。进给变速时，必须先把进给操纵手柄放在中间位置，然后将进给变速盘（在升降台前面）向外拉出，选择好速度后，再将变速盘推进去。如图 7-10 所示，在推进的过程中，挡块压下行程开关 SQ2，使触点 SQ2-2 分断，SQ2-1 闭合，接触器 KM3 经 10—19—20—15—

14—13—17—18 路径得电动作，电动机 M2 启动；但随着变速盘复位，行程开关 SQ2 跟着复位，使 KM3 断电释放，M2 失电停转。这样使电动机 M2 瞬时点动一下，齿轮系统产生一次抖动，齿轮便顺利啮合了。

📷 图 7-10　进给变速冲动

④ 工作台的快速移动控制。快速移动是通过两个进给操作手柄和快速移动按钮 SB3 或 SB4 配合实现的。控制过程如下：

| 安装好工件后，选好进给方向，按下快速移动按钮 SB3 或 SB4 | ⇒ | 接触器 KM2 得电 | ⇒ | KM2 常闭触点分断，电磁离合器 YC2 失电，将齿轮传动链与进给丝杠分离 | ⇒ | KM2 两对常开触点闭合，一对使 YC3 得电，将 M2 与进给丝杠直接搭合，另一对使 KM3 或 KM4 得电动作，M2 得电正转或反转，带动工作台沿选定的方向快速移动 |

松开 SB3 或 SB4，快速移动停止。

⑤ 圆形工作台的控制。圆形工作台的工作由转换开关 SA2 控制。当需要圆形工作台旋转时，将开关 SA2 扳到接通位置，此时：

SA2 置于圆形工作台
- 触点 SA2-1 断开
- 触点 SA2-3 断开
- 触点 SA2-2 闭合 ⟶ 电流经 10—13—14—15—20—19—17—18 路径，使接触器 KM3 得电 ⟶ 电动机 M2 起动，通过一根专用轴带动圆形工作台作旋转运动

当不需要圆形工作台旋转时，转换开关 SA2 扳到断开位置，这时触点 SA2-1 和 SA2-3 闭合，触点 SA2-2 断开，工作台在六个方向上正常进给，圆形工作台不能工作。

圆形工作台开动时其余进给一律不准运动。两个进给手柄必须置于零位。若出现误操作，扳动两个进给手柄中的任意一个，则必然压合行程开关 SQ3~SQ6 中的一个，使电动机停止转动。圆形工作台加工不需要调速，也不要求正反转。

3）冷却泵及照明电路的控制。主轴电动机 M1 和冷却泵电动机 M3 采用的是顺序控制，即只有在主轴电动机 M1 起动后冷却泵电动机 M3 才能起动。冷却泵电动机 M3 由组合开关 QS2 控制。

机床照明由变压器 T1 供给 24V 的安全电压，由开关 SA4 控制。熔断器 FU5 作照明电路的短路保护。

3　用 PLC 改造 X62W 万能铣床

（1）PLC 控制系统的主电路接线图

图 7-11 所示为 X62W 万能铣床 PLC 改造的主电路图。

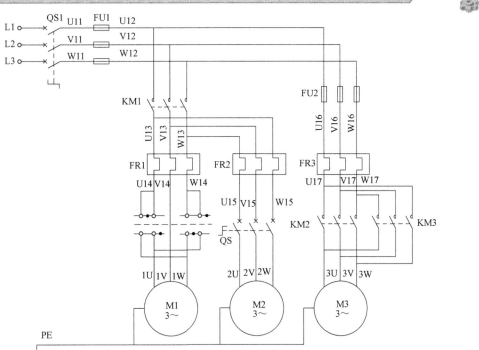

图 7-11　X62W 万能铣床 PLC 改造的主电路图

（2）PLC 控制系统的 I/O 接线

1）分配 PLC 的 I/O 地址通道。根据控制要求，首先确定 I/O 的个数，进行 I/O 的分配。本实例需要 15 个输入点，7 个输出点，见表 7-6。

表 7-6　PLC 的 I/O 配置

输 入 设 备			输 出 设 备		
代号	功　　能	输入继电器	代号	功　　能	输出继电器
SB1、SB2	主轴电机 M1 起动	I0.0	KM1	控制主轴 M1 起停	Q0.0
SB3、SB4	快速进给点动	I0.1	KM2	控制进给 M2 正转	Q0.1
SB5、SB6	主轴电机 M1 停止、制动	I0.2	KM3	控制进给 M2 反转	Q0.2
SA1	换刀开关	I0.3	YC1	主轴 M1 制动控制	Q0.4
SA2	圆形工作台开关	I0.4	YC2	M2 正常进给	Q0.5
SQ1	主轴冲动开关	I0.5	YC3	M2 快速进给	Q0.6
SQ2	进给冲动开关	I0.6	EL	工作照明灯	Q1.0
SQ3	M2 正反转及联锁	I0.7			
SQ4	M2 正反转及联锁	I1.0			
SQ5	M2 正反转及联锁	I1.1			
SQ6	M2 正反转及联锁	I1.2			
FR1	M1 过载保护	I1.3			
FR2	M2 过载保护	I1.4			
FR3	M3 过载保护	I1.5			
SA4	工作照明灯开关	I1.6			

2）PLC 控制系统的 I/O 接线图。根据控制要求分析，设计并绘制 PLC 控制系统的 I/O 接线原理图，如图 7-12 所示。

图 7-12　PLC 控制系统 I/O 接线图

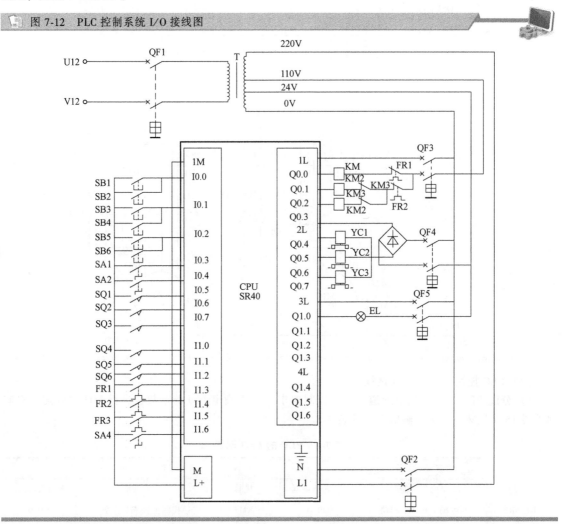

（3）安装与接线

1）将所有元件装在一块配电板上，做到布局合理、安装牢固、符合安装工艺规范。

2）根据接线原理图配线，做到接线正确、牢固、美观。

3）I/O 线和动力线应分开走线，并保持距离。数字量信号一般采用普通电缆就可以；模拟信号线和高速信号线应采用屏蔽电缆，并做好接地要求。

4）安装 PLC 应远离强干扰源，并可靠接地，最好和强电的接地装置分开，接地线的截面积应大于 2mm^2，接地点与 PLC 的距离应小于 50cm。

（4）程序设计

X62W 铣床的 PLC 梯形图程序，如图 7-13 所示。

（5）程序输入与调试

熟练的操作编程软件，能正确将编制的程序输入 PLC；按照被控设备的要求进行调试、修改，达到设计要求。

1）通电前使用万用表检查电路的正确性，确保通电成功。

2）调试程序先对程序进行模拟调试，对系统各种工作要求和方式都要逐一检查，不能遗漏，直到符合控制要求。

图 7-13 X62W 铣床的 PLC 梯形图程序

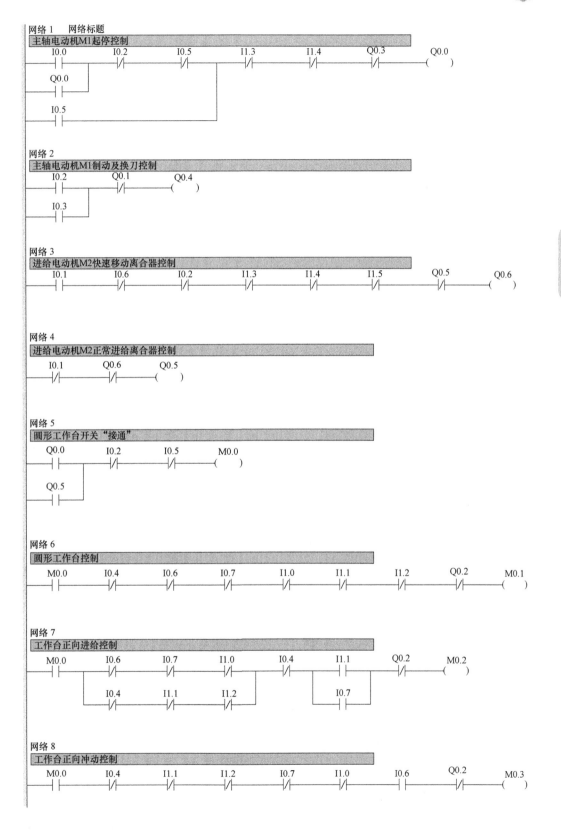

图 7-13　X62W 铣床的 PLC 梯形图程序（续）

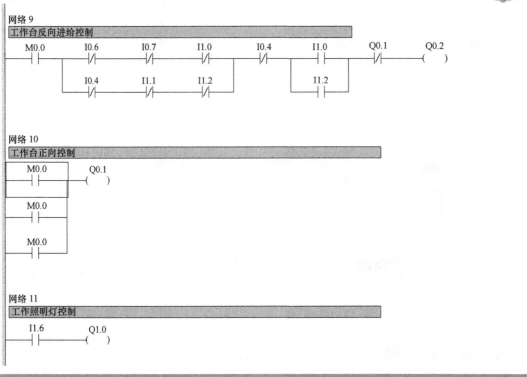

232

3）现场调试中，接入实际的信号和负载时，应充分考虑各种可能的情况，做到认真、仔细、全面地完成现场调试。

4）注意人身和设备的安全。

实例 3　Z3040 摇臂钻床的 PLC 控制

摇臂钻床利用旋转的钻头对工件进行加工，由底座、立柱、摇臂、主轴箱和工作台等组成，如图 7-14 所示。主轴箱固定在摇臂上，可以沿摇臂径向运动。摇臂借助于丝杠做升降运动也可以与外立柱固定在一起，沿内立柱旋转。钻削加工时，通过夹紧机构将主轴箱紧固在摇臂上，摇臂紧固在立柱上。

图 7-14　Z3040 摇臂钻床外形

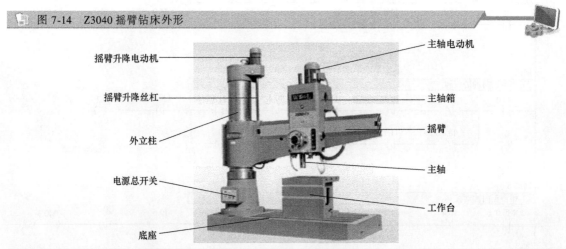

1　Z3040 摇臂钻床的控制要求

1）Z3040 摇臂钻床相对运动部件较多，为简化传动装置，采用多台电机拖动。

2）各种工作状态都通过十字开关 SA 操作，为防止十字开关手柄停在任何工作位置时，因接通电源而产生误动作，本控制电路设有零电压保护环节。

3）摇臂升降要求有限位保护。

4）钻削加工时需要对刀具及工件进行冷却。各电动机功能及控制要求见表7-7。

表 7-7　各电动机功能及控制要求

电动机名称及代号	作　　用	控　制　要　求
主轴电动机 M1	拖动钻削及进给运动	单向运转，主轴的正反转通过摩擦离合器实现
摇臂升降电动机 M2	拖动摇臂升降	正反转控制，通过机械和电气联合控制
液压泵电动机 M3	拖动内、外立柱及主轴箱与摇臂夹紧与放松	正反转控制，通过液压装置和电气联合控制
冷却泵电动机 M1	供给冷却液	正转控制，拖动冷却泵输送冷却液

2　Z3040 摇臂钻床电气控制电路分析

图 7-15 所示为 Z3040 摇臂钻床的电气控制电路图。

（1）主电路介绍

该钻床共有四台电动机。

1）主轴电动机 M1：提供主轴旋转的动力，由交流接触器 KM1 控制单向运转，热继电器 FR1 做过载保护，断路器 QF1 兼做短路保护。

2）摇臂升降电动机 M2：提供摇臂升降的动力，由交流接触器 KM2 和 KM3 控制 M2 正反转，用于间歇工作未设过载保护，断路器 QF3 做短路保护。

3）液压泵电动机 M3：提供液压油，用于摇臂、立柱、主轴箱的夹紧和松开，由交流接触器 KM4 和 KM5 控制 M3 正反转，热继电器 FR2 做过载保护，断路器 QF3 做短路保护。

4）冷却泵电动机 M4：输送冷却液，由断路器 QF2 控制并兼做过载保护。

Z3040 钻床辅助控制有主轴运转指示灯、照明灯、电源指示灯。

（2）控制电路介绍

控制电路电源由控制变压器 TC 提供110V 电压，熔断器 FU1 作为短路保护。电源指示灯为6.3V 电压，局部照明灯为24V，变压器二次侧设有熔断器作短路保护，SB1 为急停按钮，按下 SB1 整机停止工作，防止意外事故，SQ4 位置开关是控制柜门开门断电所设定的。

（3）控制电路原理分析

1）M1 主轴电动机的控制。按下起动按钮 SB3，接触器 KM1 吸合并自锁，M1 起动运转，指示灯 HL2 亮，按下停止按钮 SB2，接触器 KM1 释放，M1 电动机停止运转，指示灯 HL2 熄灭。

2）摇臂升降控制。

① 摇臂上升控制。按下上升按钮 SB4 闭合，断电延时继电器 KT1 得电吸合，常开瞬时触点闭合，常闭瞬时触点断开，接触器 KM4 得电吸合，液压泵电动机 M3 起动正转，通过液压传动机构，使 SQ2 位置开关常闭触点断开，常开触点闭合，前者切断 KM4 电路，液压泵电动机 M3 停转，后者使 KM2 线圈吸合，主触点闭合，接通 M2 电动机运转摇臂上升。上升到需要位置松开按钮 SB4，KM2 和时间继电器 KT1 同时断电释放，M2 电动机停转，上升停止，KT1 恢复初始状态。

② 摇臂下降控制。按下下降按钮 SB5，断电延时继电器 KT1 得电吸合，其瞬时触点断开，这时液压泵电动机运转原理与上升一样，当到达需要位置时松开 SB5，KM3 线圈失电，电动机停转，由于时间断电器 KT1 断电释放，经 2~3s 时间延时，延时触点闭合，电源110V 电压使 KM5 线圈得

234

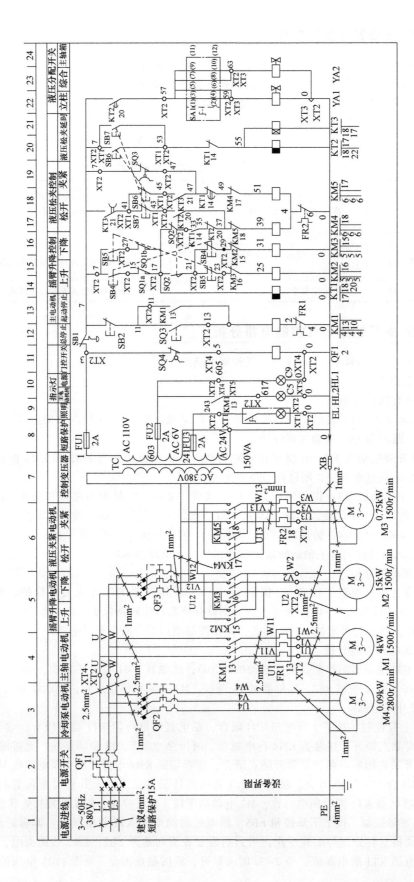

图 7-15 Z3040 摇臂钻床的电气控制电路图

电吸合，M3 电动机反转通过液压装置使摇臂夹紧，夹紧后通过机械传动，碰触到位置开关使常闭触点断开，KM5 断电释放，M3 电动机停转，完成了松开—上升或下降—夹紧的过程。

位置开关 SQ1a 为上升限位保护，SQ1b 为下降限位保护；位置开关 SQ3 是自动夹紧的关键电器，调整不当或常闭触点断不开都易使 M3 电动机过载。摇臂升降电动机 M2 的正反转采用电气双重联锁保护，为防止主电路故障，确保电路安全工作。

3）立柱和主轴箱的夹紧与放松控制。立柱和主轴箱的夹紧（或放松）既可以同时进行，也可以单独进行，由转换开关 SA1 和复合按钮 SB6、SB7 控制。SA1 有三个位置，中间位置为立柱和主轴箱的夹紧与放松同时进行，左边位置为立柱和主轴箱的夹紧与放松，右边的位置为主轴箱夹紧或放松。复合按钮 SB6 是松开按钮，SB7 是夹紧按钮。

4）立柱和主轴箱同时松开与夹紧。将转换开关 SA1 拨到中间位置，按下按钮 SB6，时间继电器 KT2、KT3 线圈得电吸合，KT2 的延时断开常开触点瞬时闭合，电磁铁 YA1、YA2 得电吸合，KT3 延时闭合常开触点经 1~3s 延时后闭合，接触器 KM4 得电吸合，液压泵电动机 M3 正转。

松开 SB6 按钮，时间继电器 KT2 和 KT3 线圈断电释放，KT3 延时闭合的常开触点瞬时分断，KM4 断电释放，KT2 延时分断的常开触点经 1~3s 后分断，电磁铁 YA1、YA2 断电释放，立柱和主轴箱同时松开。

立柱和主轴箱同时夹紧的工作原理与松开相似，按下 SB7 按钮，接触器 KM5 得电吸合，M3 电动机反转，读者可自己分析。

5）立柱和主轴箱单独松开与夹紧。如果需要单独控制立柱，则可将转换开关 SA1 扳至左侧位置。按下夹紧按钮 SB7，时间继电器 KT2 和 KT3 线圈同时得电吸合，电磁铁 YA1 得电吸合，立柱夹紧。

松开按钮 SB7，时间继电器 KT2 和 KT3 线圈断电释放，KT3 的通电延时闭合常开触点瞬时断开，接触器 KM5 线圈断电释放液压泵电动机 M3 停转，经 1~3s 的延时后，KT2 延时分断的常开触点分断，电磁铁 YA1 失电释放，立柱夹紧操作结束。

同理，主轴箱的松开可自行分析。

3 用 PLC 改造 Z3040 摇臂钻床

（1）PLC 控制系统的主电路接线图

图 7-16 所示为 Z3040 钻床 PLC 改造的主电路图。

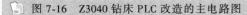

图 7-16 Z3040 钻床 PLC 改造的主电路图

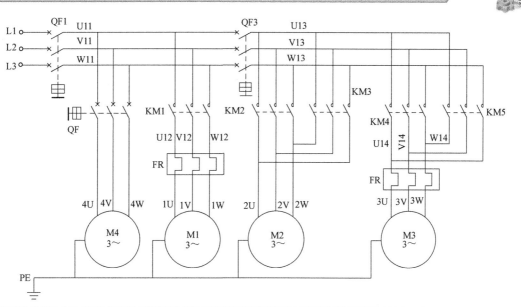

（2）PLC 控制系统的 I/O 接线

1）分配 PLC 的 I/O 地址通道。根据控制要求，首先确定 I/O 的个数，进行 I/O 的分配。本实例需要 12 个输入点，6 个输出点，见表 7-8。

表 7-8　PLC 的 I/O 配置

输 入 设 备			输 出 设 备		
代号	功　能	输入继电器	代号	功　能	输出继电器
SB1	主轴电动机 M1 停止	I0.0	KM1	控制主轴电机 M1	Q0.0
SB2	主轴电动机 M1 起动	I0.1	KM2	控制摇臂电机 M2 正转	Q0.1
SB3	摇臂上升按钮	I0.2	KM3	控制摇臂电机 M2 反转	Q0.2
SB4	摇臂下降按钮	I0.3	KM4	控制液压电机 M3 正转	Q0.3
SB5	松开控制按钮	I0.4	KM5	控制液压电机 M3 反转	Q0.4
SB6	夹紧控制按钮	I0.5	YA	液压控制电磁阀	Q0.5
SQ1	摇臂上升限位(接常闭触点)	I0.6			
SQ2	摇臂下降限位(接常闭触点)	I0.7			
SQ3	摇臂松开限位	I1.0			
SQ4	摇臂夹紧限位	I1.1			
FR1	M1 过载保护	I1.2			
FR2	M3 过载保护	I1.3			

2）PLC 控制系统的 I/O 接线图。根据控制要求分析，设计并绘制 PLC 控制系统的 I/O 接线原理图，如图 7-17 所示。

图 7-17　PLC 控制系统 I/O 接线图

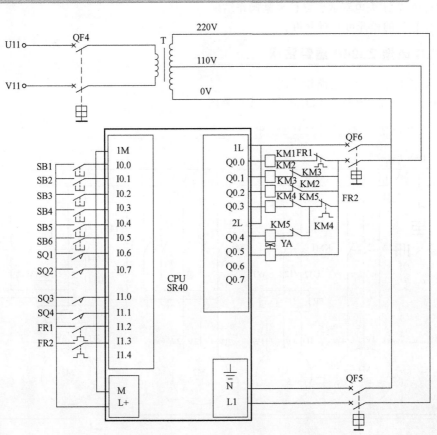

（3）安装与接线

1）将所有元件装在一块配电板上，做到布局合理、安装牢固、符合安装工艺规范。

2）根据接线原理图配线，做到接线正确、牢固、美观。

3）I/O 线和动力线应分开走线，并保持距离。数字量信号一般采用普通电缆就可以；模拟信号线和高速信号线应采用屏蔽电缆，并做好接地要求。

4）安装 PLC 应远离强干扰源，并可靠的接地，最好和强电的接地装置分开，接地线的截面积应大于 $2mm^2$，接地点与 PLC 的距离应小于 50cm。

（4）程序设计

Z3040 钻床的 PLC 梯形图程序，如图 7-18 所示。

图 7-18 Z3040 钻床的 PLC 梯形图

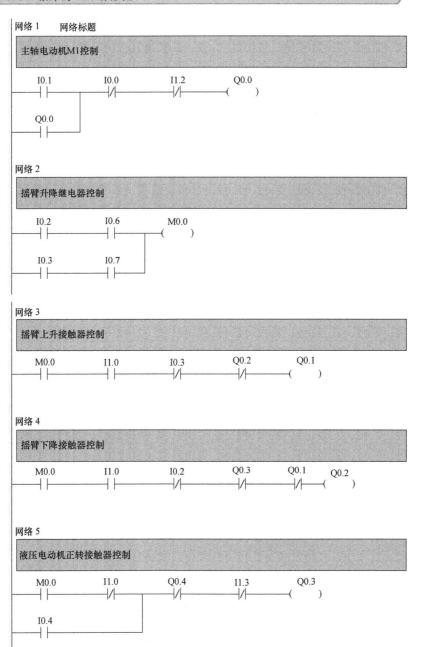

图 7-18　Z3040 钻床的 PLC 梯形图（续）

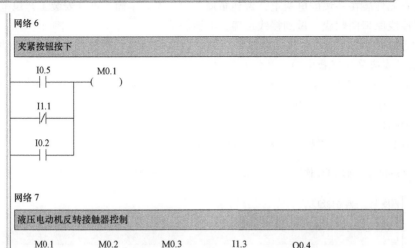

网络 6

夹紧按钮按下

```
  I0.5            M0.1
  ─┤ ├─           ─(   )
  I1.1
  ─┤/├─
  I0.2
  ─┤ ├─
```

网络 7

液压电动机反转接触器控制

```
  M0.1      M0.2      M0.3      I1.3      Q0.4
  ─┤ ├──────┤/├───────┤/├───────┤/├──────(   )
```

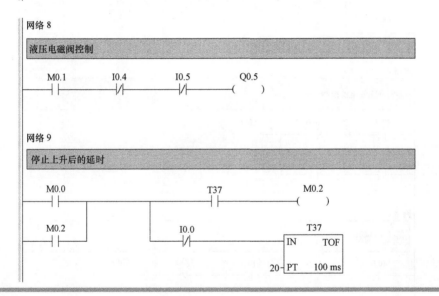

网络 8

液压电磁阀控制

```
  M0.1      I0.4      I0.5      Q0.5
  ─┤ ├──────┤/├───────┤/├──────(   )
```

网络 9

停止上升后的延时

```
  M0.0                         T37         M0.2
  ─┤ ├─────────────────────────┤ ├────────(   )
  M0.2                I0.0             T37
  ─┤ ├────────────────┤/├──────────┌──────────┐
                                    │IN     TOF│
                                20─┤PT  100 ms │
                                    └──────────┘
```

（5）程序输入与调试

熟练的操作编程软件，能正确将编制的程序输入 PLC；按照被控设备的要求进行调试、修改，达到设计要求。

1）通电前使用万用表检查电路的正确性，确保通电成功。

2）调试程序先对程序进行模拟调试，对系统各种工作要求和方式都要逐一检查，不能遗漏，直到符合控制要求。

3）现场调试中，接入实际的信号和负载时，应充分考虑各种可能的情况，做到认真、仔细、全面地完成现场调试。

4）注意人身和设备的安全。

实例 4　M7120 平面磨床的 PLC 控制

平面磨床是用砂轮磨削加工各种零件平面的机床，M7120 型平面磨床是平面磨床中使用较为普遍的一种，它的磨削准确度高和表面较光洁，操作方便，适于磨削精密零件和各种工具。M7120 型平面磨床主要由它由床身、工作台、电磁吸盘、砂轮箱、滑座、立柱等部分组成，如图 7-19 所示。

图 7-19　M7120 平面磨床外形

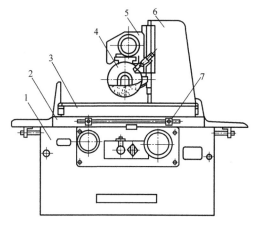

1—床身　2—工作台　3—电磁吸盘　4—砂轮箱
5—滑座　6—立柱　7—撞块

1　M7120 平面磨床的控制要求

（1）M7120 磨床控制系统的电力拖动形式

M7120 型平面磨床采用分散拖动，共有四台电动机，即液压泵电动机，砂轮电动机、砂轮箱升降电动机和冷却泵电动机，全部采用普通笼型交流电动机。磨床的砂轮、砂轮箱升降和冷却泵不要求调速，工作台往返运动是靠液压传动装置进行的，采用液压无级调速，运行较平稳。换向是通过工作台上的撞块碰撞床身上的液压换向开关来实现的。

（2）M7120 磨床控制系统的控制要求

1）砂轮电动机、液压泵电动机和冷却泵电动机只要求单方向旋转，因容量不大，故采用直接起动。

2）砂轮箱升降电动机要求能正反转。

3）冷却泵电动机要求在砂轮电动机运转后才能启动。

4）电磁吸盘需有去磁控制环节。

5）应具有完善的保护环节，如电动机的短路保护、过载保护、零电压保护及电磁吸盘的欠电压保护等。

6）有必要的信号指示和局部照明。

2　M7120 平面磨床电气控制电路分析

图 7-20 所示为 M7120 平面磨床的电气控制电路图。

（1）主电路分析

主电路中共有四台电动机，其中 M1 是液压泵电动机，实现工作台的往复运动；M2 是砂轮电动机，带动砂轮旋转磨削加工工件；M3 是冷却泵电动机，为砂轮磨削工件时输送冷却液；M4 是砂轮升降电动机，用以调整砂轮与工件的位置。其中砂轮 M4 可正反转。四台电动机的工作要求是 M1、M2 和 M3 只需正转控制，M4 需要正反转控制，冷却泵电动机 M3 却需要在 M2 运转后才能运转。四台电动机具有短路、欠电压和失电压保护，分别由熔断器 FU1 和接触器 KM1、KM、KM3 和 KM4 来执行，除 M4 之外，其余三台电动机分别由热继电器 FR1、FR2 和 FR3 进行过载保护。

（2）控制电路分析

当电源电压正常时，合上电源总开关 QS1，位于 7 区的电压继电器 KV 的常开触点闭合，便可

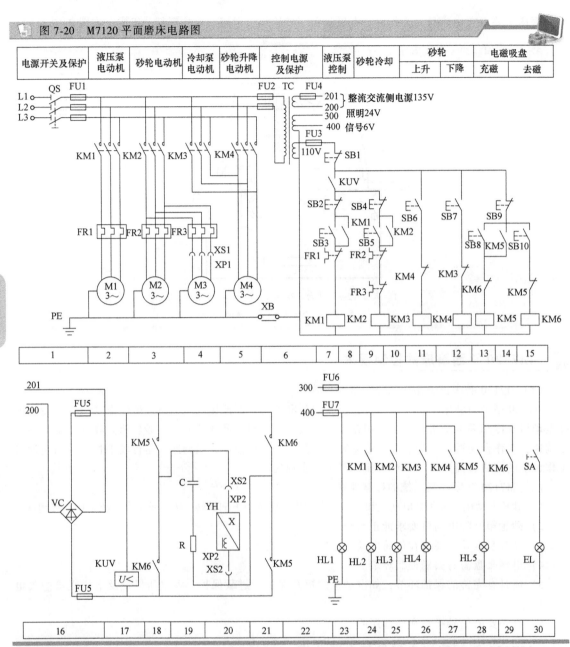

图 7-20　M7120 平面磨床电路图

进行操作。

1）液压泵电动机 M1 的控制。

①起动过程：按下 SB3→KM1 得电→M1 起动。

②停止过程：按下 SB2→KM1 失电→M1 停转。

运动过程中若 M1 过载，则 FR1 常闭触点分断，M1 停转，起到过载保护作用。

2）砂轮电动 M2 的控制。

①起动过程：按下 SB5→KM2 得电→M2 起动。

②停止过程：按下 SB4→KM2 失电→M2 停转。

3）冷却液泵电动机 M3 的控制。冷却泵电动机 M3 通过接触器 KM2 控制，因此 M3 与砂轮电动机 M2 是联动控制。

按下 SB5 时 M3 与 M2 同时起动，按下 SB4 时 M3 与 M2 同时停止。

FR2 与 FR3 的常闭触点串联在 KM2 线圈回路中。M2、M3 中任一台过载时，相应的热继电器动作，都将使 KM2 线圈失电，M2、M3 同时停止。

4）砂轮升降电动机 M4 的控制。砂轮升降电动机采用接触器联锁的点动正反转控制。

砂轮上升控制过程：按下 SB6→KM3 得电→M4 起动正转。当砂轮上升到预定位置时，松开 SB6→KM3 失电→M4 停转。

砂轮下降控制过程：按下 SB7→KM4 得电→M4 起动反转。当砂轮下降到预定位置时，松开 SB7→KM4 失电→M4 停转。

5）电磁工作台的控制。电磁工作台又称电磁吸盘，它是固定加工工件的一种夹具，它是利用通电线圈产生磁场的特性吸牢铁磁性材料的工件，便于磨削加工。电磁吸盘的内部装有凸起的磁极，磁极上绕有线圈。吸盘的面板也用钢板制成，在面板和磁极之间填有绝磁材料。当吸盘内的磁极线圈通以直流电时，磁极和面板之间形成两个磁极，既 N 极和 S 极，当工件放在两个磁极中间时，使磁路构成闭合回路，因此就将工件牢固地吸住。

① 电磁吸盘的组成。工作电路包括整流、控制和保护三个部分。整流部分由整流变压器和桥式整流器 VC 组成，输出 110V 直流电压。

② 电磁吸盘充磁的控制过程。按下 SB8→M5 得电（自锁）→YH 充磁。

③ 电磁吸盘的退磁控制过程。工件加工完毕需取下时，先按下 SB9，切断电磁吸盘的电源，由于吸盘和工件都有剩磁，所以必须对吸盘和工件退磁。退磁过程为按下 SB10→KM6 得电→YH 退磁，此时电磁吸盘线圈通入反向的电流，以消除剩磁。由于去磁时间太长会使工件和吸盘反向磁化，因此去磁采用点动控制。松开 SB10 则去磁结束。

6）辅助电路分析。辅助电路主要是信号指示和局部照明电路。其中，EL 为局部照明灯，由变压器 TC 供电，工作电压为 36V，由手动开关 QS2 控制；信号灯也由 TC 供电，工作电压为 6V。HL1 为电源指示灯，HL2 为 M1 运转指示灯，HL3 为 M2 运转指示灯，HL4 为 M4 运转指示灯，HL5 为电磁吸盘工作指示灯。

3 用 PLC 改造 M7120 平面磨床

（1）PLC 控制系统的主电路接线图

图 7-21 所示为 M7120 平面磨床 PLC 改造的主电路图。

图 7-21　M7120 平面磨床 PLC 改造的主电路图

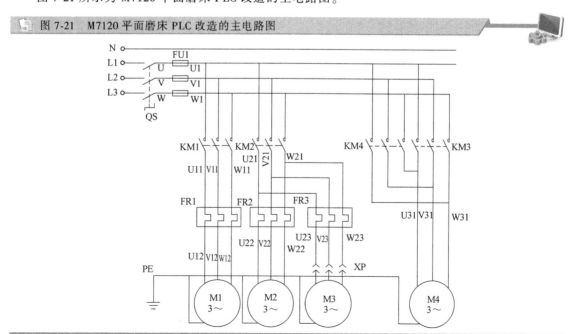

（2）PLC 控制系统的 I/O 接线

1）分配 PLC 的 I/O 地址通道。根据控制要求，首先确定 I/O 的个数，进行 I/O 的分配。本实例需要 13 个输入点，6 个输出点，见表 7-9。

表 7-9 PLC 的 I/O 地址通道分配

名　称	输入元件	输入点	名　称	输出元件	输出点
电压继电器	KV	I0.0	液压泵电动机接触器	KM1	Q0.0
总停按钮	SB1	I0.1	砂轮电动机接触器+冷却液电动机	KM2	Q0.1
液压泵电动机 1M 起动按钮	SB3	I0.2	砂轮上升接触器	KM3	Q0.2
液压泵电动机 1M 停止按钮	SB2	I0.3	砂轮下降接触器	KM4	Q0.3
砂轮电动机 2M 起动按钮	SB5	I0.4	电磁吸盘充磁接触器	KM5	Q0.4
砂轮电动机 2M 停止按钮	SB4	I0.5	电磁吸盘去磁接触器	KM6	Q0.5
升降砂轮电动机 4M 上升按钮	SB6	I0.6			
升降砂轮电动机 4M 下降按钮	SB7	I0.7			
电磁吸盘充磁按钮	SB9	I1.0			
电磁吸盘停止充磁按钮	SB8	I1.1			
电磁吸盘去磁按钮	SB10	I1.2			
液压泵电动机 1M 热继电器	FR1	I1.3			
砂轮电动机 2M 热继电器、冷却泵电动机 3M 热继电器	FR2、FR3	I1.4			

2）PLC 控制系统的 I/O 接线图。根据控制要求分析，设计并绘制 PLC 系统的 I/O 接线图，如图 7-22 所示。

图 7-22 PLC 控制系统的 I/O 接线图

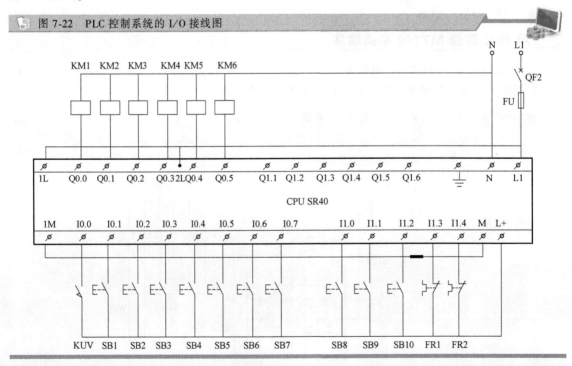

（3）安装与接线

1）将所有元件装在一块配电板上，做到布局合理、安装牢固、符合安装工艺规范。

2）根据接线原理图配线，做到接线正确、牢固、美观。

3）I/O 线和动力线应分开走线，并保持距离。数字量信号一般采用普通电缆就可以；模拟信号线和高速信号线应采用屏蔽电缆，并做好接地要求。

4）安装 PLC 应远离强干扰源，并可靠的接地，最好和强电的接地装置分开，接地线的截面积应大于 2mm²，接地点与 PLC 的距离应小于 50cm。

（4）程序设计

图 7-23 所示为 M7120 平面磨床的梯形图。

图 7-23　M7120 平面磨床的梯形图

网络 1　欠电压保护

```
I0.0          M0.1
─┤ ├─────────( )
```

网络 2　总停控制

```
M0.1      I0.1                        M0.2
─┤ ├──────┤/├────────────────────────( )
```

网络 3　液压泵电机控制

```
M0.2      I0.2        I0.3       I1.3        Q0.0
─┤ ├──┬───┤ ├────────┤/├────────┤/├─────────( )
      │
      │   Q0.0
      └───┤ ├──┘
```

网络 4　砂轮机、冷却泵电机控制

```
M0.2      I0.4        I0.5       I1.4        Q0.1
─┤ ├──┬───┤ ├────────┤/├────────┤/├─────────( )
      │
      │   Q0.1
      └───┤ ├──┘
```

网络 5　砂轮上升控制

```
M0.4      I0.6        Q0.3        Q0.2
─┤ ├──────┤ ├────────┤/├─────────( )
```

网络 6　砂轮下降控制

```
M0.4      I0.7        Q0.2        Q0.3
─┤ ├──────┤ ├────────┤/├─────────( )
```

网络 7　电磁吸盘充磁

```
M0.4      I1.0        I1.1       Q0.5        Q0.4
─┤ ├──┬───┤ ├────────┤/├────────┤/├─────────( )
      │
      │   Q0.4
      └───┤ ├──┘
```

网络 8　电磁吸盘充磁

```
M0.4      I1.2        I1.1       Q0.4        Q0.5
─┤ ├──────┤ ├────────┤/├────────┤/├─────────( )
```

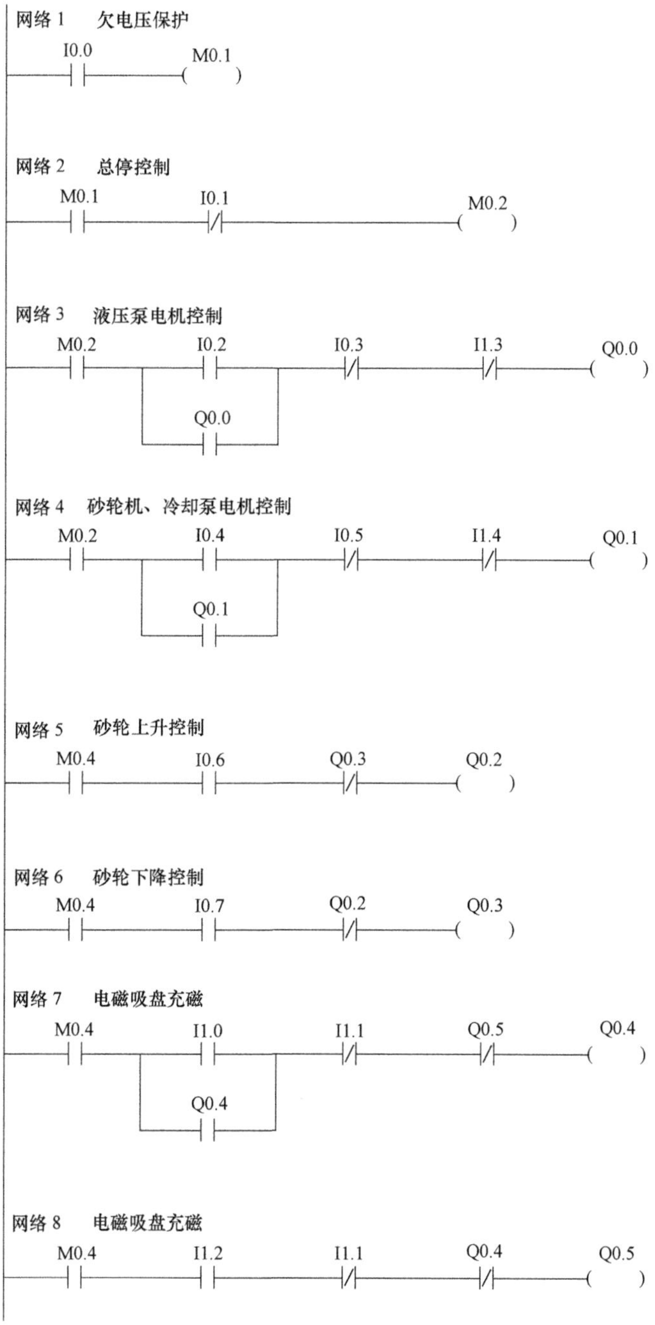

（5）程序输入与调试

熟练的操作编程软件，能正确将编制的程序输入 PLC；按照被控设备的要求进行调试、修改，达到设计要求。

1）通电前使用万用表检查电路的正确性，确保通电成功。

2）调试程序先对程序进行模拟调试，对系统各种工作要求和方式都要逐一检查，不能遗漏，直到符合控制要求。

3）现场调试中，接入实际的信号和负载时，应充分考虑各种可能的情况，做到认真、仔细、全面地完成现场调试。

4）注意人身和设备的安全。